U0168655

杭州湾滨海湿地生态系统研究

吴　明　邵学新　叶小齐
焦盛武　蒋科毅　李　楠　著

科学出版社

北　京

内 容 简 介

本书以我国滨海湿地的南北分界线、典型的近海与海岸湿地——杭州湾滨海湿地为主要研究对象，系统介绍杭州湾滨海湿地资源时空变化、景观演变及其驱动力、碳的固定及排放、氮磷循环及其水质净化过程、典型水鸟群落特征、生境选择及其栖息地营建和恢复、围垦区植物群落结构及加拿大一枝黄花入侵机理等研究成果，并开展杭州湾滨海湿地生态系统服务价值及生态安全评价。书中特别描述了滨海湿地围垦对生态系统结构、过程和功能的影响，研究结果可为我国滨海湿地保护和修复提供技术支撑。

本书可以作为从事湿地生态学研究或教学的科研人员、教师及研究生和本科生的专业参考书，也可以作为该行业专业技术人员的参考书。

图书在版编目（CIP）数据

杭州湾滨海湿地生态系统研究/吴明等著. —北京：科学出版社，2022.12
ISBN 978-7-03-070803-8

Ⅰ.①杭… Ⅱ.①吴… Ⅲ.①海滨-沼泽化地-生态系统-研究-杭州 Ⅳ.①P942.551.78

中国版本图书馆 CIP 数据核字（2021）第 254913 号

责任编辑：吴卓晶 李 莎 武仙山 / 责任校对：赵丽杰
责任印制：吕春珉 / 封面设计：东方人华平面设计部

科学出版社 出版
北京东黄城根北街 16 号
邮政编码：100717
http://www.sciencep.com
北京中科印刷有限公司印刷
科学出版社发行 各地新华书店经销
*
2022 年 12 月第 一 版 开本：B5（720×1000）
2022 年 12 月第一次印刷 印张：14 1/2 插页：3
字数：294 000

定价：152.00 元
（如有印装质量问题，我社负责调换〈中科〉）
销售部电话 010-62136230 编辑部电话 010-62143239（BN12）

版权所有，侵权必究

前　言

　　杭州湾位于钱塘江入海口，是我国滨海湿地的南北分界线。杭州湾滨海湿地属于典型的近海与海岸湿地生态系统，是中国八大区域湿地之一，其物种、群落和生境多样性丰富，代表中北亚热带过渡带湿地类型的动植物区系。杭州湾滨海湿地以浅海水域、淤泥质海滩（俗称滩涂）、潮间盐水沼泽和水产养殖场等湿地为主。由于地处河流与海洋的交汇区，杭州湾滨海湿地是我国东部大陆海岸冬季水鸟丰富的地区之一，也是东亚-澳大利西亚候鸟迁徙区的重要驿站和世界濒危物种黑嘴鸥、黑脸琵鹭的重要越冬地与迁徙停歇地，生态区位十分重要。

　　2000年，由国家林业局（现为国家林业和草原局）牵头组织制定的《中国湿地保护行动计划》正式实施，杭州湾庵东沼泽区湿地被列入"中国重要湿地名录"。2005年，全球环境基金（Global Environment Fund，GEF）和世界银行组建的东亚海洋大生态系统污染削减投资基金的第一个项目"宁波—慈溪GEF湿地项目"于杭州湾滨海湿地开始实施。2011年，杭州湾国家湿地公园获批国家湿地公园试点。2014年，杭州湾国家湿地公园被列入浙江省省级重要湿地名录。2017年12月，浙江杭州湾国家湿地公园通过国家林业局试点国家湿地公园验收。

　　杭州湾滨海湿地在维持区域生态平衡、提供珍稀动物栖息地和保护生物多样性等方面具有非常重要的作用，是该区域重要的生态屏障。由于地处中国经济发达的浙江省，其海水养殖、滩涂围垦等经济开发活动对杭州湾滨海湿地生态系统造成了巨大压力。鉴于杭州湾滨海湿地生态系统的典型性、代表性，及重要的生态服务功能，开展杭州湾滨海湿地生态系统的研究具有重要的科学意义。

　　中国林业科学研究院亚热带林业研究所自2003年起开展杭州湾滨海湿地生态系统的研究。2005年，依托该单位建立浙江杭州湾湿地生态系统国家定位观测研究站（以下简称杭州湾生态站）。杭州湾生态站位于浙江省宁波市杭州湾新区内，杭州湾跨海大桥南端，中国重要湿地庵东沼泽区湿地内，主要开展杭州湾滨海湿地生态系统的结构、功能和过程的长期、连续、定位野外观测和科学研究。

　　本书为作者团队近年来依托杭州湾生态站对杭州湾滨海湿地生态系统研究的成果总结。全书包括11章，其中，第1、3、4、5、10章由邵学新、吴明撰写；第2、11章由李楠（现任职于滁州学院）、邵学新撰写；第6、7章由焦盛武、蒋科毅、吴明撰写；第8、9章由叶小齐、吴明撰写。团队成员张龙、李曰菊及研究生梁威、王蒙、张文敏、盛宣才、梁雷、李长明、宁潇、赵林丽、闫雅楠、张昕丽、赵亦欢、熊静等参与了相关研究和图表编排等工作。吴明和邵学新负责全书的统稿工作。

　　本书的出版得到国家重点研发计划项目"滨海滩涂湿地迁徙水鸟生境特征及栖息地营建技术示范"（项目编号：2017YFC050620207）、国家自然科学基金项目"滨海湿地水鸟传输下磷素反向迁移及累积通量研究"（项目编号：31870597）、浙江省科技援助项目"阿坝高原湿地资源监测与生态管理技术试验示范"（项目编号：2015C26001）、国家林业和草原局浙江杭州湾湿地生态系统国家定位观测研究站和浙江省级陆生野生动物疫源疫病监测站运行经费等项目的资助。

　　本书对杭州湾滨海湿地生态系统研究成果进行了系统梳理和总结，期望能够起到抛砖引玉的作用，为滨海湿地生态系统的保护与恢复提供一定的理论参考。由于相关学科的迅速发展和编写人员的学识所限，不足之处在所难免，敬请广大同行批评指正。

作　者

目　　录

第1章 概 况

　　湿地与森林、海洋并称全球三大生态系统，被誉为"地球之肾""天然水库""物种宝库"。为保护全球湿地资源，1971年2月2日来自18个国家的代表在伊朗拉姆萨尔共同签署《关于特别是作为水禽栖息地的国际重要湿地公约》（以下简称《湿地公约》）。健康的湿地生态系统，是国家生态安全体系的重要组成部分，对经济社会的发展发挥着越来越大的作用。滨海湿地处于陆地生态系统和海洋生态系统的交错过渡地带，是海岸带中具有特定自然条件、复杂生态系统和最具经济意义的功能区块。对于人类自身来说，滨海湿地具有净化污水、保护海岸线、控制侵蚀及保护生物多样性等重要服务功能。

　　本章主要概述湿地的定义、分类及其生态服务功能，介绍中国的湿地资源状况，特别是杭州湾滨海湿地的区域位置和资源。此外，还介绍浙江杭州湾湿地生态系统国家定位观测研究站的观测区域及研究方向等基本情况。

1.1 湿地概述

1.1.1 湿地的定义

　　湿地与人类的生存、繁衍和发展息息相关，它不仅为人类的生产、生活提供多种资源，而且具有巨大的环境功能和效益，在抵御洪水、调节径流、蓄洪防旱、降解污染、调节气候、控制土壤侵蚀、促淤造陆和美化环境等方面具有其他生态系统不可替代的作用，受到全世界的广泛关注。

　　湿地的定义多种多样，目前已统计的湿地定义有近60种（赵魁义，1999）。例如，1956年美国鱼类及野生动物管理局（Fish and Wildlife Service，FWS）将湿地定义为浅水（永久或暂时的）所覆盖的低地，包括各种沼泽湿地及有挺水植物生长的浅水湖泊或浅水水体，不包括深水湖泊等稳定水体，以及因淹水时间过短而对湿地植被和湿地土壤的发育没有影响的水域（Shaw and Fredine，1956）。1979年，FWS科学家在《美国湿地和深水栖息地的分类》（*Classification of Wetlands and Deepwater Habitats of the United States*）一书中将湿地定义为位于陆地与水域两个系统之间的过渡地带，其地下水位较高或表面覆水，且具有如下特征之一：①水生植物周期性地呈现优势；②基底主要为湿地土壤；③基底非土壤，且每年生长季部分时间被水浸没（Cowardin et al.，1979）。1986 年，Mitsch 在《湿地》（*Wetlands*）中对 1986 年以前的湿地定义进行了详细评述（Mitsch and Gosselink，1986）；1995 年，美国国家科学院在《湿地：特征与边界》（*Wetlands: Characteristics and Boundary*）中，对 1995 年以前的湿地定义进行了详细评述（Committee on Characterization of Wetlands，1995）。两者一致认同由于认识上的差异和目的的不同，不存在统一的、科学的湿地定义，多样性的湿地定义可分为科学定义和管理定义。我国学者陆健健（1996）将湿地定义为陆缘湿地植物盖度大于 60%，水缘为低于海平面 6m 的近海区域。目前最常用的湿地定义是 1971 年《湿地公约》中的湿地定义。根据该定义，湿地是指天然或人造、永久或暂时的死水或流水、淡水、微咸或咸水沼泽地、泥炭地或水域，包括低潮时水深不超过 6m 的海水区。

尽管关于湿地的定义并不统一，但湿地生态系统具有 3 个基本特征：常年或季节性受到水文水动力学的影响；生活着大量具有特殊适应性的动物和植物；具有与其他地域不同的生物地球化学循环过程（左平等，2005）。因此，湿地的环境特征可以从湿地生态系统最关键的环境要素——气候、水文与水环境、土壤（沉积物）3 个方面进行研究。气候是控制湿地消长的最根本的动力因素，气候变化对湿地的物质循环、能量流动、湿地生产力、水文过程、生物地球化学过程、湿地动植物及湿地生态功能具有重要影响。湿地也可以调节局部小气候，在维护区域气候"冷湿"效应中作用突出。水文过程控制湿地的形成与演化，影响湿地物种组成、主要生产量、有机物沉积和营养物的循环等，使湿地成为一个独特的、不同于陆地系统和深水水生系统的生态系统。湿地也可以调节水文和净化水质。湿地土壤与一般的陆地土壤有所不同，高有机质输入速率及低有机质分解速率使湿地土壤的主要特征表现为有机质含量高。此外，由于湿地位于水陆过渡地带，滞水或周期性淹水所引起的氧化还原过程也是湿地土壤的典型特征。湿地的上述环境要素结合湿地生物要素，决定着湿地生态系统的基本特征及其生态功能。

1.1.2　湿地的分类

对湿地分类的研究开始于一百多年以前。研究方法的发展与进步使对湿地分类的研究更加深入，目前最完整的湿地分类工作是由美国科学家完成的（刘厚田，1995）。20 世纪 50 年代初，FWS 对湿地进行了一次调查和分类（Shaw and Fredine，1956），把湿地划分为四大类：内陆淡水湿地、内陆咸水湿地、海岸淡水湿地和海岸咸水湿地；按水深和淹水频率增加的顺序，每一类再划分为 20 个湿地类型。1974 年，FWS 对美国国家湿地进行了严格的清查，提出湿地分类的新系统，使用等级方法，即系统、亚系统、类和亚类，把湿地和深水生境作为系统，其下分为海洋、河口、河流、湖泊和沼泽 5 个亚系统（Cowardin et al.，1979）。《湿地公约》缔约国数量的增加，要求各缔约国采用较为一致的"湿地种类"分级制度。1990 年第四届缔约国大会发布了一个新的分类系统。该系统将人工湿地单独作为一个系统进行考量，与海洋和海岸、内陆等系统并列；1999 年，在原有分类系统的基础上又增加了一些类型，其中海洋和海岸湿地分为 12 类、内陆湿地分为 20 类、人工湿地分为 10 类，共 42 种类型（李玉凤和刘红玉，2014），具体类型如表 1-1 所示。

表 1-1　《湿地公约》的湿地分类标准

一级	海洋和海岸湿地	内陆湿地	人工湿地
二级	永久性浅海水域/海草层/珊瑚礁/岩石性海岸/沙滩、砾石与卵石滩/河口水域/滩涂、盐沼/潮间带森林湿地/咸水、碱水潟湖/海岸淡水湖/海滨岩溶洞穴水系	永久性内陆三角洲/永久性的河流/时令河/湖泊/时令湖、盐湖/时令碱、咸水盐沼/时令碱、咸水盐沼/内陆盐沼/永久性的淡水草本沼泽、泡沼/泛滥地/草本泥炭地/高山湿地/苔原湿地/灌丛湿地/淡水森林沼泽、森林泥炭地/淡水泉及绿洲/地热湿地/内陆岩溶洞穴水系	水产池塘/水塘/灌溉地/农用泛洪湿地/盐田/蓄水区/采掘区/废水处理场所/运河、排水渠/地下输水系统

我国国家标准《湿地分类》（GB/T 24708—2009）提出的湿地分类依据为湿地成因、地貌类型、水文特征、植被类型。根据上述条件将湿地分为 3 级。第 1 级将全国湿地生态系统分为自然湿地和人工湿地两大类。自然湿地往下依次分为第 2 级（4 类）、第 3 级（30 类）。人工湿地仅分为第 2 级，共有 12 类。我国湿地分类具体如表 1-2 所示。

表 1-2　我国湿地分类表

1 级	2 级	3 级
自然湿地	近海与海岸湿地	浅海水域
		潮下水生层
		珊瑚礁
		岩石海岸
		沙石海滩
		淤泥质海滩
		潮间盐水沼泽
		红树林
		河口水域
		河口三角洲/沙洲/沙岛
		海岸性咸水湖
		海岸性淡水湖
	河流湿地	永久性河流
		季节性或间歇性河流
		洪泛湿地
		喀斯特溶洞湿地

续表

1 级	2 级	3 级
自然湿地	湖泊湿地	永久性淡水湖
		永久性咸水湖
		永久性内陆盐湖
		季节性淡水湖
		季节性咸水湖
	沼泽湿地	苔藓沼泽
		草本沼泽
		灌丛沼泽
		森林沼泽
		内陆盐沼
		季节性咸水沼泽
		沼泽化草甸
		地热湿地
		淡水泉/绿洲湿地
人工湿地	水库	
	运河、输水河	
	淡水养殖场	
	海水养殖场	
	农用池塘	
	灌溉用沟、渠	
	稻田/冬水田	
	季节性洪泛农业用地	
	盐田	
	采矿挖掘区和塌陷积水区	
	废水处理场所	
	城市人工景观水面和娱乐水面	

1.1.3 湿地的生态服务功能

生态系统功能主要表现为产品资源提供功能、环境调节功能、支持功能和人文功能 4 类，其为人类提供食品和各种物质资源，为人类的生产生活提供场所。湿地生态系统具有丰富的生物多样性和较高的生产力，能够为人类提供多种生态服务功能。

1. 物质生产和水分供给

湿地生态系统具有较高的生产力，是人类重要的物质来源。湿地鱼类、贝类等能够为人类提供不可或缺的蛋白质。湿地植物产品可以为人类提供食物和药品。水稻田作为一种人工湿地，为全球 50% 的人口提供粮食。同时，湿地也是人类生产生活的常用水源。

2. 气候调节

湿地调节气候功能是指湿地及湿地植物的水分循环影响局部地区的温度、湿度和降水状况，从而起到调节气候的作用。湿地以其较大的比热容和强烈的水分蒸散作用，对区域空气起到一定的降温增湿作用，对区域小气候产生调节作用。

3. 大气调节

湿地在全球碳循环和氮循环过程中扮演十分重要的角色。天然湿地由于具有较高的有机质积累能力和较低的有机质分解活性，通常表现为碳的"汇"。但人类对湿地不合理的开发利用，导致湿地生态系统变为碳的"源"。湿地生态系统中的植物、温度、土壤理化性质、土壤微生物、土地利用变化等因素在温室气体的产生和排放中发挥着主要的作用。

4. 水量调蓄

湿地将多余的降水蓄积起来，并缓慢地释放，从而能够在时间和空间上对降水进行再次分配。湿地土壤具有强大的蓄水能力，因此湿地能够减轻下游的洪涝灾害。滩涂湿地能够调洪蓄水，护岸护堤，减轻海浪对岸带的侵蚀。

5. 水质净化

水体流经湿地水生植物生长区域，流速减小，沉积物易于沉积，使污染物随着沉积物累积，因此湿地具有沉积污染物的作用。人类早在 100 年前就意识到湿地具有控制污染的作用。20 世纪 50 年代，德国科学家率先开展湿地净化功能的研究，利用湿地去除污水中的养分和悬浮物。目前，有关湿地对水体氮、磷、重金属及新型污染物的去除效果、净化机理已有广泛的研究。

6. 生物多样性保育

湿地生态系统具有种类繁多的动物与植物。据统计，我国具有湿地植物两千多种，植物类型涵盖草本植物和木本植物等。我国湿地野生动物有两千多种，包括很多濒危物种和中国特有物种，如白鱀豚（*Lipotes vexillifer*）、扬子鳄（*Alligator sinensis*）等。水禽有 257 种，约占全国鸟类种数的 1/5。我国的众多湿地是全球水禽的重要繁殖、越冬基地和迁徙的停留地。

7. 人文

湿地具有很高的休闲娱乐与科研教育价值。首先，湿地风景优美，景观独特，具有一定的美学观赏价值。其次，湿地是人们旅游、娱乐的绝佳场所。例如，我国著名的西湖景区每年吸引大批游客前来观光旅游，给杭州的旅游业带来了良好的效益。此外，湿地具有相当高的研究价值，对湿地的深入研究可以使人们更全面地认识我们所处的生态环境，为生态学的发展做出贡献。

1.1.4　中国的湿地资源

我国是世界上湿地类型齐全、数量较多的国家之一。2009～2013年国家林业局组织完成第二次全国湿地资源调查。按照《湿地公约》规定，第二次全国湿地资源调查确定起调面积为 8hm^2（含8hm^2）以上的近海与海岸湿地、湖泊湿地、沼泽湿地、人工湿地及宽度 10m 以上、长度 5km 以上的河流湿地。调查结果显示，全国湿地总面积为5360.26 万 hm^2（另有水稻田面积3005.70 万 hm^2 未计入），湿地率（湿地面积占国土面积的比率）为 5.58%。其中，内地（大陆）的湿地面积为5342.06 万 hm^2，香港、澳门和台湾的湿地面积为 18.20 万 hm^2。自然湿地面积为 4667.47 万 hm^2，占 87.37%；人工湿地面积为 674.59 万 hm^2，占 12.63%。自然湿地中，近海与海岸湿地面积为 579.59 万 hm^2，占 12.42%；河流湿地面积为1055.21 万 hm^2，占 22.61%；湖泊湿地面积为 859.38 万 hm^2，占 18.41%；沼泽湿地面积为 2173.29 万 hm^2，占 46.56%。对两次调查类型相同、范围相同和起调面积相同的湿地进行对比分析表明，近十年来我国湿地面积减少了 339.63 万 hm^2，减少率为 8.82%，其中自然湿地面积减少了 337.62 万 hm^2，减少率为 9.33%。

滨海湿地是陆地生态系统和海洋生态系统的交错过渡地带，具有非常重要的生态意义。它既具有一般湿地生态系统的基本环境特征，也具有独特的潮汐波动、水盐梯度动态等特点。此外，由于人口的不断增长和经济的飞速发展，滨海地区人地矛盾突出，受围垦等人为活动的强烈影响，滨海湿地面积锐减与滨海水体富营养化是当今世界面临的全球性重大环境问题（李晓文等，2015；Ma et al.，2014；Cyranoski，2009）。这些特征对滨海湿地形成、发展都具有重要的影响。中国滨海湿地（近海与海岸湿地）主要分布于沿海的 11 个省区和港澳台地区。海域沿岸约有 1500 条大中河流入海，形成浅海滩涂、河口湾、海岸湿地、红树林、珊瑚礁及海岛等生态系统共计 6 大类、30 多个类型。总体以杭州湾为界，分为南、北 2 个部分（国家林业局等，2000）。

杭州湾以北的滨海湿地除山东半岛、辽东半岛的部分地区为岩石性海滩外，多为沙质和淤泥质海滩，由环渤海滨海湿地和江苏滨海湿地组成。黄河三角洲和辽河三角洲是环渤海滨海湿地的重要区域，其中辽河三角洲分布有世界第一大苇田——盘锦苇田，面积约为 7 万 hm^2。环渤海滨海湿地尚有莱州湾湿地、马棚口湿地、北大港湿地和北塘湿地。环渤海湿地总面积约为 600 万 hm^2。江苏滨海湿地主要由长江三角洲和黄河三角洲的一部分构成，仅海滩面积就达到 55 万 hm^2，主要分布于盐城、南通和连云港地区。

杭州湾以南的滨海湿地以岩石性海滩为主,其主要河口及海湾有钱塘江口—杭州湾、晋江口—泉州湾、珠江口河口湾和北部湾等。在海湾、河口的淤泥质海滩上分布有红树林,在海南至福建北部沿海滩涂及台湾西海岸都有天然红树林分布。热带珊瑚礁主要分布在西沙和南沙群岛及台湾、海南沿海,其北缘可达北回归线附近。

1.2 杭州湾滨海湿地生态系统

1.2.1 杭州湾滨海湿地资源环境与生物多样性

1. 区域位置

杭州湾为一喇叭口形状的河口海湾,位于浙江省北部、上海市南部,东临舟山群岛,西有钱塘江汇入。其内界为钱塘江河口线,即海盐县澉浦长山东南咀至余姚市西三闸连线,西面为钱塘江河口段;外界为上海南汇芦潮港闸与甬江口外长跳咀连线,地理坐标为 29°58′27″~30°51′30″N,120°54′30″~121°50′48″E(国家林业局,2015)。

湾内海域水深多小于 10m,水下地形平坦,中北部至口门为杭州湾水下浅滩;湾内有大小岛屿 69 个,岛屿附近有潮流深槽、冲刷深潭及潮流沙脊;海岸线长为258.49km,以人工海岸为主;滩地主要为淤泥质潮滩,中北部及其以东主要为黏土质粉沙沉积物,南部及中部至湾顶沉积物主要为粉沙、细沙及二者的混合物(浙江省林业局,2002)。

区域属北亚热带海洋性季风气候,四季分明,年平均气温为 16℃,年平均降水量为 1273mm,日照时数为 2038h,无霜期为 244d。

2. 湿地资源

杭州湾滨海湿地以浅海水域、淤泥质海滩和潮间盐水沼泽等湿地为主,其他尚有岩石性海岸和水产养殖场。其在浙江省省内地跨镇海区、北仑区、慈溪市、余姚市、平湖市和海盐县 6 个县(市、区),湿地面积为 $8.36×10^4hm^2$(含庵东沼泽区湿地)(国家林业局等,2000)。

3. 生物资源

1)高等植物

根据浙江杭州湾湿地生态系统国家定位观测研究站对杭州湾国家湿地公园及其周边区域(以下简称研究区)的定位监测表明,区域内共记录高等植物 86 科

281 种，其中木本植物多为栽培种，草本植物以禾本科、菊科、莎草科为主（吴明等，2011）。

研究区群落物种丰富。乔木树种主要有柽柳（*Tamarix chinensis*）、旱柳（*Salix matsudana*），高度为 1～4m，盖度为 20%～80%；草本植物有白茅（*Imperata cylindrica*）、香丝草（*Erigeron bonariensis*）、野艾蒿（*Artemisia lavandulifolia*）、芦苇（*Phragmites australis*）、长裂苦苣菜（*Sonchus brachyotus*）、田菁（*Sesbania cannabina*）、钻叶紫菀（*Symphyotrichum subulatum*）、加拿大一枝黄花（*Solidago canadensis*）、水烛（*Typha angustifolia*）、多裂刺果菊（*Pterocypsela laciniata*）、绢毛飘拂草（*Fimbristylis sericea*）、羊蹄（*Rumex japonicus*）等；伴生物种有牛筋草（*Eleusine indica*）、狗牙根（*Cynodon dactylon*）等。群落总盖度为 60%～100%。同时，研究区外来物种加拿大一枝黄花与乡土物种相比占据一定的优势。

杭州湾滨海湿地植被主要有以下几种群落类型。

（1）海三棱藨草（*Bolboschoenoplectu mariqueter*=*Scirpus mariqueter*）群落。属群落演替的初级阶段，主要分布在围堤外滩涂，群落盖度为 40%～100%，其中偶尔散生一定数量的碱蓬（*Suaeda glauca*）。海三棱藨草是新生滩涂湿地的先锋物种，对滩涂湿地的环境改造和植被定居具有非常重要的作用。

（2）海三棱藨草-互花米草（*Spartina alterniflora*）群落。主要分布在围堤外滩涂，其中海三棱藨草盖度为 40%～60%，互花米草盖度为 10%～70%，互花米草以簇生状镶嵌在海三棱藨草群落中。伴生碱蓬。

（3）海三棱藨草-碱蓬群落。主要分布在围堤外滩涂，盖度约为 90%。其中偶见互花米草。

（4）芦苇群落/芦苇-互花米草群落。主要分布在围堤外滩涂，群落盖度为 80%～95%。不同年份形成的滩涂上芦苇的盖度、高度等结构特征差异明显。随着向内陆方向延伸，芦苇群落的盖度发生一定程度的增加，高度显著增加。该群落内主要伴生种为糙叶薹草（*Carex scabrifolia*）、钻叶紫菀和碱蓬。

（5）柽柳-芦苇群落。该群落在围堤外高程较高地段和围堤内湿地均有分布，伴生白茅。芦苇群落发展到一定程度，土壤等环境条件进一步优化，木本植物柽柳开始出现，便形成柽柳-芦苇群落。随着演替的进行，柽柳所占比重会逐渐增加，从而形成柽柳灌丛群落。

（6）旱柳-柽柳群落/旱柳群落。主要分布在围堤内未开发利用湿地。其中木本植物盖度为 25%～35%，草本层高度为 1.9m，草本植物盖度为 65%～95%。草本植物种类有小蓬草（*Erigeron canadensis*）、芦苇、白茅、加拿大一枝黄花、盐地鼠尾粟（*Sporobolus virginicus*）、车前（*Plantago asiatica*）、野大豆（*Glycine soja*）、狗尾草（*Setaria viridis*）、狗牙根、艾（*Artemisia argyi*）、稗（*Echinochloa crus-galli*）、牛筋草、莲子草（*Alternanthera sessilis*）、水蓼（*Persicaria hydropiper*）、萝藦

（*Cynanchum rostellatum*）、钻叶紫菀等。

2）鸟类

2005 年至 2017 年年底，研究区累计记录鸟类 21 目 62 科 303 种，其中候鸟有 173 种，占鸟类总数的 57.10%，繁殖鸟（夏候鸟和留鸟）有 76 种，占鸟类总数的 25.08%，水鸟有 10 目 20 科 143 种，占鸟类总数的 47.19%。列入《国家重点保护野生动物名录》的鸟类有 36 种，列入 IUCN（International Union for Conservation of Nature，世界自然保护联盟）红色名录的受威胁鸟类有 31 种。包括 IUCN 红色名录极危（CR，critically endangered）物种勺嘴鹬（*Eurynorhynchus pygmeus*）、青头潜鸭（*Aythya baeri*）和白鹤（*Grus leucogeranus*）3 种，濒危（EN，endangered）物种大杓鹬（*Numenius madagascariensis*）、大滨鹬（*Calidris tenuirostris*）、黑脸琵鹭（*Platalea minor*）、东方白鹳（*Ciconia boyciana*）和中华秋沙鸭（*Mergus squamatus*）5 种，易危（VU，vulnerable）物种白头鹤（*Grus monacha*）、白枕鹤（*Grus vipio*）、黑嘴鸥（*Larus saundersi*）等 10 种。还有被列入《国家重点保护野生动物名录》的卷羽鹈鹕（*Pelecanus crispus*）、白琵鹭（*Platalea leucorodia*）和白尾海雕（*Haliaeetus albicilla*）等。

3）两栖类

研究区共记录两栖动物 1 目 3 科 5 种，分别为中华蟾蜍（*Bufo gargarizans*）、泽陆蛙（*Fejervarya multistriata*）、黑斑侧褶蛙（*Pelophylax nigromaculata*）、金线侧褶蛙（*Pelophylax plancyi*）和饰纹姬蛙（*Microhyla ornate*）。

4）爬行类

研究区共记录爬行动物 1 目 2 科 2 种，分别为赤链蛇（*Dinodon rufozonatum*）和蝮蛇（*Agkistrodon halys*）。

5）兽类

研究区共记录兽类 4 目 4 科 5 种，分别为小家鼠（*Mus musculus*）、伏翼（*Pipistrellus abramus*）、黄鼬（*Mustela sibirica*）、东北刺猬（*Erinaceus amurensis*）和华南兔（*Lepus sinensis*）。

6）浮游植物

研究区共监测到浮游植物 192 种，隶属 7 门 76 属。其中，绿藻门占优势，为 82 种，占 42.7%；硅藻门为 54 种，占 28.1%；蓝藻门为 33 种，占 17.2%；裸藻门为 9 种，占 4.7%；甲藻门为 7 种，占 3.6%；金藻门为 4 种，占 2.1%；隐藻门为 3 种，占 1.6%。浮游植物主要种为优美平裂藻、微小平裂藻、颤藻、四尾栅藻、二形栅藻、小球藻、浮丝藻、新月菱形藻、针杆藻、卵形隐藻等。浮游植物密度平均值为 1.96×10^7 个·L^{-1}，平均叶绿素 a 含量为 32.64μg·L^{-1}。

7）底栖动物

据文献报道，杭州湾潮间带生物的种类和数量在南北两岸有一定差异，北岸中国石化上海石油化工股份有限公司附近潮间带 60km 范围内的大型底栖生物初步鉴定有 99 种。南岸岚山水库至算山码头 20km 范围内的潮间带底栖生物有 121 种，以甲壳类和软体动物占绝对优势，它们大部分属河口性、广温性和低盐性种，包括白虾群落，代表种为安氏白虾（*Exopalaemon annandalei*）、脊尾白虾（*Exopalaemon carinicauda*）等，以及细巧仿对虾（*Parapenaeopsis tenella*）、哈氏仿对虾（*Parapenaeopsis hardwickii*）和中华管鞭虾（*Solenocera crassicornis*）等季节性出现的种。甲壳类和软体动物构成彩虹明樱蛤（*Moerella iridescens*）-珠带拟蟹守螺（*Cerithidea cingulata*）-泥螺（*Bullacta exarata*）群落，四角蛤蜊（*Mactra veneriformis*）-宽身大眼蟹（*Macrophthalmus dilatatum*）群落及粗糙滨螺（*Littorina scabra*）-白脊藤壶（*Balanus albicostatus*）群落（浙江省林业局，2002）。

本书项目组在研究区实际调查和鉴定底栖动物 56 种。滩涂生境主要类群为软体动物、甲壳类及环节动物，春季优势种为缢蛏（*Sinonovacula constricta*）、中国绿螂（*Glaucomya chinensis*）和渤海鸭嘴蛤（*Laternula marilina*），夏季优势种为中国绿螂和渤海鸭嘴蛤，秋季优势种为渤海鸭嘴蛤，冬季优势种为渤海鸭嘴蛤和光滑狭口螺（*Stenothyra glabra*）。次生人工湿地主要类群为软体动物、甲壳类及昆虫，摇蚊幼虫为该生境的主要优势种。

8）鱼类

杭州湾水域鱼类资源丰富，以近岸中小型鱼类为主，一般可分为 3 种类型，即洄游性鱼类、海水鱼类及河口性鱼类，其中河口性鱼类在数量和种类上占优势。项目组在研究区调查并鉴定鱼类 42 种，隶属 9 目 16 科 41 种（贾兴焕等，2010）。鱼类种类组成以鲤形目的鲤科鱼类和鲈形目鱼类为主，尤其以鲫、麦穗鱼、红鳍原鲌和斑尾复鰕虎鱼、鲻比较常见。按照生态习性和分布特点，鱼类可分为淡水鱼类、咸淡水鱼类、洄游鱼类和近海鱼类 4 个主要生态类型，滩涂生境主要以咸淡水鱼类为主，围垦区主要以淡水鱼类为主。

1.2.2　杭州湾滨海湿地保护与利用

杭州湾滨海湿地生态区位十分重要。它是我国滨海湿地的南北过渡带，属于典型的近海与海岸湿地生态系统；物种、群落和生境多样性丰富，代表中北亚热带过渡带湿地类型的动植物区系；地处东亚—澳大利西亚候鸟迁徙区的中端，是迁徙雁鸭类和鸻鹬类的重要停歇栖息地和越冬地；是中国八大盐碱湿地之一。

2000 年，由国家林业局牵头组织制定的《中国湿地保护行动计划》正式实施，这是我国政府认真履行国际《湿地公约》，加强湿地保护工作的重大举措。杭州湾庵东沼泽区湿地被列入《国家重要湿地名录》。

2005 年，浙江杭州湾湿地生态系统国家定位观测研究站正式批复建立，成为国家林业局陆地生态系统定位研究网络站点之一。

2005 年，全球环境基金（Global Environmental Facility，GEF）和世界银行组建的东亚海洋大生态系统污染削减投资基金的第一个项目"宁波/慈溪 GEF 湿地项目"于杭州湾滨海湿地实施，开展总面积为 43.5km^2 的淡水沼泽湿地恢复、潮间带湿地保护和环境教育中心大楼的建设。主要目标是打造国际候鸟湿地、具有国际领先水平的环境教育中心、东亚海洋削减陆源污染的示范基地和颇具吸引力的生态旅游目的地，更好地保护和恢复杭州湾近海与海岸湿地及其生态服务功能。

2010 年 6 月，投资约 1.4 亿元、占地 335hm^2 的杭州湾湿地公园正式对外开放，湿地公园处于庵东沼泽区湿地内。

2011 年，浙江省林业厅下发《关于同意建立浙江杭州湾省级湿地公园的函》，同意建立杭州湾省级湿地公园，并积极开展对湿地公园建设管理的指导工作。同年底，杭州湾国家湿地公园总体规划通过专家会议评审和现场检查，获批国家湿地公园试点，面积为 470hm^2。在各级政府和上级业务主管部门的关心与支持下，杭州湾国家湿地公园坚持"保护优先、功能恢复、注重科普、合理利用、和谐协调"的基本原则，严格按照《国家湿地公园管理办法》（试行）、《国家湿地公园建设规范》（LY/T 1755—2008）和《杭州湾国家湿地公园总体规划（2011—2015）》要求，以近海与海岸湿地为特色，以保护重要的国际候鸟迁徙栖息地为理念，以加强生态保护、科普宣教和科研监测为目标，全面推进国家湿地公园试点建设。

2014 年，杭州湾国家湿地公园被列入《浙江省省级重要湿地名录》（浙江省人民政府办公厅关于公布首批重要湿地名录的通知，浙政办发〔2014〕125 号）。

2016 年，成立宁波杭州湾国家湿地公园管理处，出台《宁波杭州湾国家湿地公园保护管理办法》。

2016 年，为更好地保护杭州湾宝贵的湿地资源，维护生物多样性，保障湿地生态系统健康，杭州湾新区加大对湿地公园的保护力度。经国家林业局批准，湿地公园规划范围调整为总面积 6376.69hm^2，其中湿地面积 6261.58hm^2，湿地率98.19%。自然湿地 4098.49hm^2，占湿地面积的 65.45%；人工湿地 2163.09hm^2，占 34.55%。新的规划进一步弥补不足，抢救性地保护弥足珍贵的杭州湾庵东沼泽国家重要湿地及国际候鸟迁徙通道，使杭州湾国家湿地公园成为区域近海与海岸湿地科研监测中心、全国近海与海岸湿地保护样板、东亚海洋削减陆源污染的示范基地及国际候鸟迁徙驿站保护典范。

2017 年 12 月，国家林业局下发《关于 2017 年试点国家湿地公园验收情况的通知》（林湿发〔2017〕148 号），同意浙江杭州湾国家湿地公园通过试点验收。

杭州湾滨海湿地生态系统关系到环杭州湾城市群和产业带的大气和水文等环境质量，湿地资源的合理保护与高效利用直接影响区域经济和社会的稳定与可持续发展。杭州湾滨海湿地在维持区域生态平衡、提供珍稀动物栖息地和保护生物多样性等方面具有非常重要的作用，同时也是该区域防御海洋灾害的生态屏障，其强大的环境净化和污染物过滤作用对环杭州湾和舟山群岛的水域质量和渔业安全具有不可替代的作用。因此，开展杭州湾生态系统研究具有重要的科学意义。

1.3　浙江杭州湾湿地生态系统定位观测研究站

1.3.1　台站概况

杭州湾生态站创建于 2005 年，是国家林业局管辖的中国湿地生态系统定位观测网络的主要台站之一。杭州湾生态站位于浙江省宁波市境内，依托单位为中国林业科学研究院亚热带林业研究所。其建设的目的是开展杭州湾滨海湿地生态系统结构、功能和过程的长期、连续、定位野外观测和科学研究，把杭州湾湿地建设成为我国海岸湿地观测、研究与科教的重要平台，为我国海岸湿地生态建设提供决策依据和技术保障。

根据《国家林业局陆地生态系统定位研究网络中长期发展规划（2008—2020年）》，杭州湾生态站属规划中已建的重点站之一。经过近几年的发展，杭州湾生态站目前拥有建筑面积为 680m^2 的综合管理区域一处，内设实验、办公和生活 3 大区块，包括标本室、样品前处理室、化学分析室、资料室、办公室、会议室、餐厅和宿舍等，基本满足生态站观测与研究活动的需要。

杭州湾生态站已拥有 Campbell CR1000 和 CR200 等气象观测设备，蔡司（ZEISS）单筒望远镜和 KOWA 双筒望远镜等观鸟设备，Eijkelkamp 土壤取样器、Beeker 型沉积物取样器、Hydrolab-DS5X 多参数水质测定仪、LI-6400P 便携式光合仪、WinSCANOPY 植物冠层分析系统等野外土壤、水和植物监测和取样设备，以及冷冻干燥机、Mastersizer 2000 激光粒度仪、Biolog 自动微生物鉴定系统、Unisense 微电极研究系统、SKALAR 流动分析仪、德国耶拿总有机碳（TOC）分析仪、元素分析仪、Agilent 7890A 温室气体分析仪等室内化学处理和分析仪器，基本满足湿地水文、水质、土壤、气象、植物等方面的研究需要。

1.3.2　监测区域

根据杭州湾滨海湿地生态系统特征与演变规律，按照湿地生境设立自然滩涂（含离岸沙洲）和围垦恢复利用区（含人工湿地、有林湿地）两大监测区，并将固定样带、固定样方与长期采样点相结合，设置杭州湾生态站监测样地。从 2005 年对杭州湾滨海湿地生态系统土壤、植被与气象开始进行观测，逐年增加观测项目和观测指标，目前已开展对湿地特征、气象、水文、大气、水体、土壤（底泥）、动物、植物 8 大类 40 多项指标的监测。

1.3.3　研究方向

1. 湿地生物多样性保护

利用固定样带和固定样方开展对杭州湾滨海湿地鸟类、底栖动物、两栖类、鱼类、高等植物、浮游植物多样性与水质的监测，构建湿地生态系统监测指标体系。研究关键水鸟栖息地生境恢复、优化与保护措施，研究景观格局变迁对生态系统多样性的影响及其适应机制，研究外来物种对湿地生态系统多样性的影响，研究土壤生物群落功能多样性及其在生态系统中的作用。

2. 湿地资源监测与评价

利用遥感技术，结合现场数据调查，分析杭州湾滨海湿地资源的变化，提出湿地保护与可持续利用对策。构建杭州湾滨海湿地环境与生物多样性数据库及湿地信息管理系统。以杭州湾新生湿地为主要研究对象，利用尺度转换技术模拟杭州湾滨海湿地植被和土壤自然建成规律，提出杭州湾滨海湿地的生态保育技术体系。研究无害于滩涂与河口湿地生态环境和生物多样性的湿地开发利用技术。

3. 湿地过程与生态环境效应

以湿地水陆相互作用过程为主线，通过长期定位监测与试验研究，揭示湿地形成、发育和演化规律。研究湿地系统中碳、氮、水耦合循环的关键生物地球化学过程机理。研究全球变化和人类活动扰动下湿地生物地球化学过程、生物多样性变化和生态适应性特征及响应机理。研究湿地生态系统结构、过程与服务功能的关系。开展海岸带人工湿地植物配置、生物强化和景观设计等构建与管理技术研究，评价人工湿地系统污水净化效果。

4. 湿地规划与景观设计

开展湿地保护与恢复规划设计研究。开展兼顾景观效果的人工湿地设计研究。在湿地保护的基础上，开展符合自然、生态、可持续发展的湿地景观设计与规划研究，包括湿地公园规划设计研究、湿地公园建设理论与方法研究等。开展湿地生态系统综合管理研究。

第 2 章　杭州湾滨海湿地景观演变与驱动力分析

随着气候变化和快速城市化的影响，滨海湿地变化剧烈。监测滨海湿地的长期变化，了解湿地生态系统的演变及其对自然和人为活动的响应，是湿地保护及湿地生态修复政策制定的基础。由于滨海湿地土地覆盖类型复杂，植被类型多样，目前基于中等分辨率遥感影像对滨海湿地的研究，精度基本不高，阻碍了深入理解滨海湿地长期演化规律及驱动机制。因此，亟须开发适合滨海湿地分类的算法。

本章以杭州湾滨海湿地为研究区，从 1973～2015 年的 Landsat 长时间序列遥感影像中提取每五年的滨海湿地信息，分析 42 年间滨海湿地土地覆盖变化情况。在此基础上，使用缓冲区分析滨海湿地植被的扩展与退化情况，对典型区进行对比研究，分析沿海不同地区的变化模式（Li et al.，2019）。滨海湿地变化是一个复杂过程，受自然及人类活动等多种驱动因素的影响。驱动因素之间相互作用、相互影响，共同驱动湿地整体的变化。本章从自然和人为两个方面探讨杭州湾滨海湿地变化的驱动因素。

2.1　杭州湾滨海湿地资源时空变化分析

2.1.1　数据来源及处理

1. 遥感影像获取和预处理

遥感影像是获取地球表面信息的常用数据。考虑研究内容、遥感数据的时间跨度及成本，选用美国航空航天局（National Aeronautics and Space Administration，NASA）Landsat MSS/TM/OLI 系列遥感影像。卫星传感器参数见表 2-1。

表 2-1　Landsat 卫星传感器参数

波段	Landsat MSS		Landsat TM		Landsat OLI	
	波长范围/μm	分辨率/m	波长范围/μm	分辨率/m	波长范围/μm	分辨率/m
沿海气溶胶					0.43～0.45	30
蓝			0.45～0.51	30	0.45～0.51	30
绿	0.5～0.6	78	0.52～0.60	30	0.53～0.59	30
红	0.6～0.7	78	0.63～0.69	30	0.64～0.67	30
近红	0.7～0.8	78	0.77～0.90	30	0.85～0.88	30
短波红外	0.8～1.1	78	1.55～1.75	30	1.57～1.65	30
短波红外			2.09～2.35	30	2.11～2.29	30
全色			0.52～0.90	15	0.50～0.68	15

所有 Landsat 数据均从美国地质调查局（United States Geological Survey，USGS）的全球可视化数据服务器（http://earthexplorer.usgs.gov/）下载，行列号为119/39。为了准确地区分滨海湿地植被，每期分别在冬夏两个季节选择无云覆盖的影像共 20 幅（表 2-2）。此外，NASA 网站（https://earthdata.nasa.gov）下载的30m 空间分辨率的 DEM（digital elevation model，数字高程模型）数据也被用于本研究。

表 2-2　Landsat 遥感数据获取时间

传感器类型	影像获取时间
多光谱扫描仪（multispectral scanner，MSS）	1973 年 11 月 15 日、1974 年 2 月 13 日
	1976 年 1 月 7 日、1976 年 10 月 3 日
	1980 年 9 月 12 日、1980 年 12 月 17 日
专题制图仪（thematic mapper，TM）	1985 年 7 月 15 日、1986 年 1 月 7 日
	1990 年 8 月 14 日、1990 年 12 月 4 日
	1995 年 3 月 5 日、1995 年 8 月 12 日
	2000 年 9 月 18 日、2001 年 1 月 16 日
	2005 年 11 月 27 日、2006 年 4 月 20 日
	2009 年 7 月 17 日、2010 年 12 月 27 日
陆地成像仪（operational land imager，OLI）	2015 年 1 月 23 日、2015 年 8 月 3 日

使用 ENVI 5.3 软件对长时间序列遥感影像进行预处理，主要包括辐射定标、大气校正、几何校正等过程。

2. 遥感变量选择

遥感变量的选择对于影像分类至关重要（Lu et al.，2014）。通过比较不同变量组合对提取各类型地物的效果，确定使用归一化植被指数（normalized difference vegetation index，NDVI）、归一化水体指数（normalized difference water index，NDWI）、归一化建筑指数（normalized difference building index，NDBI）和穗帽（tasseled cap）变换后的亮度（brightness）值、绿度（greenness）值和湿度（wetness）值等用于后续分类。具体计算见相关文献（Rouse et al.，1974；Mcfeeters，1996；Zha et al.，2003；Kauth and Thomas，1976）。

3. 野外数据调查

2015～2018 年对研究区土地覆盖类型及湿地植被类型进行定位并记录坐标。实地调查共收集研究区内各土地类型的坐标点 2038 个，在 Google Earth 中逐一检查后生成 kml 文件。实地调查数据为影像分类提供训练样本及验证样本。除实地调查数据外，还使用历史调查资料进行验证，包括浙江省第一次湿地资源调查资料（1995～2000 年进行）和浙江省第二次湿地资源调查资料（2011～2013 年进行）。

2.1.2　湿地动态监测方法

1. 基于多源遥感数据的湿地动态监测框架

研究区土地覆盖类型包括浅海（shallow sea，SE）、淤泥质海滩（silt beach，SB）、海三棱藨草盐水沼泽（*S. mariqueter* salt marsh，ST）、互花米草盐水沼泽（*S. alterniflora* salt marsh，SA）、淡水草本沼泽（freshwater herbaceous marsh，FH）、水体（water body，WB）、水产养殖塘（aquaculture ponds，AP）、水田（paddy field，PF）、旱田（dry field，DF）、不透水地表（impervious surface，IS）、森林（forest，FO）、盐田（salt pan，SP）、裸地（bare land，BL）13 类。

针对 Landsat 长时间序列遥感影像，集成专家知识、决策树、分层分类、无监督分类方法，构建湿地信息提取方法（图 2-1）。根据杭州湾滨海湿地典型植被物候、分布及光谱特征的分析，通过使用阈值选择合适的变量，总结专家知识规则。对于长时间序列遥感影像，在预处理后，基于先前研究提取变量，确定适合的专家知识，提取各种湿地类型。在分类结果后对相邻两期影像的提取结果进行对比，对错分的情况进行后处理。在确定阈值时，选择各地类 3×3 像素大小的纯正样本，通过每个类别样本的平均值和标准偏差进行统计分析来确定变量及阈值。

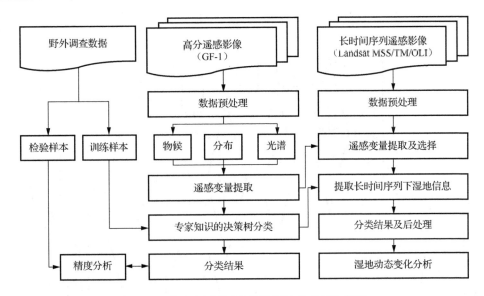

图 2-1 基于多源遥感数据的湿地信息提取框架

2. 专家知识决策树分类

针对研究区的长时间序列 Landsat 影像，开发一种结合专家知识决策树的无监督分类综合方法（图 2-2）。由于时间跨度长，研究区土地覆盖类型变化迅速，无法获得之前影像的可靠样本。因此，基于先前的研究和专家知识，对 2015 年的影像进行决策树分类，得到普遍规律后，再应用到前面几期的影像分类中（Li et al.，2019）。

3. 湿地动态监测与精度评价

10 个时期的 Landsat 数据用于监测土地覆盖类型的变化。计算每个时期每个土地覆盖类型的面积和占整体面积的百分比。根据连续两个时期土地覆盖类型面积的变化面积，定义年平均变化面积。根据各湿地类型面积占总面积的比例和变化部分面积的变化，分析 1973～2015 年湿地类型的变化情况。

研究验证了 4 个时期（2000 年、2005 年、2010 年和 2015 年）土地覆盖类型的准确性。由于缺乏历史数据，前 6 个时期的土地覆盖分类结果未得到验证。使用分层随机抽样技术选择 500 个验证点，每个类别至少有 25 个样本。根据实地调查数据，对 2015 年验证点的土地覆盖类型进行验证。其他 3 期数据根据专家知识和 Google Earth 进行判断。验证点调查结果将用于评估每个分类结果以建立误差矩阵。总体分类准确度和 Kappa 系数用于评估分类图像的整体性能，用户准确度和生产者准确度用于评估每类的表现（Foody，2002）。

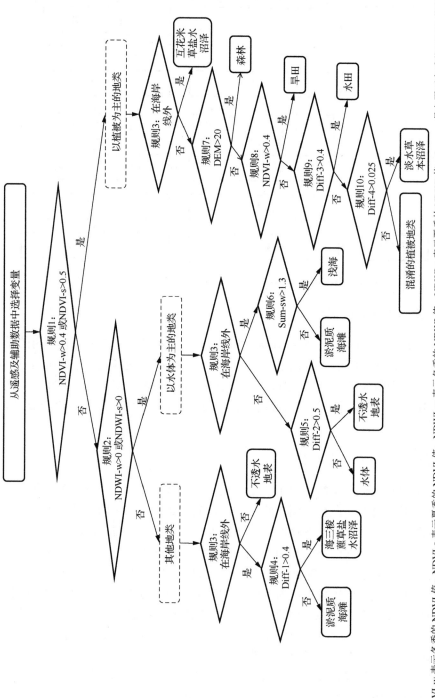

图 2-2 专家知识决策树提取土地覆盖类型

NDVI-w 表示冬季的 NDVI 值；NDVI-s 表示夏季的 NDVI 值；NDWI-w 表示冬季的 NDWI 值；NDWI-s 表示夏季的 NDWI 值；Sum-sw 是冬夏两个季节 NDWI 值和 NDBI 值之差的总和；Diff-1 是夏季 NDVI 值和 NDWI 值之间的差值；Diff-2 是夏季 NDVI 值和 NDWI 值之间的差值；Diff-3 是夏季湿度值和 NDWI 值之间的差值；Diff-4 是冬季红外和红外波段之间的差值。

2.1.3　杭州湾湿地时空变化结果与分析

1. 分类结果及精度

2000～2015 年杭州湾湿地土地覆盖分类结果的总体准确度为 89.6%～92%，Kappa 系数为 0.88～0.91，该精度符合进行土地覆盖变化监测的要求。主要的分类错误来自水体和水产养殖塘，不透水地表、裸地、旱田和水田。裸地的用户准确度只有 76.9%～88.5%，这可能是因为它的光谱特征与不透水地表相似，不容易将其区分出来。土地覆盖的空间分布表明（附图 1），浅海、水田和旱田的面积较大，不透水地表面积增长明显，滩涂逐年向外扩展，土地覆盖类型变化迅速。

表 2-3 显示各土地覆盖类型的面积和占总面积的百分比。从表中可以看出，研究区浅海面积占总面积的比例从 31.37% 下降到 16.12%，内陆土地的面积逐渐增加。滩涂面积在减少，从 1973 年的 7.20% 减少到 2015 年的 4.73%。1985 年、1995 年和 2005 年滩涂面积明显减少，是由于获取影像的时间为涨潮时间，部分滩涂被海水淹没。海三棱藨草盐水沼泽和互花米草盐水沼泽面积较少，不到总面积的 1%。海三棱藨草生长在滩涂上，涨潮时被淹没，落潮时露出，因此海三棱藨草盐水沼泽面积的变化随滩涂面积的变化而变化。

表 2-3　1973～2015 年土地覆盖面积统计

土地覆盖类型	不同时期的面积/km²									
	1973 年	1976 年	1980 年	1985 年	1990 年	1995 年	2000 年	2005 年	2010 年	2015 年
SE	1289.06	1291.06	1183.87	1361.55	1230.07	1285.84	1126.66	1101.76	853.60	662.40
SB	295.97	272.46	264.62	38.91	134.48	72.93	120.81	46.20	160.28	194.19
ST	0.00	0.26	22.33	4.74	33.94	7.35	14.58	7.88	16.13	29.84
SA	0.00	0.00	0.41	0.83	2.44	5.34	7.34	12.97	17.08	13.83
FH	10.21	20.14	47.25	45.35	39.00	33.88	33.88	35.77	84.76	123.53
WB	113.68	111.55	199.86	205.25	209.32	222.90	229.36	251.83	265.32	241.63
AP	0.00	0.00	0.00	15.11	34.31	45.09	98.54	104.60	138.53	167.15
PF	1148.29	1092.28	1069.04	989.82	835.32	821.37	807.49	564.53	385.56	179.62
DF	570.26	605.84	584.30	683.94	754.10	732.25	759.81	950.21	920.42	1015.39
IS	57.09	99.65	139.21	192.29	301.93	372.92	413.01	549.40	780.63	992.81
FO	553.59	544.33	529.07	530.36	518.98	490.10	484.43	475.69	476.72	470.81
BL	1.12	0.01	3.14	12.91	3.33	10.72	9.63	8.32	10.13	17.96
SP	69.89	72.01	66.06	28.10	11.94	8.47	3.62	0.00	0.00	0.00

续表

土地覆盖类型	不同时期的面积占总面积的百分比/%									
	1973 年	1976 年	1980 年	1985 年	1990 年	1995 年	2000 年	2005 年	2010 年	2015 年
SE	31.37	31.42	28.81	33.13	29.93	31.29	27.42	26.81	20.77	16.12
SB	7.20	6.63	6.44	0.95	3.27	1.77	2.94	1.12	3.90	4.73
ST	0.00	0.01	0.54	0.12	0.83	0.18	0.35	0.19	0.39	0.73
SA	0.00	0.00	0.01	0.02	0.06	0.13	0.18	0.32	0.42	0.34
FH	0.25	0.49	1.15	1.10	0.95	0.82	0.82	0.87	2.06	3.01
WB	2.77	2.71	4.86	4.99	5.09	5.42	5.58	6.13	6.46	5.88
AP	0.00	0.00	0.00	0.37	0.83	1.10	2.40	2.55	3.37	4.07
PF	27.94	26.58	26.02	24.09	20.33	19.99	19.65	13.74	9.38	4.37
DF	13.88	14.74	14.22	16.64	18.35	17.82	18.49	23.12	22.40	24.71
IS	1.39	2.41	3.39	4.68	7.35	9.08	10.05	13.37	19.00	24.16
FO	13.47	13.25	12.88	12.91	12.63	11.93	11.79	11.58	11.60	11.46
BL	0.03	0.00	0.08	0.31	0.08	0.26	0.23	0.20	0.25	0.44
SP	1.70	1.75	1.61	0.68	0.29	0.21	0.09	0.00	0.00	0.00

注：SE 表示浅海；SB 表示淤泥质海滩（俗称滩涂）；ST 表示海三棱藨草盐水沼泽；SA 表示互花米草盐水沼泽；FH 表示淡水草本沼泽；WB 表示水体；AP 表示水产养殖塘；PF 表示水田；DF 表示旱田；IS 表示不透水地表；FO 表示森林；BL 表示裸地；SP 表示盐田。

互花米草在 20 世纪 70 年代引入中国，1980 年以后出现在杭州湾，2010 年互花草盐水沼泽面积增加到研究区面积的 0.42%，2015 年由于围垦清除互花米草盐水沼泽面积稍有降低（Li et al.，2020）。淡水草本沼泽面积在 2005 年之前基本保持不变（低于 1%），之后迅速增长。这是由于 2005 年杭州湾湿地公园成立，研究区的淡水草本沼泽尚未转化为其他土地覆盖类型。2010 年，杭州湾新区成立。根据新区的规划，大面积土地被预留为工业用地。很多水产养殖塘逐渐废弃，过渡到淡水草本沼泽。

1976 年后水体面积增加，且保持稳定。这是由于 1973 年和 1976 年使用的影像是 60m 的粗分辨率影像，细小河流没有被分类。1980 年以前没有水产养殖塘，水产养殖塘是在 1980 年以后出现的，其面积逐年增加。42 年来，水田面积持续下降，其面积变化与统计年鉴的记录一致。根据《宁波统计年鉴》，2015 年粮食作物总面积仅为 1978 年的 30%。近年来旱田面积有所增加。根据《宁波统计年鉴》，在此期间作物种植的种类发生了变化，棉花和蔬菜的种植面积不断增加。不透水地表的面积从 1973 年的 1.39% 增加到 2015 年的 24.16%。森林面积从 1973 年的 13.47% 下降到 2015 年的 11.46%。裸地面积相对较小。盐田面积在 1973 年为 1.70%，之后持续下降，2000 年后消失。

2. 湿地动态变化

总体而言，水田、森林和盐田面积减少，水产养殖塘和不透水地表在整个时期内增加，1973～2015 年森林砍伐明显。

从表 2-4 中可以更好地了解不同时期土地覆盖变化的轨迹。1973～2015 年，海三棱藨草盐水沼泽、互花米草盐水沼泽、淡水草本沼泽、水体、水产养殖塘、旱田和不透水地表增加的面积远大于减少的面积，但滩涂、水田、森林和盐田呈现相反的趋势。

表 2-4　土地覆盖变化轨迹　　　　　　（单位：km²）

变化轨迹		1973～1976 年	1976～1980 年	1980～1985 年	1985～1990 年	1990～1995 年	1995～2000 年	2000～2005 年	2005～2010 年	2010～2015 年
ST 变化①	SE-ST②	0.07	4.39	0.11	26.89	0.18	6.61	1.35	9.98	11.99
	SB-ST	0.19	17.78	3.41	5.45	4.32	6.58	4.30	5.24	16.39
	SA-ST	0.00	0.00	0.00	0.22	0.12	0.46	1.65	0.28	0.14
	增加	0.26	22.17	3.52	32.56	4.62	13.65	7.30	15.51	28.52
	ST-SE/SB	0.00	0.00	2.62	2.10	18.47	1.96	1.63	1.37	0.00
	ST-SA/FH/DF/PF	0.00	0.00	11.03	1.16	9.96	2.15	5.54	2.95	5.40
	ST-WB/AP	0.00	0.00	5.03	0.05	2.05	2.22	4.69	2.36	7.56
	ST-IS/BL/SP	0.00	0.09	2.41	0.04	0.74	0.10	2.16	0.58	1.85
	减少	0.00	0.10	21.10	3.36	31.21	6.42	14.00	7.26	14.81
SA 变化	SE-SA	0.00	0.00	0.27	0.42	2.43	3.79	2.53	7.90	0.66
	SB-SA	0.00	0.41	0.46	1.43	2.39	1.01	6.61	2.47	12.24
	ST-SA	0.00	0.00	0.00	0.22	0.12	0.46	1.65	0.28	0.14
	增加	0.00	0.41	0.73	2.07	4.94	5.26	10.79	10.65	13.05
	SA-SE/SB	0.00	0.00	0.00	0.23	0.05	1.16	1.81	0.29	0.00
	SA-ST/FH	0.00	0.00	0.27	0.22	1.93	1.11	1.99	3.54	4.50
	SA-WB/AP	0.00	0.00	0.02	0.00	0.05	0.92	1.14	1.94	5.34
	SA-IS/BL	0.00	0.00	0.02	0.00	0.02	0.06	0.22	0.78	6.46
	减少	0.00	0.00	0.31	0.45	2.04	3.25	5.16	6.55	16.30
FH 变化	SE/SB-FH	14.03	36.55	23.37	0.51	2.36	12.34	13.45	13.20	34.77
	ST/SA-FH	0.00	0.00	8.45	0.00	8.01	2.22	4.88	5.34	9.52
	WB/AP/BL-FH	0.44	0.29	1.82	4.64	4.26	7.68	17.64	33.37	42.39
	增加	14.47	36.85	33.64	5.15	14.63	22.24	35.97	51.92	86.68
	FH-WB/AP	0.01	0.29	0.17	3.92	6.99	4.69	4.08	0.70	3.12
	FH-PF/DF	2.57	8.92	34.07	6.31	9.44	16.55	27.25	0.95	33.77
	FH-IS/BL	1.96	0.53	1.29	1.27	3.33	1.00	2.76	1.27	11.02
	减少	4.54	9.74	35.54	11.50	19.76	22.24	34.08	2.92	47.91
AP 变化	SE/SB-AP	0.00	0.00	8.08	0.63	0.38	46.37	22.99	21.16	40.49
	ST/SA/FH-AP	0.00	0.00	0.85	3.02	3.04	5.26	6.19	3.33	16.02
	PF/DF-AP	0.00	0.00	0.11	1.52	3.05	3.14	2.23	26.41	36.58
	WB/BL/SP-AP	0.00	0.00	6.07	15.36	9.18	9.68	19.23	19.46	17.46
	增加	0.00	0.00	15.11	20.53	15.64	64.45	50.64	70.36	110.55
	AP-FH/PF/DF	0.00	0.00	0.00	1.27	3.54	8.57	27.91	27.75	54.08
	AP-IS/BL/WB	0.00	0.00	0.00	0.06	1.33	2.43	16.67	8.68	27.84
	减少	0.00	0.00	0.00	1.33	4.86	11.00	44.57	36.43	81.92

续表

	变化轨迹	1973～1976年	1976～1980年	1980～1985年	1985～1990年	1990～1995年	1995～2000年	2000～2005年	2005～2010年	2010～2015年
PF 变化	FH/DF/FO-PF	0.61	9.54	8.64	3.64	6.39	10.18	12.24	12.12	25.15
	WB/AP-PF	0.37	1.88	2.85	0.03	24.87	17.31	3.57	12.49	36.31
	BL/SP-PF	0.44	0.09	0.22	0.46	0.25	1.24	0.10	0.68	0.00
	增加	1.42	11.51	11.71	4.12	31.52	28.73	15.91	25.30	61.46
	PF-AP	0.00	0.00	0.06	0.02	0.75	0.83	0.86	5.36	4.39
	PF-DF	35.23	5.00	37.68	99.39	11.72	26.63	227.00	140.00	209.00
	PF-IS	21.45	20.64	53.19	59.21	33.00	15.15	31.00	58.92	54.00
	减少	56.68	25.64	90.93	158.62	45.47	42.61	258.86	204.28	267.39
IS 变化	SE/SB-IS	1.54	0.84	0.50	0.07	0.64	0.66	14.27	7.19	8.75
	ST/SA/FH-IS	1.96	0.59	2.59	0.29	0.51	1.00	4.95	2.62	18.42
	WB/AP-IS	2.30	0.37	0.83	0.16	0.58	0.29	8.75	13.67	27.77
	PF/DF/FO-IS	32.32	36.59	76.94	108.83	69.12	36.65	101.94	206.41	154.58
	BL/SP-IS	4.01	1.60	2.21	0.30	0.14	1.49	6.47	1.34	2.67
	增加	42.13	39.99	83.08	109.64	70.99	40.09	136.39	231.23	212.18

注：SE 表示浅海；SB 表示淤泥质海滩；ST 表示海三棱藨草盐水沼泽；SA 表示互花米草盐水沼泽；FH 表示淡水草本沼泽；WB 表示水体；AP 表示水产养殖塘；PF 表示水田；DF 表示旱田；IS 表示不透水地表；FO 表示森林；SP 表示盐田；BL 表示裸地。

① 浅海和滩涂受潮水和影像日期影响较大，未在表中体现。表中列出关注度高的 ST、SA、FH、AP、PF、IS 等湿地的变化，其可以一定程度代表人为活动对湿地的影响。

② 表示 SE 向 ST 转换，导致 SE 面积减少，ST 面积增加。

　　由于潮水影响，浅海和滩涂之间的转换率很高（数据略）。海三棱藨草盐水沼泽和互花米草盐水沼泽的增加主要是由于浅海和滩涂的转化。海三棱藨草盐水沼泽面积的减少，主要是由于海三棱藨草盐水沼泽转变成了互花米草盐水沼泽、淡水草本沼泽、旱田及水田。互花米草盐水沼泽面积的流失主要是由于互花米草盐水沼泽转化为海三棱藨草盐水沼泽、淡水草本沼泽、水体、水产养殖塘、不透水地表和裸地。淡水草本沼泽主要转化为水体、水产养殖塘、水田、旱田、不透水地表和裸地。水产养殖塘主要由浅海、滩涂、海三棱藨草盐水沼泽、互花米草盐水沼泽、水田和旱田等转化而来。几乎所有的类型都有部分面积转化成不透水地表。表 2-4 还表明这些土地覆盖类型在不同年份的动态变化不平衡。

　　3. 空间异质性分析

　　沿海岸线的土地覆盖类型变化模式不同，故选择同一大小（10km×20km）的3 个典型位置进行对比分析。

　　如附图 2 所示，典型区 a 位于杭州湾南岸西侧、曹娥江东侧，包含沥海镇（绍兴上虞）、盖北镇（绍兴上虞）、小曹娥镇（宁波余姚）部分行政区域，在 1976年之前几乎都是滩涂和浅海。1980～2010 年，陆地向北扩展的同时，西侧扩展速度快，逐渐向东扩展。这是由于本区域位于曹娥江入海口下游；曹娥江是浙江省内含沙量最大的河流之一；曹娥江上游水土流失严重，年悬移质输沙模数达到 $400t \cdot km^{-2}$；来自曹娥江的悬浮泥沙汇入杭州湾，在潮流的作用下沉积在曹娥江口东侧，滩涂逐渐向东扩展。1990～2005 年，淤泥堆积出沙洲，2010 年时西侧扩展部分和沙洲连接在一起，2015 年时修筑沿岸大堤，之前的滩涂被围成海塘。

滩涂形成早期，潮水频繁干扰，土壤含盐量、含水量极高，只有海三棱藨草等极少数盐生植物作为先锋物种定居下来，因此在 1990 年之前的新生滩涂上主要由海三棱藨草所覆盖。20 世纪 80 年代，互花米草出现在杭州湾，由于互花米草具有耐盐、耐淹、根系发达等特点，迅速在滩涂上扩展蔓延。1995 年后的新生滩涂上互花米草和海三棱藨草共同生长，且互花米草盐水沼泽面积不断扩大。滩涂围垦成海塘之后，摆脱了潮水干扰，土壤水分和含盐量明显下降，芦苇等多年生湿地植物逐渐生长。芦苇产生枯枝落叶，加快土壤脱盐和改良过程，逐渐适宜农作物生长。2000～2005 年，随着时间的推移，淡水草本沼泽覆盖的地区逐渐被利用，成为农田。

由于滩涂土质较肥沃，营养物质较丰富，适合养殖鱼虾，部分滩涂围垦后成为水产养殖塘。浙江省渔业发展"十五"规划（2001—2005 年）提出"主攻养殖"渔业发展方针，并出台一系列扶持政策，掀起了水产养殖热潮，本区域内养殖塘面积开始增加。浙江省渔业发展"十一五"规划（2006—2010 年）提出大力发展生态型水产养殖业，浙江省渔业发展"十二五"规划（2011—2015 年）将提升拓展水产养殖业作为主攻方向，规划并实施"三区两带"（"三区"指环杭州湾淡水渔业主产区、甬舟海洋渔业集聚区、温台海水养殖加工产业区；"两带"指东部沿海渔业资源养护带、西南山区生态渔业保护带）的总体空间布局，环杭州湾淡水渔业主产区是其三区之一。本区域内水产养殖塘面积进一步扩大，甚至将农田改造成水产养殖塘。

如附图 3 所示，典型区 b 是庵东边滩，位于杭州湾南岸中间，向北弯曲呈扇形，包含宁波杭州湾新区（曾经是庵东镇）。40 余年来，庵东边滩在自然堆积和人类围垦活动的作用下，岸线向杭州湾扩展显著，平均向海延伸 5.81km，最大延伸 10.20km。1973～2000 年，本区域变化缓慢，主要是盐田转变为其他地类。20 世纪 70 年代开始，由于自然条件变化和盐业经济效益低下等诸多因素，废盐改农活动兴起，盐田面积逐渐萎缩，2001 年庵东盐场（庵东盐场有一百多年历史，曾是全国十大盐城之一）结束产盐历史。从附图 3 看出，1973 年，沿海陆地均为盐田，1976～2000 年，盐田逐渐转变为农田、水产养殖塘和水库，2005 年影像上没有盐田存在。

1995 年之前，新生滩涂植被以海三棱藨草为主，2000 年出现少量互花米草，2005 年人工围垦后，海塘内很多区域未被利用，成为淡水草本沼泽。海塘外滩涂面积较少，滩涂植被也较少。2010 年，淡水草本沼泽逐渐被利用成为工业用地，新围垦的海塘内海水未退，靠近内陆一侧被围垦成水产养殖塘，水产养殖塘外是大片的互花米草。2015 年，人工围垦加快，新的海塘内以互花米草和水体为主。之前的海塘，海水退去后互花米草等被人工清除，用作水产养殖塘。

2005～2015 年是庵东边滩围垦速度最快、变化类型最复杂的阶段。这是由于 2001 年杭州湾新区成立，启动区域开发建设。本区域是杭州湾新区的中心部分，预留大片的工业用地和城市建设用地。2015 年影像上的不透水地表即为新建的城市用地，淡水草本沼泽在预留的工业用地范围内，还未被开发利用。

杭州湾跨海大桥于 2003 年开工，2007 年建成，以大桥为界，东侧向北扩展速度比西侧更快。西侧向海延伸 2.72km，人工堤坝外的滩涂被围垦成水产养殖塘。东侧向海延伸 6.52km，土地覆盖类型变化复杂。庵东沿岸悬浮泥沙量很高，基本保持在 $1000mg \cdot L^{-1}$ 以上，呈现典型的淤积区域特征（江彬彬等，2015），潮位下降时，杭州湾顶的悬浮泥沙量持续增加，并在原地沉积，形成泥质淤积带。杭州湾跨海大桥两侧悬浮泥沙有明显的差异，钱塘江携带泥沙被杭州湾跨海大桥桥墩阻挡，大桥上游的泥沙浓度高，下游的泥沙浓度较低（程乾等，2015）。

如附图 4 所示，典型区 c 位于杭州湾南岸西侧，包含观海卫镇、慈东工业区。1995 年之前，本区域土地覆盖类型变化较小，主要是在潮汐作用下浅海和滩涂的相互转化。只有西侧稍向北扩展，转变成水产养殖塘和农田。2000 年开始人工围塘，最初的围塘水体退去后露出裸地，被开发成水产养殖塘，塘外的滩涂上生长少量的互花米草和海三棱藨草。2004 年慈东工业区建立，围垦速度加快。到 2005 年，部分水产养殖塘发展为建设用地和工业用地，不透水地表面积不断增加，新围垦的地块内以淡水草本沼泽为主。2010 年，沿海堤坝修筑，不透水地表面积持续增加。到 2015 年，部分水产养殖塘和淡水草本沼泽转化为农田。

1973～2010 年，不透水地表面积从 $0.87km^2$ 增加到 $32.60km^2$，是原来的 37.47 倍。随着滩涂的扩展，陆地面积增加，旱田面积从 $32.15km^2$ 增长到 $45.24km^2$，增加了 40.7%。水产养殖塘面积在 1985 年初步增加，随着 1995～2005 年人工围塘迅速增加和 2005～2015 年工业区的建立，逐渐被利用转化成其他地类。淡水草本沼泽面积在 1995 年开始缓慢增加，2000～2005 年迅速增加，2010～2015 年迅速减少，其变化趋势与水产养殖塘相似，比水产养殖塘晚一个时期。滩涂面积随着潮汐波动保持在 10～35km²，水田面积基本保持在 10km² 以下，森林面积缓慢下降，互花米草仅在 2000 年有一些，海三棱藨草在 1980 年和 2000 年仅有 $2.5km^2$ 左右。典型区 c 内没有盐田。

表 2-5 表明，典型区 a 在 1976 年之前几乎没有变化，变化面积比例不足 1%。1976 年之后出现明显变化，变化面积的比例高于 15%，2010～2015 年变化最为显著，变化面积的比例达到 38.56%。典型区 b 在 1995 年之前变化较少，变化面积的比例多小于 5%。1995～2000 年变化增加，变化面积的比例达到 12.54%，2000 年后，变化迅速，变化面积的比例均高于 20%，2010～2015 年变化面积比例接近 40%。典型区 c 在 2000 年之前变化较少，变化面积的比例均少于 10%，2000 年后开始明显变化，变化面积的比例达到 13.47%，随后 10 年保持在 18%左右。3个典型区的明显变化（变化面积的比例超过 10%）分别始于 1976 年、1995 年和 2000 年。典型区 a 的面积在 1985～2015 年发生重大变化（变化面积的比例超过 20%），典型区 b 的面积在 2000～2015 年发生重大变化，典型区 c 的面积没有发生重大变化。

表 2-5　3 个典型区相邻时期土地覆盖类型变化面积及变化面积比例

年份	典型区 a		典型区 b		典型区 c	
	面积/km²	比例/%	面积/km²	比例/%	面积/km²	比例/%
1973～1976	1.51	0.75	9.84	4.92	1.87	0.94
1976～1980	31.19	15.59	3.51	1.75	4.73	2.36
1980～1985	27.57	13.78	6.65	3.33	12.72	6.36
1985～1990	43.90	21.95	12.12	6.06	14.28	7.14
1990～1995	49.68	24.84	8.93	4.46	8.52	4.26
1995～2000	45.77	22.88	25.09	12.54	19.82	9.91
2000～2005	50.94	25.47	58.75	29.37	26.94	13.47
2005～2010	54.70	27.35	47.75	23.88	37.26	18.63
2010～2015	77.11	38.56	78.39	39.20	37.21	18.61

注：变化面积比例=变化面积÷前一期面积。

3 个典型区的主要变化包括浅海面积减少和土地面积增加。统计分析表明（表 2-6），典型区 a 和 c 的土地面积约增加 80km²，典型区 b 的土地面积约增加 152.89km²。除浅海面积减少外，典型区 a 的滩涂面积急剧减少，典型区 b 的盐田减少并消失，典型区 c 的森林面积缓慢减少。其他土地覆盖类型面积有所增加，其中不透水地表面积增加最多，3 个典型区的不透水地表面积增加均超过 30km²。

表 2-6　3 个典型区不同时期土地覆盖类型面积变化　　　（单位：km²）

典型区	土地覆盖类型	1973～2015 年	1973～1976 年	1976～1980 年	1980～1985 年	1985～1990 年	1990～1995 年	1995～2000 年	2000～2005 年	2005～2010 年	2010～2015 年
典型区 a	SE	-80.81	-2.99	-31.38	70.51	-66.55	40.46	-64.35	14.30	-18.91	-21.90
	SB	-89.23	2.64	0.19	-88.33	38.00	-29.54	24.69	-26.38	-1.35	-9.15
	ST	3.83	0.00	4.25	-3.44	28.40	-25.93	-1.58	2.64	2.77	-3.29
	SA	0.00	0.00	0.00	0.17	0.07	3.53	1.21	2.26	-3.29	-3.96

续表

典型区	土地覆盖类型	1973~2015 年	1973~1976 年	1976~1980 年	1980~1985 年	1985~1990 年	1990~1995 年	1995~2000 年	2000~2005 年	2005~2010 年	2010~2015 年
典型区 a	FH	47.00	0.70	10.81	9.80	-0.28	-4.26	4.71	-17.74	13.27	29.99
	WB	22.18	0.00	6.03	7.42	-5.22	0.97	8.84	3.05	0.26	0.83
	AP	39.29	0.00	0.00	0.15	6.28	3.04	17.20	-0.67	10.97	2.31
	PF	3.60	-0.58	2.96	-1.44	-1.21	-0.12	2.16	7.35	-3.79	-1.74
	DF	15.65	0.12	6.83	3.62	0.90	9.04	6.75	12.57	-10.13	-14.05
	IS	38.46	0.11	0.25	0.62	0.58	0.31	1.83	3.64	10.21	20.91
	FO	0.00	0.00	0.00	0.00	0.00	0.00	0.00	0.00	0.00	0.00
	BL	0.03	0.00	0.05	0.91	-0.96	2.50	-1.47	-1.03	0.00	0.03
	SP	0.00	0.00	0.00	0.00	0.00	0.00	0.00	0.00	0.00	0.00
典型区 b	SE	-152.89	0.47	1.10	20.75	-12.30	-4.73	-15.82	-13.07	-75.80	-53.49
	SB	-1.70	-9.68	-3.11	-22.87	12.63	3.48	1.34	-16.74	31.73	1.51
	ST	15.32	0.00	1.22	-1.00	-0.03	0.72	6.53	-7.36	1.61	13.64
	SA	6.42	0.00	0.00	0.00	0.00	0.24	-0.24	10.65	-4.23	
	FH	17.52	-0.32	0.01	1.37	-1.40	0.24	0.66	18.34	-1.84	0.45
	WB	30.79	2.16	-0.75	-0.33	0.83	0.94	0.20	16.44	19.71	-8.42
	AP	35.34	0.00	0.00	1.27	1.74	2.31	10.42	-6.88	0.46	26.02
	PF	3.64	0.00	0.00	0.05	0.23	0.19	0.14	1.19	0.56	1.29
	DF	6.30	0.00	0.00	0.13	2.90	0.40	1.29	1.50	0.64	-0.56
	IS	38.23	0.43	0.23	1.56	0.19	0.30	0.29	6.81	12.25	16.16
	FO	0.00	0.00	0.00	0.00	0.00	0.00	0.00	0.00	0.00	0.00
	BL	7.66	0.00	0.00	0.00	0.00	0.00	0.00	0.00	0.02	7.63
	SP	-6.64	6.93	1.30	-0.94	-4.80	-3.83	-5.31	0.00	0.00	0.00
典型区 c	SE	-75.79	4.36	-13.83	16.01	-18.19	11.75	-34.84	-3.17	-15.09	-22.79
	SB	10.31	-3.80	11.03	-24.16	15.58	-15.22	15.79	-12.14	0.47	22.76
	ST	0.58	0.09	2.48	-2.03	0.04	-0.01	1.69	-1.89	0.31	-0.09
	SA	0.01	0.00	0.02	0.03	0.05	0.24	0.72	-0.93	-0.14	0.01
	FH	4.65	0.19	-0.17	0.10	-0.12	0.27	0.60	3.23	10.91	-10.35
	WB	8.33	0.04	0.23	0.94	0.16	0.77	3.09	-0.24	2.36	0.98
	AP	8.52	0.00	0.00	1.57	2.56	-0.41	10.35	9.52	-6.92	-8.16
	PF	0.19	-0.37	-0.76	-0.22	-1.60	1.37	0.16	1.62	-3.21	3.18
	DF	13.09	-0.33	0.46	2.68	4.66	-1.44	1.06	-1.22	1.85	5.36
	IS	31.73	0.34	0.36	1.30	0.96	0.85	1.69	6.69	10.51	9.01
	FO	-1.32	-0.23	-0.04	-0.03	-0.09	-0.66	-0.06	-0.25	-0.03	0.07
	BL	-0.28	-0.28	0.21	3.82	-4.03	2.49	-0.25	-1.21	-1.03	0.00
	SP	0.00	0.00	0.00	0.00	0.00	0.00	0.00	0.00	0.00	0.00

注：SE 表示浅海；SB 表示淤泥质海滩；ST 表示海三棱藨草盐水沼泽；SA 表示互花米草盐水沼泽；FH 表示淡水草本沼泽；WB 表示水体；AP 表示水产养殖塘；PF 表示水田；DF 表示旱田；IS 表示不透水地表；FO 表示森林；BL 表示裸地；SP 表示盐田。

典型区 a 土地覆盖类型按增加面积大小依次为淡水草本沼泽、水产养殖塘、不透水地表、水体、旱田、海三棱藨草盐水沼泽、水田。典型区 b 土地覆盖类型按增加面积大小依次是不透水地表、水产养殖塘、水体、淡水草本沼泽、海三棱藨草盐水沼泽、裸地、互花米草盐水沼泽、旱田、水田。典型区 c 土地覆盖类型按增加面积依次为不透水地表、旱田、滩涂、水产养殖塘、水体、淡水草本沼泽、海三棱藨草盐水沼泽。典型区 a 和 b 水产养殖塘增加面积超过 35km²，而典型区 c 仅增加 8.52km²。淡水草本沼泽在典型区 a 增加面积最多，为 47km²，其次是在典型区 b，增加 17.52km²，在典型区 c 仅增加 4.65km²。水体在典型区 a 和 b 增加面积比在典型区 c 更多。海三棱藨草盐水沼泽在典型区 a 和 c 中有所增加，在典型区 b 中显著增加。互花米草盐水沼泽在典型区 b 中显著增加，但在典型区 a 和 c 中几乎没有增加。

4. 缓冲区分析

以 1973 年的海岸线作为中心线，向北建立间隔 1km 的缓冲区，最远距离为 20km，进行湿地分布和扩张分析，更好地了解湿地变化模式。

图 2-3 是不同土地覆盖类型在不同距离缓冲区内的面积。1985 年之前海三棱藨草盐水沼泽面积相当少。1985 年，海三棱藨草盐水沼泽在 1km 内面积最大，随后降低到 7km 处消失。1990 年海三棱藨草盐水沼泽在 8km 处达到峰值。1995 年海三棱藨草盐水沼泽受潮汐影响，在 2km 和 5km 处达到峰值。2000 年海三棱藨草盐水沼泽在 5km 处达到峰值后迅速降低。2005 年受潮汐影响海三棱藨草盐水沼泽面积较低，没有明显峰值。2010 年海三棱藨草盐水沼泽在 4km 处达到峰值，2015 年海三棱藨草盐水沼泽在 11km 处达到峰值，逐渐降低到 13km 处消失。海三棱藨草是新生滩涂湿地的先锋物种，生长在新形成的滩涂盐土上，含盐量较高，pH 值较高。海三棱藨草盐水沼泽随着滩涂的扩展而推进，同时受海水的影响，因此其面积变化复杂，没有一定的规律性。

互花米草盐水沼泽面积分布复杂。互花米草是 1979 年引入中国保护海滩和促淤的，现已经成为中国沿海和滩涂地区的主要入侵植物。因此 1985 年之前互花米草盐水沼泽面积为零。1985 年互花米草盐水沼泽面积在 2km 处达到峰值，逐渐下降到 3km 处消失。1990 年互花米草盐水沼泽在 7km 处达到峰值，在 9km 处消失。1995 年互花米草盐水沼泽在 10km 处达到峰值。2000 年互花米草盐水沼泽分别在 3km 和 11km 处达到两个峰值。2005 年互花米草盐水沼泽分别在 4km、7km 和 10km 处达到峰值。2010 年互花米草盐水沼泽在 7km 处达到峰值。2015 年互花米草盐水沼泽分别在 3km 和 10km 处达到峰值。互花米草沿海岸线呈条带状集中分布，其生长受很多因素的影响。

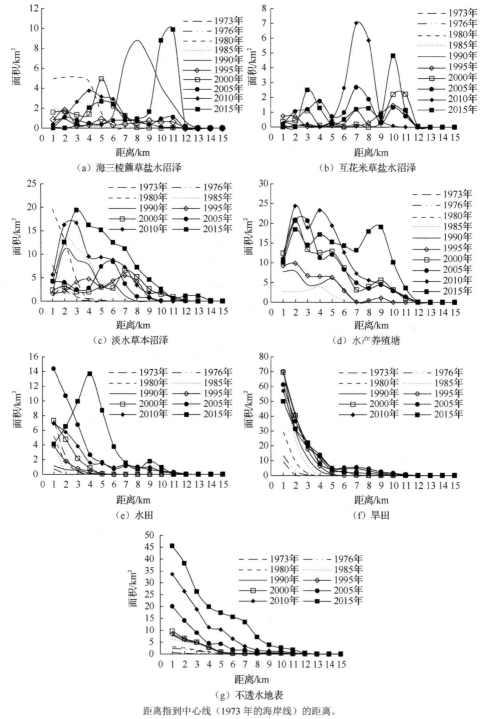

（a）海三棱藨草盐水沼泽

（b）互花米草盐水沼泽

（c）淡水草本沼泽

（d）水产养殖塘

（e）水田

（f）旱田

（g）不透水地表

距离指到中心线（1973年的海岸线）的距离。

图2-3　不同土地覆盖类型在缓冲区内的面积

淡水草本沼泽逐渐向北扩展。1980 年以前，淡水草本沼泽主要集中在 3km 范围内。1985 年和 1990 年淡水草本沼泽面积变化的趋势相似，到 2km 左右的地区达到峰值，到 7km（1985 年）和 8km（1990 年）处逐渐消失。1995 年淡水草本沼泽分别在 4km 和 7km 处达到峰值，然后在 10km 处消失。淡水草本沼泽在 2000 年、2005 年，2010 年和 2015 年，分别在 7.5km、6km、3km、3km 处达到峰值，并分别在 12km、10km、12km、14km 处消失。随着淡水草本沼泽向北扩展，靠近中心线附近的部分逐渐转变成不透水地表、旱田和水田等，故其面积减少。当滩涂或水产养殖塘转变为淡水草本沼泽时，其面积增加。

水产养殖塘的面积一直在显著增加。在 1985 年之前研究区内没有水产养殖塘。1985 年的水产养殖塘主要集中在 6km 范围内。1990 年和 1995 年水产养殖塘面积的变化趋势相似，在 2km 和 5km 处达到峰值，1995 年水产养殖塘的面积高于 1990 年。2000 年以后，水产养殖塘的面积显著增加，分别在 2km、5km 和 9km 的位置达到峰值。2005 年的趋势与 2000 年的趋势一致，水产养殖塘面积增加并在 2km、5km 和 9km 处达到峰值。2015 年，水产养殖塘面积在 9km 左右达到峰值。

水田、旱地和不透水地表面积显著向北扩展，总体趋势相似。水田面积在 2000 年之前缓慢增加，并在 2005 年迅速增加。2010 年 4km 内的水田面积减少，2015 年进一步减少。水田延伸到距离中心线 11km 的距离。水田面积从 4km 到 7km 显著减少。水田面积的减少是因为水田转变成其他土地类型，如不透水地表。1990 年以前，旱田面积迅速增加，1995～2015 年，旱田面积缓慢减少。这是因为 1995 年以后，越来越多的旱田变成不透水地表和水产养殖塘。2005 年以前，不透水地表面积逐渐增加，主要分布在距离中心线 5km 范围内。2005 年以后，不透水地表面积迅速增加，并扩大到 12km 的距离范围内。这归因于沿海新区和工业区的建立、道路和建筑物的增加。

另外，以慈溪市为中心，以 1km 的间隔建立环形缓冲区，最远距离为 27km。计算每个缓冲区中不透水地表的面积和密度。1973～1980 年，不透水地表面积增加缓慢；1985～2000 年，不透水地表面积增加速度加快；2005～2015 年，不透水地表面积增加迅速。慈溪市向南、北两个方向扩展的方式和速度不同。

如附图 5 所示，不透水地表在缓冲区内的面积及密度向北（沿海方向）扩展表现如下：1973～1980 年，不透水地表主要集中在 2km 半径范围内 [附图 5（d）]，主要在慈溪市。在 7km 处出现峰值，不透水地表面积和密度均较高，可能是由于此区域包含不透水地表密集的坎墩镇（在慈溪市北面）。在 11km 处出现峰值，可能是因为庵东镇（在慈溪市西北方向）、周巷镇（在慈溪市西北方向）、胜山镇（在慈溪市东北方向）在此区域 [附图 5（c）]。在 15km 处有较小峰值，可能是由于新浦镇在此区域。1985～2000 年，距离中心 5km 范围内的不透水地表密度明显增加，9～13km 处不透水地表密度增加较多，15km 及再远距离的不透水地表增加很少。这是因为慈溪市扩展迅速，11km 处各城镇逐渐发展，城镇范围扩大，距离中心较远的地方发展缓慢。2005～2015 年，距离中心 5km 范围内的不透水地表密度增加缓慢，其他区域增加迅速，除 7km、11km、15km 处的峰值外，2015 年在 19km 和 21km 处形成新的峰值。靠近中心的不透水地表密度接近饱和，原有城镇的不透水地表面积迅速增加，新建立的杭州湾新区位于 17～22km 范围，此区域不透水地表面积增加迅猛。

不透水地表在缓冲区内的面积及密度向南（内陆方向）扩展表现如下：1973～1980 年，不透水地表主要集中在 2km 半径范围内，主要是慈溪市区。在 5km 处出现峰值，不透水地表面积和密度略高，横河镇位于此范围内。在 16km 处峰值较高，是因为余姚市位于此区域内。1985～2000 年，距离中心 5～7km 范围内的不透水地表密度明显增加，15～23km 范围内不透水地表密度增加，其他地方增加较少。距离余姚市中心较近的区域（15～23km）发展迅速，其他城镇发展较慢。2005～2015 年，距离中心 3km 范围内的不透水地表面积和密度不再增加，15～27km 范围增加明显，在 10km、13km、15km 和 19km 处出现峰值。低塘镇（在慈溪市西南方向）和丈亭镇（在慈溪市南方）分别位于 10km 和 15km 处，城镇的发展使不透水地表面积和密度增加。余姚高铁站位于 13km 处，2010 年前开始施工，其带动周边基础设施建设，也使不透水地表面积增加。余姚市主要位于 17～23km，城市的发展使不透水地表面积不断增加。

2.1.4 基于杭州湾湿地时空变化的讨论

1. 杭州湾湿地动态变化的空间异质性

由于沿海岸不同位置的水文条件和地形地貌不同，杭州湾湿地动态变化存在明显的空间异质性。以典型区为例分析湿地演化过程，如图 2-4 所示。其中虚线箭头表示自然演替，实线箭头表示人为影响下的变化，虚线框表示人工围垦下的变化。

3 个典型区都在自然演化和人为干扰作用下发生土地覆盖类型变化。典型区 a 前期变化主要源于自然堆积，以及随后的自然演化，改变的生境适宜不同的植被生长。后期在政策指导下大力发展养殖业，使水产养殖塘和不透水地表等面积大幅增大。典型区 b 自然堆积相对弱于典型区 a，前期进行缓慢的自然演化，滩涂向北扩展，海三棱藨草和互花米草占据滩涂。被围垦区域逐渐转化为淡水草本沼泽。2001 年后由于新成立工业新区，人工围垦加剧，围垦区域迅速转化为城市建设用地。后期属于人为干扰下的迅速转变。典型区 c 自然堆积情况最弱，滩涂增长缓慢，海三棱藨草和互花米草生长很少。2000 年后由于新成立工业新区，土地覆盖类型变化迅速，与典型区 b 相似。

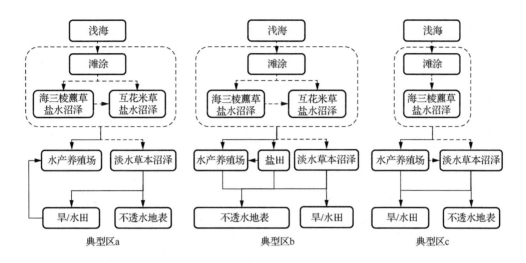

图 2-4　3 个典型区的土地覆盖类型变化模式

2. 不透水地表扩张对滨海湿地的影响

慈溪市南部为翠屏山，中部平原以农田为主，北部为新生滩涂。各城镇主要集中在市区以北的平原地带。随着人口的增加，对土地资源的需求不断增加，海岸线不断向北推进，以满足对土地的需求。2003 年随着杭州湾跨海大桥的开工，慈溪市经济开发区（现杭州湾新区）启动区域开发建设，不透水地表面积迅速增加。

图 2-5 显示不同湿地类型的减少面积与不透水地表增加面积之间的关系。从图中可以看出，海三棱藨草盐水沼泽减少面积及淡水草本沼泽减少面积与不透水地表增加面积间相关性较弱。互花米草盐水沼泽减少的面积与不透水地表增加的面积之间存在显著的正相关关系。水产养殖塘减少面积与不透水地表增加面积也有显著的正相关关系。1980～2015 年，当地人均 GDP 增长 170 倍。随着经济的发展，对土地资源的需求增加。此外，杭州湾跨海大桥于 2003 年启动，杭州湾新区于 2009 年建立。这些项目加速了沿海地区的发展，导致不透水地表的快速增加和湿地的退化。杭州湾滨海湿地自然演化缓慢，城市的扩展加速了湿地的转变，因此目前杭州湾湿地演化以人为活动为主导。

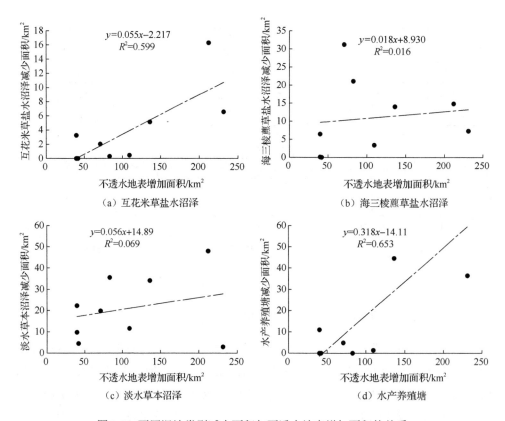

图 2-5　不同湿地类型减少面积与不透水地表增加面积的关系

2.2　杭州湾滨海湿地变化的驱动力分析

2.2.1　杭州湾滨海湿地变化的自然驱动因素

1. 水文条件

　　杭州湾潮流的悬浮泥沙浓度高，容易造成淤积。悬浮泥沙主要来自地表径流带来的悬浮颗粒物和长江冲淡水携带的泥沙。研究区内的曹娥江，上游水土流失严重，来自曹娥江的悬浮泥沙汇入杭州湾，在潮流作用下，沉积在曹娥江口东侧，导致滩涂逐渐向东扩展。另外，庵东沿岸悬浮泥沙量保持在 $1000mg·L^{-1}$ 以上，有典型的淤积区特征。杭州湾水动力条件以潮汐作用为主，属强潮型河口海湾，潮差大、潮流急。潮流主线偏北岸运行，南岸潮差及流速相对低于北岸，远离潮流主线的南岸成为水动力隐蔽区，出现泥沙堆积。滩涂形成后，受频繁潮水干扰，土壤含盐量和含水量极高，只有海三棱藨草能够生存下来。从裸滩到海三棱藨草盐水沼泽，是研究区内滨海湿地最初的演化过程。

2. 地形地貌

杭州湾是喇叭状的半封闭河口湾，钱塘江潮流在向喇叭口外形的湾内传播时，由于潮波的反射作用，潮差迅速增大，潮波变形进一步加剧。钱塘江到杭州湾的独特河口地貌，加剧了潮汐的表现力，在潮起时将大量的近海大陆架上的泥沙推上岸，造成杭州湾南岸泥沙淤积。

另外，杭州湾南岸地势南高北低，从南向北依次是丘陵、平原、滩涂，南部翠屏山丘陵呈东西走向，占慈溪市面积的 20%，中部平原以农田为主，北部新生滩涂向北推进。慈溪市以南的翠屏山阻碍城市向南发展，城镇主要集中在市区以北的平原地带。随着人口的增加和经济的发展，对土地资源的需求不断增加，向北围垦不断推进。

3. 物种入侵

20 世纪 90 年代，互花米草入侵杭州湾滨海湿地，迅速在滩涂上扩展蔓延，与当地植被进行竞争，造成海三棱藨草面积不断减少。互花米草群落密度过高，阻碍底栖动物的生长，抵制以底栖动物为食的鱼类及鸟类生长。尽管互花米草具有促淤造陆的生态价值，但是随着其入侵面积的增加，湿地的景观破碎度增加，湿地生态系统的生物多样性降低。互花米草对湿地生态系统的负面作用更大，在一定程度上影响生态系统的生态安全。

2.2.2　杭州湾滨海湿地变化的人为驱动因素

1. 人口

研究区人口稠密，20 世纪 70 年代人口约 225 万人，到 2015 年达到 266 万人。随着人口的增长，对土地资源的需求不断增加，需要更多的土地来满足人类生存活动空间。沿海居民通过围垦获取更多的土地，以满足自身需求。当地政府通过调整土地利用结构，增加对土地的干预程度，同时改变研究区的土地覆盖类型。

2. 经济

经济是驱动土地变化的重要因素。1978 年改革开放初期，浙江人均 GDP 为 197 美元，1995 年为 976 美元，2005 年为 3382 美元，2015 年为 12 466 美元。2015 年的浙江人均 GDP 是 1978 年的 63.28 倍（人均 GDP 以年平均常住人口计算，人民币兑美元汇率折算按照国家统计局发布的年度人民币汇率中间价折算）。经济发展带动基础设施建设与城镇化建设。以防旱、防涝、防汛为重点兴建大量的河道、排涝闸，修筑海塘堤浦，建设滩涂水库，这些措施改变了滨海湿地自然演化的方向。杭州湾新区及慈东工业区的建设加速了沿海地区的发展，导致不透水地表快速增加，湿地面积不断减少，使相应生态服务价值降低，生态安全状态降低。

3. 政策

慈溪市政府在 1989 年制定《慈溪市 1990—2000 年海涂围垦规划》，计划围垦滩涂 39.61km²。2003 年又制定近、中、远期的围垦计划。2005 年 6 月国务院批准设立浙江慈溪出口加工区。2009 年宁波市政府发布《关于加快开发建设宁波杭州湾新区的决定》。2010 年 9 月，浙江省人民政府正式印发《浙江省产业集聚区发展总体规划（2011—2020 年）》，宁波杭州湾产业集聚区列入全省 14 个产业集聚区之一。2014 年 2 月 18 日，宁波杭州湾新区升级为国家级经济技术开发区。该区域在政策主导下经济保持高速发展，土地利用及变化加快，湿地面积减少，湿地气候调节、固碳、大气调节和促淤造陆生态服务功能的价值降低，影响了湿地生态安全。

1995 年，慈溪市滩涂水产养殖"九五"计划提出兴建水产基地和围塘养殖。浙江省渔业发展"十五"规划（2001—2005 年）提出"主攻养殖"渔业发展方针。此后的"十一五"规划（2006—2010 年）和"十二五"规划（2011—2015 年）进一步引发水产养殖热潮。

随着对湿地生态的广泛关注和重视，2006 年建立杭州湾湿地公园，对 333.3km² 围垦地进行全封闭管理。宁波市政府在 2008 年 8 月成立湿地保护与利用规划工作领导小组，编制《宁波市湿地保护与利用规划（2009—2020 年）》，为湿地保护提供科学依据。浙江省于 2012 年正式实施《浙江省湿地保护条例》。《中共中央 国务院关于印发〈生态文明体制改革总体方案〉的通知》（中发〔2015〕25号）提出建立湿地保护制度的改革任务。随着从中央到地方对湿地保护的重视程度增加，研究区内湿地受到保护，生态系统的生态价值得到保障，生态安全状态逐渐提高。

4. 围垦

慈溪市拥有悠久的筑塘历史，从唐代修筑第一条海塘大古塘至今共筑 13 道海塘，先人们筑塘围涂，垦殖扩域。1949 年以后的滩涂围垦由水利局负责，目的是充分开发滩涂资源，与海争地，积极扩大耕地面积。围垦增加了土地面积，但也直接侵占了海域和滩涂，不仅造成海域面积减少，防洪形势更加严峻，而且直接造成互花米草盐水沼泽和海三棱藨草盐水沼泽等湿地植被面积减少，引发底栖动物等消亡，生境受到破坏，生物多样性降低。

5. 城镇化建设

人口增长、经济发展、城镇化建设加速，对滨海湿地造成巨大的生态环境压力。城镇化建设将大量的自然及人工湿地，用于新建城市（城镇）建筑、基础设施、道路等，不透水地表面积急剧增加，生境破碎化、生物迁徙受到干扰，湿地生态系统各项服务功能受到损坏，生态安全状态变差（Bao et al.，2019）。

杭州湾跨海大桥建成后，大桥两侧悬浮泥沙有明显的差异，钱塘江携带泥沙受杭州湾跨海大桥桥墩的阻碍，大桥上游的泥沙浓度较高，下游受江水稀释，泥沙浓度较低，造成东侧向北扩展速度比西侧更快（刘波等，2016）。另外，杭州湾跨海大桥建设也影响生物迁徙。

6. 水产养殖业发展

新生滩涂土质较肥沃，营养物质较丰富，适合养殖鱼虾，促使当地居民人工围垦养殖塘。在市场及政策驱动下，当地养殖业发展壮大，在带来经济效益的同时，也不断侵占自然湿地的面积。水产养殖业的发展加快了自然湿地向人工湿地的转变，降低了滨海湿地生态系统的稳定性，造成生物多样性下降，减弱了滨海湿地原有的生态服务功能。

2.2.3　杭州湾滨海湿地变化的驱动力系统

引起杭州湾滨海湿地变化的驱动因子不是独立的，而是通过相互之间的共同作用影响湿地的整体变化（图 2-6）。

水文条件和地形地貌因素不断促淤形成滩涂，造就杭州湾滨海湿地的基础。最初仅在自然因素的作用下，新生滩涂自然演化出海三棱藨草盐生沼泽，并逐步演化为淡水草本沼泽，随后互花米草侵占海三棱藨草群落。随着人类活动的日益加剧，在人口、经济、政策的驱动下，沿海地区不断围垦，扩大水产养殖范围，加速自然湿地向人工湿地转变。在经济驱动下的城镇化建设加快，加剧了湿地向不透水地表的转变。自然湿地到人工湿地再到非湿地的退化过程，破坏了湿地的生态服务功能，降低了湿地的生态价值，导致生态安全降低。湿地退化的负面作用得到广泛关注后，政府制定相关政策，保护湿地生态系统。

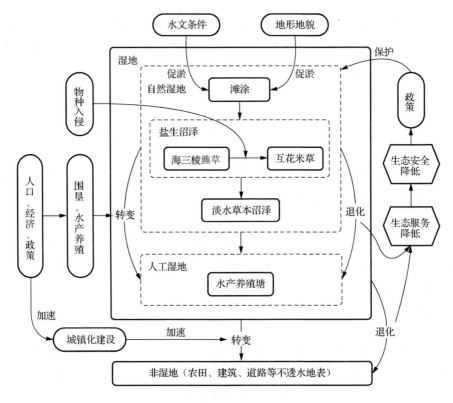

图 2-6　杭州湾滨海湿地驱动力系统

第3章　杭州湾滨海湿地固碳过程研究

湿地与全球环境变化密切相关，全球湿地面积虽然只占陆地总面积的 4%～5%，碳储量却超过农业生态系统、温带森林及热带雨林，是陆地生态圈总碳储量的 20%（Maltby and Immirzi，1993）。滨海湿地作为联系海、陆两个生态系统的主要通道，对碳的固定有重要的贡献。按照固碳机理、碳库性质和估算方法的差异，滨海湿地固碳包括植被固碳和土壤固碳两个方面。滨海湿地通过泥沙沉积和植被埋藏，表现出极高的固碳速率（Chmura et al.，2003；Duarte et al.，2005）。植被类型和人为干扰活动对土壤有机碳含量和组成具有重要影响。研究土壤有机碳蓄积及其对生物、物理和人为因素等关键控制因子的响应，是准确预测和评估碳收支的关键。

围垦养殖、围填海造地等活动导致滨海湿地的丧失和生物栖息地的破坏（李晓文等，2015；Ma et al.，2014）。杭州湾南岸慈溪市的社会发展史很大程度上是围垦与开发杭州湾南岸海涂湿地的历史。在距今约 2500 年时，慈溪全境已形成南丘北海、中部为滨海平原的地貌格局；慈溪滩涂属于淤涨型滩涂，自宋代以来已修建 11 道海塘，中华人民共和国成立前海岸线平均每年向北推移 25m，之后达到50～100m（冯利华和鲍毅新，2006）。自然滩涂湿地演变为农业用地、城镇用地等，导致植被群落及土地利用方式发生改变，必然对土壤有机碳空间分布产生影响。因此，本章在研究杭州湾滨海湿地植被、土壤固碳过程的基础上，评估滩涂围垦后土壤碳库变化规律。

3.1　滨海滩涂湿地植被固碳

3.1.1　典型植物生物量及其碳含量动态

1. 植物生物量季节变化

图 3-1 显示 3 种植物生长期地上生物量和地下生物量的时间动态。对地上部而言，芦苇和互花米草从 3 月开始迅速生长，海三棱藨草的生长期相对较晚，3

月基本无地上部分。3 种植物地上生物量呈现典型的单峰值曲线，但最大值出现的时间不一。芦苇和海三棱藨草在夏季（7 月）生物量达到峰值（3731.7g·m^{-2} 和 487.4g·m^{-2}），互花米草在秋季（9 月）达到峰值（3105.9g·m^{-2}）。对地下部而言，变化趋势没有地上部明显。在植物地上部快速生长阶段，植物地下生物量有所降低，而在春季植物生长初期和秋季植物生长末期，植物地下生物量相对较高。

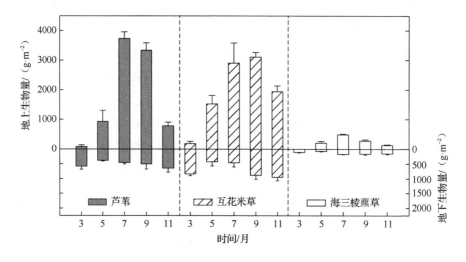

图 3-1　植物地上和地下生物量的时间动态

对植物不同部位的比较表明，除 3 月植物生长初期和 11 月植物开始枯萎外，3 种植物地上生物量占总生物量的 60%左右，显著高于地下生物量（$P<0.05$）。对不同植物生物量的方差分析表明，芦苇和互花米草地上生物量显著高于海三棱藨草（$P<0.05$），而本地种芦苇和入侵种互花米草间地上生物量差异不显著。地下生物量始终表现为互花米草＞芦苇＞海三棱藨草（$P<0.01$）。3 种植物总生物量的变化趋势与地上部相似。

2. 植物储碳固碳功能

植物有机碳含量的全年变化幅度相对较小（图 3-2）。3 种植物地上部有机碳含量的变化范围为 39.5%～47.4%，地下部为 34.9%～43.5%。植物有机碳含量受季节变化的影响较大（$P<0.01$），但没有生物量的变化明显。3 种植物 9 月地上部有机碳含量显著高于其他月，不同植物间芦苇地上部有机碳含量略高于互花米草和海三棱藨草(除 9 月外)。植物地下根系有机碳含量季节动态不如地上部明显，但也表现为 9 月高于其他月；不同植物间芦苇和互花米草含量略高于海三棱藨草。

植物不同部位 t 检验分析表明，不同部位间有机碳含量差异显著（$P<0.01$），表现为地上部有机碳含量高于地下部有机碳含量。

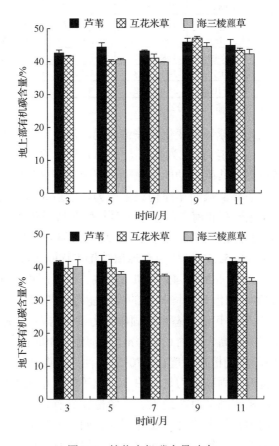

图 3-2　植物有机碳含量动态

根据 3 种植物生物量及有机碳含量，估算植物体内有机碳储量，结果如表 3-1 所示，植物有机碳储量表现出明显的季节变化（$P<0.01$），地上部有机碳储量最小值出现在 3 月，最大值出现在 7 月。地下部有机碳储量芦苇和互花米草最大值出现在 11 月，海三棱藨草最大值在 9 月，而三者最小值均在 5 月。地上部有机碳储量显著高于地下部（$P<0.01$）。海三棱藨草有机碳储量显著低于芦苇和互花米草（$P<0.01$）。芦苇和互花米草有机碳储量间差异不显著。相关分析表明，植物有机碳储量与植物生物量和有机碳含量呈显著正相关（$P<0.01$）。

表 3-1　3 种植物不同部位有机碳储量的季节动态　　　　（单位：g·m^{-2}）

植物	部位	3 月	5 月	7 月	9 月	11 月
芦苇	地上部	21.4 (8.65)	331 (67.4)	1609 (89.3)	1490 (87.3)	349 (56.6)
	地下部	226 (91.4)	160 (32.6)	192 (10.7)	216 (12.7)	268 (43.4)
互花米草	地上部	61.3 (15.6)	596 (78.0)	977 (83.7)	1462 (79.4)	839 (68.1)
	地下部	331 (84.4)	168 (22.0)	191 (16.3)	379 (20.6)	393 (31.9)
海三棱藨草	地上部	0 (0)	79.5 (74.8)	198 (75.3)	127 (62.5)	54.5 (48.1)
	地下部	44.2 (100)	26.8 (25.2)	64.8 (24.7)	76.1 (37.5)	58.7 (51.9)

注：括号内数字表示占植物总碳储量的百分比（%）。

碳平衡问题已成为全球环境变化的关键问题。湿地植物具有很高的净初级生产力和固定大气中 CO_2 的能力，成为抑制大气 CO_2 升高的碳汇（Brix et al.，2001），湿地植被有机碳储量正是其碳汇功能的保障，在全球碳循环中占有重要地位。我们用"最大现存法"估算群落的年净初级生产力，然后乘以相应的有机碳含量，得出研究区芦苇、互花米草和海三棱藨草 3 种植物年固碳能力分别为 1877、1855 和 274.1g·m^{-2}。它们分别是中国陆地植被年平均固碳能力（494g·m^{-2}）（何浩等，2005）的 380%、376% 和 55.5%，以及全球植被年平均固碳能力（405g·m^{-2}）（李银鹏和季劲钧，2001）的 463%、458% 和 67.7%。研究区芦苇和海三棱藨草与崇明东滩、辽河三角洲等河口湿地相同植被的固碳能力相当（梅雪英和张修峰，2007；索安宁等，2010）。与中国其他生态系统固碳能力（何浩等，2005）相比，研究区芦苇和互花米草固碳能力高于湖泊（147g·m^{-2}）、河流（219g·m^{-2}）、沼泽（606g·m^{-2}）等生态系统类型，而与相同植被盖度（约 70%）条件下的森林生态系统（1627g·m^{-2}）相当。研究区海三棱藨草固碳能力与湖泊、河流等生态系统类型相当，但低于森林生态系统。可见，杭州湾滨海湿地生态系统植物具有较高的储碳固碳能力。研究区除受潮汐等水动力条件影响外，还受围垦养殖等人为活动的强烈干扰，3 种植物生长较稀疏，植被盖度较低，因此现存生物量和有机碳储量仍有很大的提高潜力。研究还表明，随着海三棱藨草群落向芦苇群落的演替，其储碳固碳能力也不断增强。这与梅雪英和张修峰（2007）对崇明东滩湿地自然植被演替过程中储碳及固碳功能变化的研究结果相似。说明作为生态演替过程中的重要生物因子，植被储碳、固碳能力在演替过程中逐步增强。

3.1.2　植物枯落物分解及其碳释放

1. 分解袋法干物质残留和碳含量动态

分解袋法模拟实验表明，3 种植物干物质残留量随着时间增加而持续降低（图 3-3），尤其以分解初期 0～15d 降低最快。210d 时，海三棱藨草叶和根的干物质残留率分别为 35.6% 和 30.9%，芦苇叶、茎和根的干物质残留率分别为 30.2%、

84.8%和35.1%，互花米草叶、茎和根的干物质残留率分别为19.7%、43.7%和45.8%。

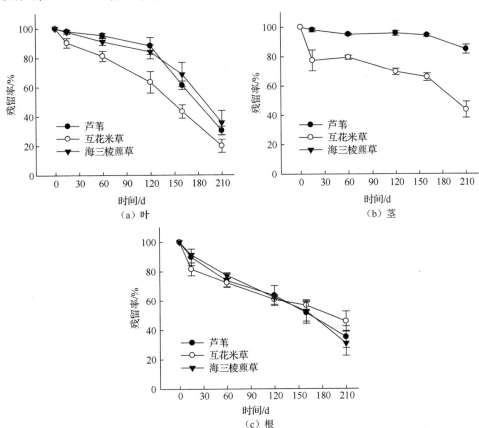

图 3-3　分解袋法干物质残留率动态

为更好地描述枯落物分解动态，根据 Olson 指数衰减模型，对分解袋法枯落物干物质残留率 [W_t/W_0，W_t 为经分解时间 t（d）后枯落物的分解残留量，W_0 为枯落物的初始质量] 和分解时间进行分析。结果表明，模型可以较好地描述 3 种植物不同部位的枯落物分解残留率，P 值都小于 0.01，达到极显著水平（表 3-2）。分析表明，芦苇和互花米草不同部位的分解速率都表现为叶＞根＞茎，海三棱藨草不同部位的分解速率表现为根＞叶。不同植物叶分解速率则表现为互花米草＞芦苇＞海三棱藨草；茎表现为互花米草＞芦苇；根表现为海三棱藨草＞芦苇＞互花米草。植物不同部位干物质分解 95%所需时间为 1.2～8.3a。

分解袋法模拟实验表明（图 3-4），枯落物分解期间植物不同部位及其不同部位有机碳（organic carbon，OC）含量变幅不大。210d 时，芦苇、互花米草和海三棱藨草叶的 OC 浓度分别为初始量的 97.1%、78.4%和 92.1%，芦苇和互花米草茎的 OC 浓度分别为初始量的 86.6% 和 89.7%，3 种植物根的 OC 浓度变化不明显。

表 3-2　分解袋法干物质残留率（y）与分解时间（t）的指数方程及其相应参数（n=18）

部位	植物	方程	K	R^2	P	$t_{0.95}$/a
叶	芦苇	$y=115.7e^{-0.0048t}$	0.0048	0.78	<0.001	1.8
	互花米草	$y=112.3e^{-0.0070t}$	0.0070	0.87	<0.001	1.2
	海三棱藨草	$y=111.7e^{-0.0040t}$	0.0040	0.75	<0.001	2.1
茎	芦苇	$y=103.3e^{-0.0010t}$	0.0010	0.75	<0.001	8.3
	互花米草	$y=92.84e^{-0.0029t}$	0.0029	0.79	<0.001	2.8
根	芦苇	$y=100.7e^{-0.0044t}$	0.0044	0.89	<0.001	1.9
	互花米草	$y=91.46e^{-0.0033t}$	0.0033	0.92	<0.001	2.4
	海三棱藨草	$y=103.6e^{-0.0049t}$	0.0049	0.88	<0.001	1.7

注：K 为分解速率常数；$t_{0.95}$ 为 95% 干物质分解需要的时间。

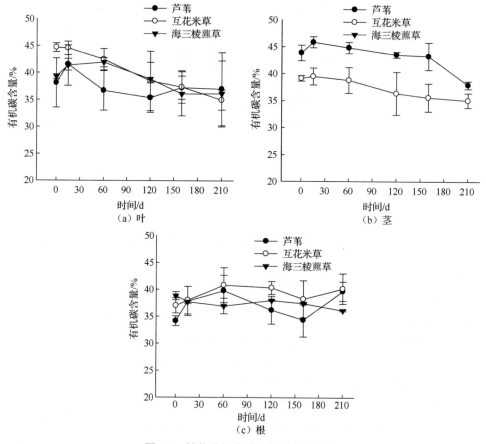

图 3-4　植物分解袋法有机碳含量变化

枯落物分解期间，不同植物 OC 的累积指数（nutrient accumulation index，NAI）有所不同（表 3-3）。分解初期，芦苇由于干物质分解速率慢（表 3-2，图 3-3），0～15d 的 NAI 几乎没有变化。60d 以后，3 种植物 OC 的 NAI 变化范围在 12.4%～96.4%，均小于 100%，说明枯落物分解过程中 OC 发生净释放。

表 3-3　分解袋法 OC 累积指数（NAI）变化　　（单位：%）

部位	植物	0d	15d	60d	120d	160d	210d
叶	芦苇	100.0±0.0	106.9±3.1	91.7±8.8	81.8±8.3	59.7±3.2	29.2±4.6
	互花米草	100.0±0.0	90.1±3.8	77.1±3.1	53.9±3.4	36.1±2.3	15.3±2.8
	海三棱藨草	100.0±0.0	102.9±10.4	97.1±4.1	82.9±3.0	63.6±14.4	32.0±3.5
茎	芦苇	100.0±0.0	102.6±3.6	97.1±2.3	95.0±2.0	93.1±5.6	73.5±4.1
	互花米草	100.0±0.0	78.0±6.4	78.7±3.8	64.6±6.0	59.9±4.7	39.3±5.9
根	芦苇	100.0±0.0	99.1±3.5	86.1±11.3	67.2±7.9	52.0±7.7	40.6±6.6
	互花米草	100.0±0.0	83.7±7.4	79.8±9.0	66.1±1.7	58.8±7.9	49.4±5.3
	海三棱藨草	100.0±0.0	88.7±1.6	73.5±3.0	60.9±0.8	50.9±6.4	28.7±7.9

注：海三棱藨草为根状茎，故未测其茎的 OC 累积指数。

2. 主要环境因子与枯落物分解的相关关系

对不同植物及其不同部位枯落物分解速率与植物性质、土壤因子和气候因子进行相关分析（表 3-4）。结果表明，3 种植物叶枯落物分解速率与大气平均温度（T）呈正相关，与植物体内碳（C）含量、碳磷比（C/P）及土壤 pH 值呈负相关。芦苇和互花米草茎枯落物的分解速率与植物体内磷（P）和土壤含水量（WC）呈正相关，与植物体内 C/P 和氮磷比（N/P）呈负相关。3 种植物根枯落物的分解速率与植物体内 P 和土壤电导率（EC）呈正相关，与植物体内 C/P 和 N/P、土壤 pH 值及大气平均温度和相对湿度（RH）呈负相关。

表 3-4　植物不同部位枯落物的分解速率与植物性质、土壤因子和气候因子的相关系数

因子		叶			茎		根		
		芦苇	互花米草	海三棱藨草	芦苇	互花米草	芦苇	互花米草	海三棱藨草
植物	C	-0.673	-0.197	-0.916*	-0.491	0.196	-0.707	-0.687	0.766
	N	-0.413	0.250	0.576	0.052	-0.432	0.704	-0.696	-0.604
	P	-0.088	0.520	-0.001	0.456	0.983**	0.955*	0.991**	0.220
	C/N	0.130	-0.390	-0.778	-0.296	0.721	-0.724	0.474	0.683
	C/P	-0.264	-0.534	-0.409	-0.593	-0.970**	-0.972**	-0.980**	-0.152
	N/P	-0.340	-0.423	0.174	-0.615	-0.962**	-0.979**	-0.963**	-0.262
土壤	pH 值	-0.238	-0.447	-0.843	0.099	-0.839	-0.351	-0.723	-0.204
	EC	-0.275	-0.411	0.370	-0.427	0.324	0.193	0.292	0.416
	WC	0.524	-0.393	0.449	0.534	0.338	-0.408	0.312	0.655

续表

因子		叶			茎		根		
		芦苇	互花米草	海三棱藨草	芦苇	互花米草	芦苇	互花米草	海三棱藨草
气候	降水量	0.485	−0.171	0.835	0.661	−0.149	−0.274	−0.342	0.071
	T	0.869	0.115	0.898*	0.227	−0.342	−0.506	−0.570	−0.311
	RH	0.011	−0.576	0.336	0.434	−0.436	−0.160	−0.398	−0.068

注: 枯落物性质和土壤因子为阶段初始值, 气候因子为阶段日均值。

*为 $P<0.05$, **为 $P<0.01$。

3.2 滨海滩涂湿地土壤固碳

3.2.1 不同植被类型土壤有机碳及其组分特征

1. 土壤有机碳含量

如图 3-5 所示, 芦苇、互花米草、海三棱藨草和裸滩的土壤有机碳含量分别为 3.87~5.29、6.15~6.78、4.33~5.06 和 4.21~5.25 (g·kg⁻¹)。互花米草土壤有机碳含量在各土层均显著高于芦苇、海三棱藨草和裸滩 ($P<0.05$)。裸滩土壤有机碳含量在 0~10cm 土层显著高于芦苇和海三棱藨草, 而在其他土层中, 芦苇、海三棱藨草和裸滩之间土壤有机碳含量之间差异不显著。从垂直分布来看, 裸滩土壤有机碳含量随着土层深度的增加呈递减的趋势, 互花米草和海三棱藨草土壤有机碳含量随着土层深度的增加有先增后减的变化趋势, 而芦苇土壤有机碳含量随着土层深度的增加则无明显的变化规律。

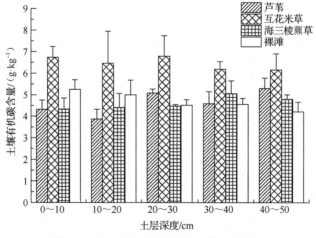

图 3-5 不同植被类型土壤有机碳分布特征

2. 土壤有机碳组分

由图 3-6 可知,除在 20～30cm 土层互花米草土壤水溶性有机碳含量和芦苇之间没有显著性差异外,其他土层互花米草土壤水溶性有机碳含量均显著高于芦苇、海三棱蔗草和裸滩。海三棱蔗草和芦苇的土壤水溶性有机碳含量在 0～10cm、10～20cm 和 40～50cm 土层中均无显著性差异,但在 20～30cm 和 30～40cm 两个土层中,芦苇土壤水溶性有机碳含量显著高于海三棱蔗草。在相同土层中,裸滩土壤水溶性有机碳含量一般最低,并且在 30cm 以上土层中显著低于其他 3 种类型。芦苇土壤水溶性有机碳含量的剖面变化特点是,随着剖面深度的增加呈先增加后减小的变化趋势,在 20～30cm 土层达到峰值;互花米草土壤水溶性有机碳含量在 30～40cm 土层接近 $100\mathrm{mg\cdot kg^{-1}}$;海三棱蔗草和裸滩的土壤水溶性有机碳含量随着剖面变化无显著性变化特征。

裸滩的易氧化有机碳含量在各土层中均为最高,达到 $2.00\mathrm{g\cdot kg^{-1}}$ 以上,同时裸滩与互花米草的土壤易氧化有机碳含量显著高于海三棱蔗草和芦苇。海三棱蔗草和芦苇的土壤易氧化有机碳含量在各土层均无显著性差异。垂直分布表明,随着土层剖面深度的增加,海三棱蔗草的土壤易氧化有机碳含量有增有减,裸滩和互花米草的土壤易氧化有机碳含量呈递增变化,芦苇的土壤易氧化有机碳含量呈先增加后减少的变化趋势,但各变化差异均未达到显著水平。

轻组有机碳是按照密度法分离而来的,其主要包含处于不同分解时期的植物、较小的动物、微生物残体,具有较高的周转速率,是土壤中极不稳定的有机碳库的重要组成部分。由图 3-6 可知,互花米草土壤轻组有机碳含量在 0～50cm 剖面各土层均高于其他 3 种湿地类型,其中在 0～10cm、10～20cm 土层差异显著。从垂直分布来看,互花米草土壤轻组有机碳含量在各土层均高于 $2.00\mathrm{g\cdot kg^{-1}}$,并且在 10cm 以下土层随着剖面深度的增加无显著变化。芦苇、海三棱蔗草和裸滩土壤轻组有机碳含量随着剖面深度的变化增减不一,并且变化差异均未达到显著水平。

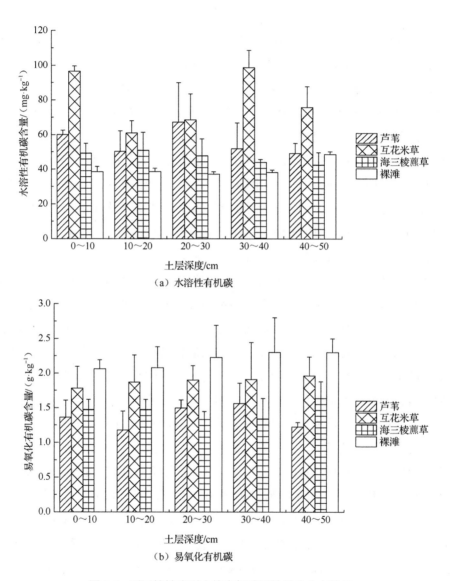

（a）水溶性有机碳

（b）易氧化有机碳

图 3-6　不同植被类型土壤有机碳活性组分分布特征

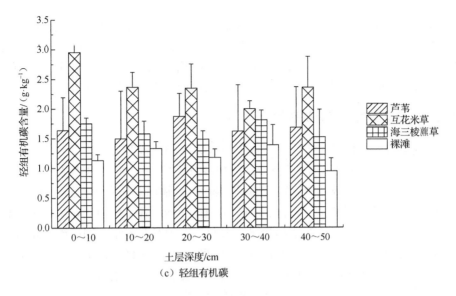

（c）轻组有机碳

图 3-6（续）

土壤可溶性有机碳含量及其占土壤总有机碳含量的比例是反映土壤碳库质量的重要指标，能够用来指示土壤有机碳的稳定性、水溶性和有效性。由表 3-5 可以看出，裸滩水溶性有机碳含量占土壤总有机碳的比例相对较小，其他 3 种湿地类型水溶性有机碳含量所占比例在各土层无明显变化规律。裸滩水溶性有机碳含量所占比例随着剖面深度的增加而递增，其他 3 种湿地类型水溶性有机碳含量所占比例随剖面深度的增加则有增有减。

表 3-5　土壤不同活性有机碳含量占总有机碳含量的比例

土层深度/cm	水溶性有机碳含量占总有机碳含量比例/%				易氧化有机碳含量占总有机碳含量比例/%			
	芦苇	互花米草	海三棱藨草	裸滩	芦苇	互花米草	海三棱藨草	裸滩
0~10	1.32 (0.18) ab	1.56 (0.34) a	1.56 (0.21) a	1.01 (0.14) b	31.44 (3.43) ab	26.33 (2.85) b	34.52 (7.12) ab	39.64 (5.82) a
10~20	1.76 (0.40) a	1.27 (0.18) ab	1.60 (0.43) ab	1.06 (0.14) b	31.20 (10.56) a	29.05 (0.60) a	34.19 (8.19) a	42.30 (9.43) a
20~30	1.81 (0.50) a	1.40 (0.38) ab	1.38 (0.94) ab	1.12 (0.78) ab	29.51 (2.78) b	28.13 (2.30) b	46.99 (2.55) a	49.01 (7.35) a
30~40	1.55 (0.38) ab	1.64 (0.17) a	1.20 (0.18) b	1.14 (0.42) ab	33.85 (2.58) b	30.88 (8.19) b	26.89 (5.14) b	58.06 (2.54) a
40~50	1.27 (0.14) b	1.66 (0.19) a	1.21 (0.14) b	1.58 (0.18) ab	23.22 (0.96) c	31.93 (2.16) b	34.27 (6.00) b	61.91 (3.16) a

注：平均值（标准差），同列中不同字母表示差异显著（$P<0.05$）。

土壤易氧化有机碳含量与土壤总有机碳含量的比例能够反映土壤碳的稳定性。由表 3-5 可知，裸滩土壤易氧化有机碳含量所占比例在各土层中均为最高，并且在 0~10cm、10~20cm 和 20~30cm 土层中，易氧化有机碳含量所占比例大小依次为裸滩＞海三棱藨草＞芦苇＞互花米草，30cm 以下土层变化规律不明显。裸滩易氧化有机碳含量所占比例随着剖面深度的增加而递增，芦苇、互花米草、海三棱藨草土壤易氧化有机碳含量所占比例随着剖面深度的增加没有明显变化规律。

3.2.2　植被类型对土壤有机碳组分的影响

土壤有机碳含量是在土壤、气候、植被、人为干扰等各种物理、化学、生物和人为因素综合影响下，有机碳输入与输出之间达到动态平衡的结果（Solomon et al.，2007），因此不同植被类型土壤有机碳输入、输出必然存在差异（向成华等，2010；石福臣等，2007）。本研究发现，在 0~50cm 各土层中互花米草土壤有机碳含量高于芦苇、海三棱藨草和裸滩，表明入侵种互花米草的固碳能力超过本土植被。高建华等（2007）的研究也有类似的结论，其解释是：①互花米草的生长及发育过程对潮滩淤涨起着控制作用，使滩面的沉积速率较高，有利于营养物质的埋藏和保存，从而增加潮滩湿地有机碳的累积量；②互花米草对整个潮滩湿地不同植被分布格局的改变，增加了土壤有机碳在整个生态系统中的累积量；③互花米草作为 C4 植物，具有更强的光合速率和生产能力，通过枝叶和根系等枯萎、凋落向土壤中输入大量有机质（Zhang et al.，2010；Cheng et al.，2006）。互花米草土壤有机碳含量最高，佐证了互花米草碳汇聚能力高于芦苇的结论。王宝霞等（2010）对闽江口入侵种互花米草与芦苇的土壤有机碳研究也得出同样结论。然而，刘钰等（2013）对长江口九段沙盐沼湿地研究表明芦苇区的碳储存能力总体高于互花米草区。造成上述研究结论不一致的主要原因可能是入侵种互花米草的生长年限不同。如江苏滨海湿地互花米草入侵 8~14a，相对于当地碱蓬土壤有机碳和全氮含量分别增加了 27%~69.6% 和 21.8%~55%（0~10cm）（Zhang et al.，2010）。王刚等（2013）研究表明，随着互花米草入侵年限的增加，互花米草向土壤中贡献的有机碳在持续增多。其研究还指出，互花米草入侵 12a，样地的年均碳汇率达 $1.8t \cdot hm^{-2}$，是中国农田碳汇率的 12 倍（Xie et al.，2007）。这对固碳研究具有重要意义，也肯定了入侵种互花米草的研究价值。因此，在判断互花米草与芦苇碳储存能力高低时，需要对生长年限加以考虑。同时，入侵植物对碳循环及碳库的影响极为复杂，研究结论难以统一，因此需要开展更持久的研究才能揭示入侵植物对地区生态系统的影响。

影响土壤有机碳的因素是多方面的，如与本研究相关的全氮、土壤含水量、pH 值、土壤含盐量等。这些理化性质的差异也会不同程度地增加土壤有机碳含量的不确定性，从而造成研究结论的差异。裸滩土壤有机碳含量在 0~10cm 和 10~20cm 土层高于芦苇和海三棱藨草，这可能是因为潮水涨落冲刷芦苇、海三棱藨草等地表，使凋落物随着潮水流失，仅有少量残留在沉积物中，而部分凋落物也可随着潮水滚动滞留在裸滩上，最终进入土壤；另外，海源对裸滩有机碳含量也具有较高的贡献率（高建华等，2005），裸滩 C/N 为 10.35，据此推断裸滩土壤有机碳可能来源于陆源和海源。

本研究还表明，不同植被类型土壤水溶性有机碳和轻组有机碳与土壤总有机碳变化规律基本吻合，表现为互花米草土壤有机碳活性组分含量相对最高，芦苇和海三棱藨草土壤有机碳活性组分含量差异不显著。一方面是因为土壤有机碳是影响其活性组分变化的主要因素，Anderson 等（1989）认为土壤有机碳活性组分含量很大程度上取决于土壤总有机碳含量。另一方面，水溶性有机碳主要来源于植物的枯枝、落叶及土壤有机质中的腐殖质，性状不稳定，极易发生淋失；轻组有机碳主要包括处于不同分解阶段的动物、植物和微生物残体，具有较高的周转速率，易发生矿化作用。因此，这些土壤有机碳活性组分的变化与其自身特性及受到的外界因素影响均有很大关系。然而，由于土壤有机碳活性组分对环境变化极为敏感，其各组分变化难以完全与土壤总有机碳变化保持一致，如裸滩土壤易氧化有机碳含量高于包括互花米草在内的其他 3 种土壤类型。易氧化有机碳是土壤中容易被氧化的土壤有机碳活性组分，对植物和微生物来说均具有较高的可利用性（Blair et al.，1995），因而可能导致植被土壤易氧化有机碳被利用及分解较为强烈。此外，有机碳活性组分含量受季节变化的影响（孔范龙等，2013；王国兵等，2013），如季节性温度与湿度、微生物活性、新凋落物分解的差异等。即使在同一研究区，采样时间的差异也会导致有机碳活性组分发生明显改变。由此可见，土壤有机碳活性组分的变化会受到诸多因素的共同制约，研究土壤有机碳活性组分的变化需要充分考虑其影响因素的复杂性及多样性。总体来看，土壤有机碳活性组分的变化能够反映土壤总有机碳的变化。

研究区不同土壤有机碳活性组分含量占土壤总有机碳含量的比例能够更加充分地反映滩涂湿地植被对土壤碳行为的影响。易氧化有机碳含量占总有机碳含量的比例能够从有机碳自身分解特征方面指示有机碳活性强度，其所占比例越大，说明有机碳活性强度越高，被分解矿化的潜力越大。研究表明，互花米草、海三棱藨草和裸滩之间的土壤易氧化有机碳所占比例无显著差异，但互花米草土壤易氧化有机碳所占比例最小，说明入侵种互花米草土壤有机碳活性强度低，有利于有机碳的积累。需要注意的是，裸滩水溶性有机碳所占比例低于相同土层的互花米草、海三棱藨草和芦苇，而易氧化有机碳所占比例高于相同土层的其他 3 种类型。水溶性有机碳占土壤总有机碳的比例较低，说明裸滩由于受到潮水侵袭等作用，土壤水溶性有机碳易发生淋失；而易氧化有机碳所占比例高，则说明裸滩土壤有机碳被分解矿化的潜力大，其稳定性较差。

3.2.3 土壤有机碳及其活性组分与环境因子的关系

如图 3-7 所示，土壤有机碳与水溶性有机碳、轻组有机碳之间均呈极显著正相关关系（$P<0.01$），与易氧化有机碳呈正相关关系但未达到显著水平，水溶性有机碳与轻组有机碳之间也呈极显著正相关关系。这说明一方面土壤有机碳活性组分含量在很大程度上依赖土壤有机碳含量；另一方面各有机碳活性组分之间关系密切，虽然它们的测定方法与表述等不同，但均能够反映土壤有机碳的变化情况。本研究中易氧化有机碳与各有机碳活性组分之间相关性较弱，该结论需要大量数据进一步论证。

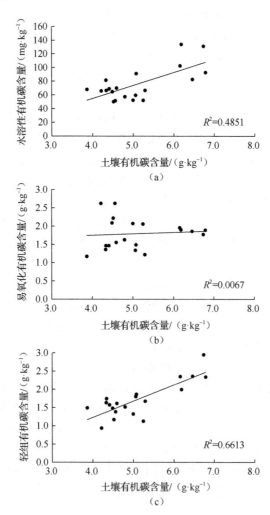

图 3-7　土壤不同形态有机碳之间的关系

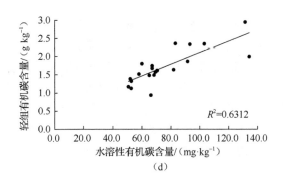

图 3-7（续）

土壤有机碳及其活性组分与土壤理化指标相关性如表 3-6 所示，土壤有机碳与全氮、土壤含水量、pH 值之间均存在极显著相关关系，其中，与 pH 值存在极显著负相关关系。水溶性有机碳与全氮、pH 值存在相关关系，与全氮的相关系数为 0.474（$P<0.01$），与 pH 值的相关系数为-0.532（$P<0.01$）。轻组有机碳与全氮、土壤含水量和 pH 值间存在相关关系，与全氮间的相关系数为 0.583（$P<0.01$），与 pH 值间的相关系数为-0.573（$P<0.01$）。易氧化有机碳与全氮之间呈极显著相关关系，相关系数为 0.353（$P<0.01$），而与 C/N 之间表现为负相关关系，相关系数为-0.312（$P<0.05$）。

表 3-6　土壤有机碳与土壤理化性质的相关系数

指标	土壤有机碳	水溶性有机碳	易氧化有机碳	轻组有机碳
全氮	0.749**	0.474**	0.353**	0.583**
土壤含水量	0.387**	0.014	0.079	0.276*
电导率	0.016	−0.163	0.189	−0.130
pH 值	−0.727**	−0.532**	0.010	−0.573**
C/N	0.136	−0.110	−0.312*	−0.025

注：**与*分别表示在 $P<0.01$ 与 $P<0.05$ 水平差异显著。

研究表明，土壤有机碳与水溶性有机碳、轻组有机碳等活性组分之间表现为极显著正相关关系，而与易氧化有机碳虽然表现为正相关关系但未达到显著水平，表明土壤有机碳活性组分的含量在很大程度上取决于土壤有机碳的存储量，这与马少杰等（2012）的研究结果一致，同时也表明各活性碳组分之间关系密切。土壤有机碳活性组分虽然在表述、测定方法、来源和去向、影响因素等方面各异，但从不同角度反映土壤有机碳的动态特征。需要注意的是，本研究中易氧化有机碳与各活性碳组分之间未表现出显著相关关系，这可能是由滩涂湿地复杂的环境因素造成的，如 pH 值、土壤含盐量、潮水侵袭等。该关系有待获取更多数据进行论证。

土壤有机碳及其活性组分受土壤 pH 值不同程度的影响，且多表现为负相关性，表明适当降低 pH 值有助于提高土壤有机碳及其活性组分含量。吴秀坤等（2013）对版纳河流域土地有机碳的研究也得出类似结论，发现 pH 值可以影响土壤中微生物种类、数量及活性，从而对土壤活性碳组分的周转速率产生影响。土壤中的氮主要是以有机态氮存在，研究表明，全氮与土壤有机碳、水溶性有机碳、易氧化有机碳和轻组有机碳之间均表现为极显著正相关关系，可见滩涂湿地土壤活性有机碳的丰缺与土壤中氮素含量高低密切相关。

3.3　围垦农田土壤有机碳含量变化

3.3.1　土壤有机碳含量的统计特征

滩涂湿地被人类垦殖利用，逐渐发展为耕地和建设用地。由于围垦时间不同，不同围垦期的土壤受干扰程度存在差异，土壤有机碳的输入、输出存在差异，不同围垦时期的土壤有机碳积累量存在差异。如图 3-8 所示，随着围垦时间的延长，农田土壤有机碳含量呈现增加趋势，其中，在 0～10cm 和 10～20cm 土层，围垦 40 年以上的农田土壤有机碳含量显著高于围垦 10 年的农田（$P<0.05$），但不同围垦时期农田土壤有机碳含量之间无显著性差异。在 20～30cm、30～40cm 和 40～50cm 土层，不同围垦时期农田相同土层土壤有机碳含量之间均无显著性差异，说明围垦农田土壤有机碳含量在土层 20cm 以下受表层耕作管理方式等的影响较弱。从垂直分布来看，自表层向下农田土壤有机碳含量呈递减变化。相同围垦时期 0～10cm 和 10～20cm 土层农田土壤有机碳含量显著高于下面 3 个土层，而 20cm 以下土层农田土壤有机碳含量递减趋势逐渐平缓。0～10cm 土层不同围垦时期农田土壤有机碳含量最高，分别为 4.18g·kg^{-1}（10 年）、5.41g·kg^{-1}（40 年）、5.49g·kg^{-1}（60 年）和 5.87g·kg^{-1}（120 年），而 40～50cm 土层不同围垦时期农田土壤有机碳含量均低于 2.00g·kg^{-1}，以上分析表明，农田土壤有机碳含量主要集中在 0～20cm 土层。

杭州湾南岸慈溪市土壤有机碳含量数据描述性统计结果见表 3-7。研究区土壤有机碳平均含量为 3.49～7.95g·kg^{-1}，其随着剖面深度的增加逐层降低。其中，0～20cm 土层土壤有机碳平均含量最高（7.95g·kg^{-1}）；80～100cm 土层土壤有机碳平均含量最低（3.49g·kg^{-1}）。整体来看，0～100cm 深度土壤有机碳平均含量为 5.10g·kg^{-1}。变异系数（coefficient of variation，CV）的大小揭示随机变量的离散程度，即土壤有机碳含量空间变异性的大小。通常认为 CV<10%表现为弱变异性，10%<CV<100%为中等变异性，CV>100%为强变异性（Goovaerts，2001）。就变异系数来看，研究区各土层土壤有机碳均属于中等程度变异。

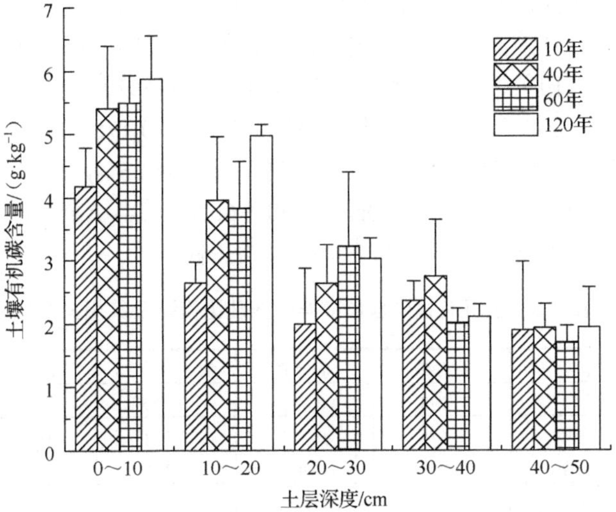

图 3-8　不同围垦时期农田土壤有机碳含量的剖面分布特征

表 3-7　不同土层土壤有机碳含量描述性统计结果

土层深度/ cm	平均值/ (g·kg^{-1})	最大值/ (g·kg^{-1})	最小值/ (g·kg^{-1})	标准差	变异系数/%
0~20	7.95	27.24	1.07	4.80	60.38
20~40	5.96	21.24	1.46	3.57	59.90
40~60	4.34	20.57	1.16	2.60	59.91
60~80	3.76	20.78	1.41	2.45	65.16
80~100	3.49	16.66	1.17	2.35	67.34
0~100	5.10	20.70	1.27	2.78	54.51

　　数据符合正态分布是进行统计分析的前提，对转化后的土壤有机碳数据进行半方差分析，根据决定系数（R^2）和残差平方和（residual sum of squares，RSS）等判断函数的最优拟合模型。各变异函数模型拟合曲线中，决定系数 R^2 接近于 1，RSS 越小，则曲线拟合效果越好。如表 3-8 所示，20~40cm 土层土壤有机碳含量拟合程度相对较差，R^2 仅为 0.470，而其他土层拟合程度相对较好，R^2 为 0.739~0.870。0~20cm 和 60~80cm 土层土壤有机碳含量最优半方差模型为高斯模型，20~40cm 和 40~60cm 土层最优半方差模型为指数模型，而 80~100cm 和 0~100cm 土层最优半方差模型为球状模型。

　　从变异因素角度看，块金值（C_0）反映随机性变异，由采样尺度和系统属性本身变异特征控制，同时还受测量误差的影响；偏基台值（C）为结构方差，表示由土壤母质、地形、气候等非人为的结构性因素引起的变异；基台值（C_0+C）

表示系统内总的变异,其值越高表示系统总的变异程度越高;块基比$[C_0/(C_0+C)]$即块金效应,表示随机部分引起的空间变异占系统总变异的比例。当比值小于25%时,表明系统具有强烈的空间自相关性;当比值为25%～75%时,表明系统具有中等强度的空间自相关性;当比值大于75%时,表明系统具有弱空间自相关性(王正权,1999)。由表3-8可知,各土层块金值为0.071～0.178。0～20cm、60～80cm、80～100cm土层及0～100cm深度的块金效应均小于25%,则土壤有机碳含量具有强烈的空间自相关性;而20～40cm和40～60cm土层块金效应为25%～75%,则土壤有机碳含量表现为中等强度的空间自相关性。

表3-8　土壤有机碳含量变异函数理论模型及其相关参数

土层深度/cm	理论模型	块金值	基台值	块金效应/%	决定系数	残差平方和
0～20	高斯	0.093	0.454	0.205	0.870	0.035
20～40	指数	0.178	0.478	0.372	0.470	0.044
40～60	指数	0.093	0.305	0.305	0.739	0.013
60～80	高斯	0.114	0.810	0.141	0.810	0.006
80～100	球状	0.071	0.309	0.230	0.763	0.012
0～100	球状	0.074	0.306	0.242	0.804	0.009

土壤异质性是由结构性因素和随机性因素共同作用的结果。研究表明,慈溪市各土层土壤有机碳含量的块金值为0.071～0.178,说明在当前的采样尺度范围内存在由采样误差和随机因素等引起的变异,而块金值相对较小,表明采样密度能够充分揭示研究区土壤有机碳含量的空间结构。各土层土壤有机碳含量块金效应较小,最大仅为0.372,表现为强烈的空间自相关性或中等强度的空间自相关性,说明结构性因素对研究区土壤有机碳含量空间变异起主导作用,而随机性因素对其影响相对较小。研究区新生成的滩涂土壤由海相沉积物淤积而成,堤内滩涂土地均为经人工围垦筑堤后而发育成的滨海盐土。数百年来远海土壤经过植被演替及农业改良等,向草甸滨海盐土、潮土、水稻土等土壤类型转变并已显成熟(陆宏和厉仁安,2006),而土壤有机碳也随之发生演变。尽管目前研究区土壤会受到城镇发展及农业施肥差异等小尺度因素的影响,但在本研究尺度还未达到破坏其原有空间格局的程度。采样尺度对变量空间异质性有较大影响,如王丹丹等(2012)对东北地区县级、地市级和省级等不同尺度土壤全氮含量的变异研究表明,表层和剖面的平均全氮含量变异性均随着研究尺度的扩展而增大。雷咏雯等(2004)对较小尺度土壤养分变异研究表明,随着采样尺度的增加,各变量的块金效应均趋于增加或稳定。据此可以看出,空间异质性与研究尺度密切相关,并且一般空间异质性随着研究尺度的增大而增加。本研究采取较大采样尺度(4km×4km):一方面,可能在一定程度上增大土壤有机碳含量的空间异质性;另一方面,它虽不像较小尺度能够很好地揭示土壤有机碳含量的空间变异细节,但更适合拟合趋

势值（巫振富等，2013）。考虑到较小尺度的作用，有待进一步开展较小尺度的研究，分析不同尺度空间信息的相似性和相异性，以提高对研究区土壤有机碳分布规律预测的精度。也需要注意，地统计学方法比较适合在较大区域进行变量的空间分析，而当面积过小时，由于空间变异趋势微弱，随机变异所占比例相对增加，可能不利于进行空间相关性分析（路鹏等，2005）。

3.3.2　土壤有机碳含量空间分布特征及影响因素

对杭州湾南岸慈溪市围垦区进行较大尺度的采样工作，借助 ArcGIS 软件，同时兼顾土地利用方式及其他相关属性数据，在慈溪市域内进行网格（4km×4km）布点，共设置 81 个样点（图 3-9）。利用土钻分别采集 0～20cm、20～40cm、40～60cm、60～80cm 和 80～100cm 深度的原状土样，每个样点按 S 形同层取 3 个土样混合带回实验室，共采集 405 份土样。用 GPS 记录样点地理坐标，同时记录样点土地利用方式。

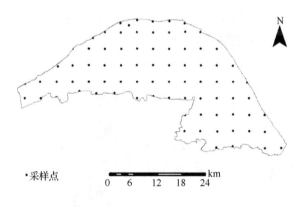

图 3-9　研究区采样点分布图

基于半方差函数理论模型及相关参数，在 ArcGIS 9.3 的地统计分析模块中应用 Kriging 最优内插法，对研究区土壤有机碳含量进行分层插值。研究区不同土层土壤有机碳含量空间分布如图 3-10 所示，总体来看，土壤有机碳含量自北面滩涂向南面内陆表现为递增变化，慈溪市东南部的掌起镇、三北镇和龙山镇等地分布着山体林地，其土壤有机碳含量高于其他区域。在 0～20cm 土层，土壤有机碳含量分布呈明显带状并平行于海岸线，东南角土壤有机碳含量较高，为 11.34～27.24g·kg^{-1}，而靠近海岸区域的土壤有机碳含量较低，其含量为 1.07～3.33g·kg^{-1}。20～40cm 和 40～60cm 两个土层土壤有机碳含量分布特点类似，呈条带状但不平行于海岸线。60～80cm 和 80～100cm 土层土壤有机碳含量分布特征相似，伴有局部特征，主要表现为西北靠近滩涂区域土壤有机碳含量较低。整个 0～100cm

深度土壤有机碳含量分布综合了各土层的特点，呈条带状但没有明显局部特征。土壤有机碳含量剖面分布的变化表现为随着土层深度的增加逐渐降低，自表层向下两个土层降幅较高，依次为25.03%、27.18%，底部两个土层降幅仅为7.18%，这是因为深层土壤有机碳含量受表层土地利用方式、人类干扰等影响较小。

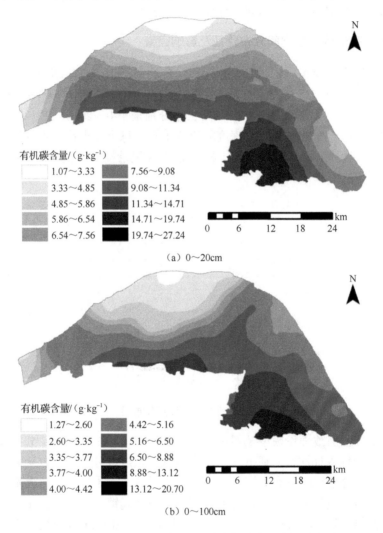

图3-10　杭州湾典型围垦区土壤有机碳含量空间分布图

　　对不同土地利用方式及围垦年限与土壤有机碳含量空间分布关系的统计可知（表 3-9），林地各土层土壤有机碳含量显著高于农田及建设用地，其平均含量为5.84～16.43g·kg⁻¹，农田与建设用地土壤有机碳含量之间差异不显著。就变异系数来看，林地60cm以上的 3 个土层土壤有机碳含量变异系数为35.85%～64.31%，属中等程度变异，其下面两个土层则表现为强变异；农田和建设用地各土层土壤有机碳含量均处于中等程度变异，并随着土壤剖面深度的增加其变异程度逐渐减弱。各土地利用方式的 0~100cm 深度土壤有机碳含量空间变异性均为中等程度变异。

表 3-9 不同土地利用方式下土壤有机碳含量差异

土层深度/cm	林地			农田			建设用地		
	均值/($g·kg^{-1}$)	范围/($g·kg^{-1}$)	变异系数/%	均值/($g·kg^{-1}$)	范围/($g·kg^{-1}$)	变异系数/%	均值/($g·kg^{-1}$)	范围/($g·kg^{-1}$)	变异系数/%
0~20	16.43a	8.47~27.24	35.85	6.46b	1.07~11.99	38.80	6.06b	1.63~10.98	54.95
20~40	11.56a	4.14~21.24	46.63	4.90b	1.46~9.44	35.92	5.01b	1.46~9.80	55.49
40~60	7.51a	3.23~20.57	64.31	3.77b	1.16~6.41	36.87	3.71b	1.68~7.11	49.87
60~80	6.04a	2.47~20.78	88.74	3.32b	1.41~6.09	34.04	3.47b	2.01~5.79	33.14
80~100	5.84a	1.75~16.66	87.67	3.08b	1.17~5.87	34.74	2.87b	1.39~4.06	34.84
0~100	9.47a	4.96~20.70	46.99	4.31b	1.27~7.12	30.85	4.23b	2.18~6.70	40.89

注：同行不同字母表示差异显著（$P<0.05$）。

如表 3-10 所示，随着围垦年限的延长，农田土壤有机碳含量呈增加趋势，部分围垦年限之间农田土壤有机碳含量差异达显著水平。各土层土壤有机碳含量增幅各异。此外，围垦年限对深层土壤有机碳含量的影响较弱。

表 3-10 不同围垦时期农田土壤有机碳含量差异 （单位：$g·kg^{-1}$）

围垦时期	0~20cm	20~40cm	40~60cm	60~80cm	80~100cm	0~100cm
1047~1489 年	9.91a	7.96a	5.61a	4.76a	4.49a	6.55a
1724~1734 年	8.79ab	6.41b	4.35b	3.22b	3.14b	5.18b
1796~1815 年	7.80b	5.65bc	3.92bc	3.47bc	3.05b	4.78b
1892~1952 年	5.74c	4.49c	3.21cd	2.42bc	2.36b	3.64c
1968~2002 年	3.40d	2.98d	2.76d	2.52c	2.28b	2.79d

注：同列不同字母表示差异显著（$P<0.05$）。

Kriging 插值结果表明，总体上研究区各土层土壤有机碳含量呈自滩涂向内陆逐渐递增分布，且表层土壤有机碳含量呈平行于海岸线的条带状分布。从空间分布图可直观地了解土壤有机碳含量空间分布特征，如条带状、斑块状及局部特征等，各种分布特征与研究区土壤在不同空间位置的各种理化性质和生物过程有着密切关系。与本研究关系尤为密切的是研究区土地利用处于不同围垦时期，不同围垦时期土壤发育时间长短不一，土壤外源有机物的输入、输出也必然存在差异。滨海盐土经过植被演替和农业利用改良，尤其经过灌溉、施肥等农业生产措施处理，土壤盐分含量大大降低，土壤有机碳含量呈上升趋势。围垦时间越久，土壤发育成熟度越高，有机碳积累越多，因而可能造成土壤有机碳随着围垦时间呈带状分布，并向内陆延伸呈递增趋势。慈溪市的东南部山体林地分布带系四明山余脉，土壤有机碳含量显著高于其他区域，主要是因为林地土壤有机碳输入量明显高于其他类型（张仕吉等，2013），也表明土地利用方式的不同造成土壤有机碳含量空间分布的差异（Wang et al.，2010）。自表层向下土壤有机碳含量分布逐渐出现局部特征，条带状分布特征减弱，尤其以 60cm 以下两个土层表现明显，因为随着土层深度的增加，土壤有机碳含量受地表活动的影响减弱，其含量主要受土壤母质的影响，因而表现出较为均匀的分布特征。同时，伴随土层深度的增加，土壤有机碳含量逐渐降低，因为深层土壤植物根系分布减少，有机碳来源减少。无论土壤发育和人类干扰程度如何，此递减规律并未发生改变（霍莉莉等，2013）。

　　不同土地利用方式、管理措施、凋落物量和质量的差异导致土壤有机碳输入存在差异，进而增加土壤有机碳含量的空间变异（Fang et al.，2012）。研究区的 3 种土地利用方式土壤有机碳含量主要表现为中等程度变异。农田土壤有机碳含量变异系数相对较小，表明农田土壤有机碳含量较为稳定。随着土层深度的增加，农田土壤有机碳含量变异系数逐渐减小，进一步表明深层土壤有机碳含量受地表活动影响较弱。贾宇平等（2004）对砖窑沟流域不同地貌部位土壤有机碳含量空间变异研究也得到同样结论。此外，研究表明，随着围垦年限的增加，各土层土壤有机碳含量呈增加趋势，不同围垦时期区域内土壤有机碳含量的差异增加了土壤有机碳含量的空间变异性。

3.3.3　土壤有机碳活性组分分布特征

1. 围垦区土壤有机碳活性组分分布比较

　　土壤有机碳活性组分主要依赖土壤有机碳储量，但由于土壤有机碳活性组分易受环境因素的影响，其变化规律与土壤有机碳相近也有不同之处。如图 3-11 所示，不同围垦时期农田土壤水溶性有机碳变化规律不明显。总体来看，围垦 10 年的农田土壤水溶性有机碳含量相对较低，而围垦 40 年以上的农田土壤水溶性有机碳含量在各土层变化表现不尽相同。土壤易氧化有机碳和轻组有机碳变化规律相似，并且与土壤有机碳变化规律总体保持一致，表现为土壤有机碳活性组分含量随着围垦年限的延长而递增。不同的是，在 0～10cm 土层不同围垦时期易氧化有机碳含量差异不显著；10cm 以下土层，围垦 10 年的农田土壤易氧化有机碳含量显著低于围垦 40 年以上的，并且围垦 40 年以上的农田土壤易氧化有机碳含量变化不显著。围垦 40 年以上的农田土壤轻组有机碳含量在各土层变化不显著，但均显著高于围垦 10 年的农田。以上分析表明，围垦农田土壤有机碳活性组分变化与土壤有机碳含量有着密切关系；另外，其变化规律也存在差异，说明有机碳活性组分变化易受其他因素的影响。

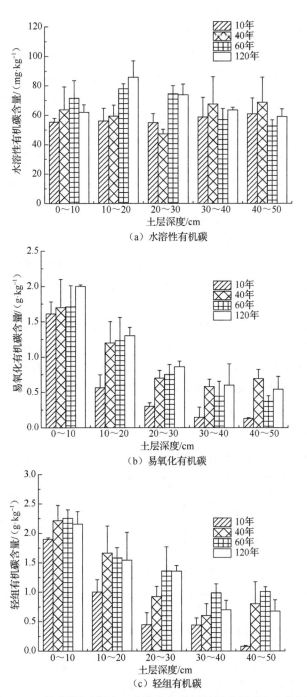

（a）水溶性有机碳

（b）易氧化有机碳

（c）轻组有机碳

图 3-11　不同围垦时期农田土壤有机碳活性组分剖面分布特征

　　由垂直分布可知，不同围垦时期的土壤水溶性有机碳含量多在 10～20cm 和 20～30cm 土层较高，最高为 85.76mg·kg^{-1}（120 年），而在 0～10cm、30～40cm 和 40～50cm 土层之间变化不显著，平均含量为 52.55～69.65mg·kg^{-1}，总体上有先增加后减小的变化规律。土壤易氧化有机碳含量和轻组有机碳含量随着土壤剖面深度的增加而递减。在 0～10cm 和 10～20cm 土层易氧化有机碳含量显著高于 20cm 以下的 3 个土层，其中 0～10cm 土层易氧化有机碳含量依次为 1.61g·kg^{-1}（10 年）、1.68g·kg^{-1}（40 年）、1.69g·kg^{-1}（60 年）和 2.02g·kg^{-1}（120 年）；30cm 以下土层易氧化有机碳含量均低于 1.00g·kg^{-1}，且相互间差异不显著。土壤轻组有机碳主要集中在 0～10cm 和 10～20cm 两个土层，最高含量为 2.26g·kg^{-1}（60 年），10cm 以下土层轻组有机碳含量均小于 2.00g·kg^{-1}。由此可见，随着剖面深度的变化，有机碳组分发生变化，稳定性也发生相应改变。

　　如表 3-11 所示，水溶性有机碳占土壤有机碳的比例随着围垦年限的延长有减小趋势，但围垦年限在 60 年以上无显著性差异。围垦 10 年的农田土壤该比例相对最大（1.32%～4.95%），说明围垦初期土壤有机碳活性强度较高。随着剖面深度的增加，不同围垦年限该比例均有不同程度的增加，这与水溶性有机碳随着渗滤水迁移有关。土壤易氧化有机碳与土壤有机碳的比例能够反映土壤有机碳的稳定性。除 0～10cm 土层外，与围垦 10 年农田相比，围垦 40 年以上农田的该比例均有不同程度的增加，围垦 40 年以上农田的该比例无显著性差异，这不利于土壤有机碳的积累。在 0～10cm 土层中，围垦 10 年农田的该比例最大，达 38.51%，说明土壤表层受耕作活动干扰较强，土壤有机碳稳定性相对较低。该比例随着土层深度的增加而表现为不同程度的下降。

表 3-11　土壤水溶性有机碳和易氧化有机碳占土壤有机碳的比例

土层深度/cm	水溶性有机碳占土壤有机碳的比例/%				易氧化有机碳占土壤有机碳的比例/%			
	10 年	40 年	60 年	120 年	10 年	40 年	60 年	120 年
0～10	1.32a	0.99b	1.19ab	1.08ab	38.51a	31.05b	30.78b	34.41b
10～20	2.13a	1.50c	2.03ab	1.73b	21.21b	29.04ab	32.11a	26.96ab
20～30	2.76a	1.80b	2.31ab	2.44ab	17.59b	24.33ab	22.36ab	28.47a
30～40	2.49a	2.54a	2.83a	3.01a	6.78c	20.44b	21.89b	27.49a
40～50	4.95a	3.56a	3.09a	3.04a	9.76c	27.98a	21.76b	25.56a

注：同列不同字母表示差异显著（$P < 0.05$）。

2. 土壤有机碳活性组分及其与理化性质的关系

　　土壤有机碳活性组分来源于土壤有机质，因而容易受其分解和转化的影响。由表 3-12 可以看出，土壤有机碳与水溶性有机碳、易氧化有机碳和轻组有机碳之间，以及轻组有机碳与易氧化有机碳之间均表现为极显著正相关（$P < 0.01$），而水溶性有机碳与易氧化有机碳、轻组有机碳之间相关性较弱。这说明一方面土壤

有机碳活性组分依赖于土壤有机碳储量；另一方面有机碳各活性组分可以从不同角度反映土壤有机碳的变化。

表 3-12　土壤有机碳及其活性组分之间的关系

y	x	线性方程	R^2
水溶性有机碳	土壤有机碳	$y=3.929x+51.99$	0.215**
易氧化有机碳	土壤有机碳	$y=0.378x-0.330$	0.905**
轻组有机碳	土壤有机碳	$y=0.406x-0.056$	0.759**
易氧化有机碳	水溶性有机碳	$y=0.011x+0.122$	0.042
轻组有机碳	水溶性有机碳	$y=0.007x+0.755$	0.012
轻组有机碳	易氧化有机碳	$y=1.031x+0.335$	0.774**

注：**表示极显著相关（$P<0.01$）。

如表 3-13 所示，土壤有机碳与全氮和土壤含水量呈极显著正相关关系（$P<0.01$），与 pH 值、电导率、C/N 等有一定的负相关性，但均未达到显著水平。水溶性有机碳和全氮、土壤含水量呈显著正相关关系（$P<0.05$）。易氧化有机碳与全氮、土壤含水量、电导率和 C/N 均达到显著相关，其中与电导率和 C/N 呈负相关关系。轻组有机碳与全氮、土壤含水量及电导率呈极显著正相关关系。总之，土壤有机碳各活性组分与全氮之间关系密切，与 pH 值之间有一定的负相关性，但均未达到显著水平，与土壤含水量有正相关关系且达到显著水平，而与其他指标关系各异。

表 3-13　围垦农田土壤有机碳活性组分与各理化指标之间的皮尔逊（Pearson）相关系数

指标	土壤有机碳	水溶性有机碳	易氧化有机碳	轻组有机碳
全氮	0.954**	0.260*	0.922**	0.819**
pH 值	−0.101	−0.071	−0.108	−0.084
土壤含水量	0.305**	0.252*	0.266*	0.146**
电导率	−0.150	−0.132	−0.254*	0.311**
C/N	−0.018	0.183	−0.346**	−0.153

注：*表示显著水平（$P<0.05$）；**表示极显著水平（$P<0.01$）。

研究区土壤有机碳含量随着围垦时间的延长而递增，但围垦 40 年以上土壤有机碳含量逐渐趋于相对稳定水平。原因可能是初期随着人类耕作活动的陆续展开，土壤有机碳的输入除了自然植物残体的回归外，还有人为有机肥的输入，土壤熟化程度也越来越高，有机碳等养分输入量大于输出量，使土壤有机碳含量不断提高。后期由于采用统一农业管理措施，土壤生物、化学、物理特性逐渐稳定下来，有机物的输入和输出之间达到相对平衡状态。相关研究也指出，随着围垦年限的延长，粉砂粒和黏粒有机碳呈现增加趋势，土壤非活性有机碳库出现富集，土壤有机碳的抗氧化程度和难利用程度提高，粉砂粒和黏粒对有机碳保护和控制作用的加强相应地提高了土壤碳固持量（唐光木等，2010）。

研究表明，土壤有机碳各活性组分含量均随着围垦年限的延长而增加，但在围垦时间达 40 年以上，其含量增加不显著。这主要是因为土壤有机碳活性组分的变化与土壤有机碳一致。土壤水溶性有机碳是养分移动的载体因子，其淋失是土壤有机质损失的重要途径。围垦农田受施肥和翻耕作用的影响，土壤水溶性有机碳含量减少（Schulze et al.，2011），但从长远来看，长期稳定的耕作管理，保证植物残体持续的输入，也促进微生物的代谢，为水溶性有机碳的增加提供了可能。值得注意的是，水溶性有机碳含量随着土壤剖面深度的增加呈先增加后减少的趋势，这与其随着水分沿土壤剖面向下迁移有关，同时也与翻耕等操作将枯枝落叶带入土壤亚表层有利于水溶性有机碳的积累有关。虽然随着围垦年限的延长，土壤易氧化有机碳含量有增加趋势并因此造成土壤有机碳的损失，但采取一定管理措施能够弥补这部分有机碳的损失，如免耕、残茬还田及施用粪肥等。土壤轻组有机碳主要是由不同分解程度的动物、植物和微生物残体组成，它的改变可以用来指示土壤肥力的变化。谢锦升等（2008）研究表明，轻组有机碳随着植物凋落物的季节动态和凋落物在不同季节的分解速率而变化。因此，随着围垦年限的增加，统一科学的管理措施能更好地促进土壤有机质的形成和积累，从而使轻组有机碳和 C/N 相应增加。

用分配比例来表示土壤的变化过程能够避免在使用绝对量或对有机碳含量不同的土壤进行比较时出现的一些问题（唐国勇等，2010）。水溶性有机碳一般只占土壤有机碳的极少部分，但它却是土壤微生物可以直接利用的有机碳源。本研究表明，水溶性有机碳占土壤有机碳的比例随着围垦年限的增加有减小趋势，说明活性有机碳向非活性有机碳转变，这有利于土壤有机碳的积累。土壤易氧化有机碳占土壤有机碳的比例从有机碳自身分解特征方面指示有机碳活性强度，比值越大说明土壤有机碳活性强度越大，土壤有机碳被分解矿化的潜力越大。在 0～10cm 土层，围垦 10 年的土壤易氧化有机碳所占比例较大，说明其稳定性差。总体来看，随着围垦年限的增加，易氧化有机碳所占比例有增加趋势但差异均不显著，表明土壤活性碳储量呈增加趋势，从而导致土壤有机碳稳定性降低。因此提醒人们注意，合理耕作等措施虽然提高了土壤有机碳储量，但在某种程度上可能破坏了其稳定性。

相关分析和回归分析表明，土壤有机碳与其活性组分均呈显著正相关关系，说明土壤有机碳活性组分很大程度上取决于土壤有机碳的存储量。虽然对土壤有机碳活性组分的来源及去向、测定方法和表述等各异，但均从不同角度反映土壤有机碳的动态特征。但需要注意，水溶性有机碳与土壤有机碳其他活性组分之间的相关性较差，可能是因为该时期有机质分解强烈，微生物活动旺盛，土壤水溶性有机质处于不断产生和消耗的动态平衡中，使水溶性有机碳与土壤有机碳其他活性组分之间相关性较差。因此，本研究中易氧化有机碳和轻组有机碳对土壤有机碳变化反应更为敏感。土壤有机碳及其活性组分与全氮均表现为极显著或显著正相关关系，土壤全氮对其影响主要是通过微生物发挥作用，可见土壤活性有机碳的丰缺与土壤中氮素含量高低密切相关。土壤有机碳及其活性组分与土壤含水量之间也均表现为显著正相关关系，土壤水分占据土壤空隙度比例高，对微生物呼吸起抑制作用，进而降低土壤有机碳的分解。土壤有机碳及其活性组分还受 pH 值不同程度的负影响，虽未达到显著水平，但仍可表明 pH 值的适当降低有利于提高土壤碳储量。

第4章　杭州湾滨海湿地碳排放研究

湿地是陆地生态系统碳循环的重要组成部分，与全球气候变化密切相关。湿地既能通过植物的光合作用吸收 CO_2，也能在碳的物质循环过程中释放 CO_2 和 CH_4。因此，湿地是多种温室气体重要的源或汇。其中，CO_2 是大气中最重要的温室气体，它对气候变暖的贡献远超过其他温室气体，大气中 CO_2 浓度的不断增加被认为是导致全球变暖的主要原因（Baggs and Blum，2004）。CH_4 是大气中浓度仅次于 CO_2 的温室气体，在大气中滞留的时间较短，但其单分子增温潜势是 CO_2 的 25 倍（IPCC，2007a）。湿地的干湿状况决定其是否为 CO_2 的源或汇。在经常性积水条件下，湿地土壤处于厌氧环境，土壤有机物分解不彻底，释放的 CO_2 量较少，湿地表现为 CO_2 的汇；当排水后土壤中有机物分解速率大于累积速率时，湿地则变成 CO_2 的源（胡启武等，2009）。湿地是 CH_4 的最大天然排放源，天然湿地排放的 CH_4 分别占全球 CH_4 总自然源和总排放量的 86%和 24%（IPCC，2007a）。本章以杭州湾 3 种不同植被类型湿地和裸滩为研究对象，采用静态箱法观测不同季节野外 CO_2 和 CH_4 通量，探讨温度等环境因子对碳排放通量的影响，以此来揭示杭州湾滨海湿地碳排放的时空变化特征和受环境因素的影响。

4.1　自然滩涂 CO_2 排放通量

4.1.1　自然滩涂 CO_2 排放特征

杭州湾滨海湿地不同植被类型 CO_2 排放通量如图 4-1 所示。在观测期间裸滩湿地的 CO_2 排放通量为 $-1.00\sim1.732 g\cdot m^{-2}\cdot h^{-1}$，平均值为 $0.090 g\cdot m^{-2}\cdot h^{-1}$，最大值和最小值分别出现在 7 月 11 日和 8 月 7 日；海三棱藨草湿地的 CO_2 排放通量为 $-0.832\sim1.115 g\cdot m^{-2}\cdot h^{-1}$，平均值为 $-0.106 g\cdot m^{-2}\cdot h^{-1}$，最大值和最小值分别出现在 7 月 11 日和 8 月 7 日；芦苇湿地的 CO_2 排放通量为 $-1.423\sim2.584 g\cdot m^{-2}\cdot h^{-1}$，平均值为 $0.245 g\cdot m^{-2}\cdot h^{-1}$，最大值和最小值分别出现在 7 月 11 日和 6 月 3 日；互花米草湿地的 CO_2 排放通量为 $-1.091\sim1.877 g\cdot m^{-2}\cdot h^{-1}$，平均值为 $0.060 g\cdot m^{-2}\cdot h^{-1}$，最大值和最小值分别出现在 7 月 11 日和 4 月 7 日。4 种湿地平均 CO_2 排放通量大小为芦苇湿地＞裸滩湿地＞互花米草湿地＞海三棱藨草湿地，其中，海三棱藨草湿地和互花米草湿地的 CO_2 排放通量之间没有显著差异，但都与芦苇湿地和裸滩湿地的 CO_2 排放通量之间差异显著。

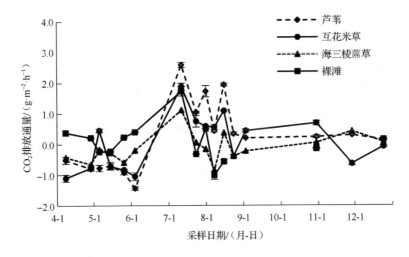

图 4-1　杭州湾滨海湿地不同植被类型的 CO_2 排放通量

4.1.2　环境因子与 CO_2 排放通量的关系

CO_2 排放通量与 0～10cm 土壤及环境因子的相关系数如表 4-1 所示。CO_2 排放通量与土壤电导率（EC）、铵态氮（NH_4^+-N）含量、各土层温度呈正相关关系。CO_2 排放通量与土壤全氮（TN）呈负相关关系，CO_2 排放通量与土壤 pH 值、土壤氧化还原电位（Eh）、土壤含水量（WC）、土壤有机碳（SOC）、箱内温度（$T_{箱}$）的相关性更弱。

表 4-1　CO_2 排放通量与环境因子的相关系数

因子	F-CO_2	pH 值	Eh	EC	WC	TN	NH_4^+-N	SOC	T_0	T_5	T_{10}	T_{15}	$T_{箱}$
F-CO_2	1												
pH 值	0.040	1											
Eh	-0.031	-0.989**	1										
EC	0.264	-0.452**	0.443**	1									
WC	-0.059	-0.381*	0.386*	0.178	1								
TN	-0.178	-0.555**	0.577**	-0.326	0.438*	1							
NH_4^+-N	0.237	0.111	-0.085	0.057	-0.090	-0.009	1						
SOC	-0.014	-0.477**	0.460**	-0.224	0.375	0.613**	0.027	1					
T_0	0.119	-0.068	0.138	-0.328	-0.021	0.483**	0.082	0.095	1				
T_5	0.153	-0.086	0.154	-0.267	-0.030	0.450**	0.106	0.060	0.989**	1			
T_{10}	0.174	-0.122	0.187	-0.212	-0.007	0.439**	0.122	0.060	0.975**	0.994**	1		
T_{15}	0.191	-0.155	0.215	-0.164	0.009	0.431*	0.136	0.054	0.953**	0.982**	0.995**	1	
$T_{箱}$	-0.041	-0.246	0.295	-0.325	0.053	0.609**	0.136	0.259	0.924**	0.921**	0.921**	0.915**	1

注：F-CO_2 表示 CO_2 排放通量，Eh 表示土壤氧化还原电位，EC 表示土壤电导率，WC 表示土壤含水量，TN 表示土壤全氮，NH_4^+-N 表示土壤铵态氮，SOC 表示土壤有机碳，T_0、T_5、T_{10}、T_{15} 分别表示土壤 0、5、10、15cm 深处温度，$T_{箱}$ 表示箱内温度。*代表 $P<0.05$ 水平相关显著；**代表 $P<01$ 水平相关显著。

进一步分析表明，CO_2 排放通量与不同植被类型、不同土层土壤理化性质的相关性不尽相同，且大多相关性不显著（表略）。这可能是因为土壤温度等环境因素并非单独直接影响 CO_2 的产生和排放，还应考虑植物对 CO_2 的光合吸收所引起的 CO_2 排放量减少。在杭州湾所有湿地类型中，芦苇湿地 CO_2 排放通量与各土层的铵态氮含量呈显著的负相关关系，与 0～10cm 的土壤 pH 值和 10～20cm 的土壤含水量呈极显著的负相关关系，与 0～10cm 的土壤电导率和氧化还原电位分别呈显著和极显著的正相关关系。互花米草湿地 CO_2 排放通量与 0～10cm 土壤铵态氮含量呈负相关关系，与 20～30cm 和 40～50cm 土层的铵态氮含量的相关系数分别为-0.605（$P<0.05$）和-0.648（$P<0.05$）。

4.1.3　季节变化对 CO_2 排放通量的影响

杭州湾滨海湿地 CO_2 排放通量因湿地环境的差异而表现出不同的排放趋势。无植被覆盖的裸滩湿地 CO_2 排放通量表现为冬季高、秋季低的趋势，有植被覆盖的 3 种湿地 CO_2 排放通量均表现为秋季高、春季低，其中芦苇湿地和互花米草湿地的 CO_2 排放通量的季节变化趋势完全一致。

裸滩湿地 CO_2 主要来自沉积物中有机碳的矿化和微生物呼吸。在秋季，裸滩湿地土壤有机碳含量和全氮含量较低，土壤温度也较低，土壤微生物的呼吸和有机碳的分解活动较弱，不利于 CO_2 的产生。秋季土壤含水量相对较高（仅次于夏季），土壤透气性差，不利于好氧微生物的分解活动，且较高的水分含量和较低的温度不利于 CO_2 在水中的扩散。此外，秋季土壤 pH 值较高，产生的 CO_2 很可能发生水解反应或被大量溶解，因此裸滩湿地秋季 CO_2 排放通量较低。冬季，土壤温度虽然较低，土壤微生物活性较弱，但冬季可供微生物呼吸和分解活动的土壤有机碳和全氮含量较高，且土壤含水量较低，利于氧气进入土壤，促使产生更多的 CO_2。有植被生长的 3 种湿地 CO_2 排放通量秋季高、春季低的原因可能是：春季土壤有机碳含量较低，且植物光合作用固定的碳转移到地下的量较少，可供土壤微生物和根系呼吸利用的底物较少，产生的 CO_2 较少；且春季相对较低的土壤温度也不利于土壤微生物、植物根系的呼吸和有机碳的分解；春季植物的通气组织尚未发育成熟，对 O_2 向植物根系的输送能力较弱，有机碳的分解不彻底，产生的 CO_2 量较少；春季较高的土壤含水量和高 pH 值也不利于微生物的分解活动和 CO_2 的排放。在秋季，植物地上部分大部分死亡，较多的植物残体和枯落物进入土壤，增加土壤有机碳含量；地下根系死亡后残留在土壤中，死亡的根系同时释放出较多的根系分泌物，可以促进有机碳的矿化和土壤微生物的分解活动，利于 CO_2 的产生。

4.1.4　植被类型对湿地 CO_2 排放通量的影响

4 种湿地平均 CO_2 排放通量大小为芦苇湿地＞裸滩湿地＞互花米草湿地＞海

三棱藨草湿地，这可能与底物数量、植物的生长特性和不同植被覆盖下土壤理化性质的差异有关。

土壤 CO_2 排放通量主要取决于土壤中有机碳的含量及矿化速率、土壤微生物数量及其活性、土壤动物的呼吸作用等（Shao et al.，2016；齐玉春等，2003）。芦苇湿地土壤 CO_2 排放通量最高，可能是因为芦苇湿地土壤有机碳含量较高（仅次于互花米草湿地），较高含量的有机碳有利于矿化过程的进行，可以为土壤微生物提供充足的底物。芦苇在生长季通过光合作用固定的碳，可以为地下根系的呼吸和根际微生物的呼吸提供底物和能量。芦苇植株还可以将 O_2 传输到根系，促进根系微生物的呼吸作用。另外，芦苇湿地较其他湿地而言，样地受围垦的影响较大，土壤有机碳的周转和分解加快，利于 CO_2 的大量产生。裸滩 CO_2 排放通量高可能是因为裸滩湿地土壤有机碳含量相对较高（$5.75g·kg^{-1}$），且退潮后土壤没有植被覆盖，表层土壤暴露在空气中，空气中的 O_2 不断进入土壤，好氧氧化反应占据主导地位，促使沉积物产生更多的 CO_2。同时，随着暴露时间的增加，溶解在水中的 CO_2 逐渐释放出来，形成较大的 CO_2 排放量。研究表明，水位下降有利于 CO_2 的排放（Funk et al.，1994）。此外，潮水除带来泥沙，还带来跳跳鱼等小型动物，这类动物的呼吸不可小觑。互花米草湿地土壤有机碳含量显著高于其他湿地，但其氧化还原电位较高，可能不利于土壤有机碳的彻底分解。互花米草土壤含水量较高，且土壤表层覆盖有往年和当季植物残体和凋落物，不利于空气中 O_2 进入土壤及凋落物的降解。同时，互花米草生长周期较长，植物光合作用对 CO_2 的吸收固定相对较强，对 CO_2 的固定量较多，这可能使最终的 CO_2 排放量较少，而表现为 CO_2 的"汇"。海三棱藨草生长期较短，植株地上部分矮小，光合作用固定的有机碳较少，转移至根部的碳氮较少，不利于根系的生长活动；根系分泌物和脱落物较少，土壤微生物和根际微生物可以利用的底物就较少，不利于 CO_2 的大量产生。同时，海三棱藨草地下根系数量较少，根系分泌物较少，根系释放 O_2 能力较弱，不利于根系呼吸的进行和根际土壤有机碳的矿化。

4.2　自然滩涂 CH_4 排放通量

4.2.1　自然滩涂 CH_4 排放特征

如图 4-2 所示，在整个观测期间，裸滩基本表现为 CH_4 的"汇"，CH_4 排放没有明显的变化趋势，CH_4 排放通量的大小为 $-0.227 \sim 0.195 mg·m^{-2}·h^{-1}$，平均值为 $-0.042 mg·m^{-2}·h^{-1}$，在 7 月 31 日和 4 月 7 日分别测得 CH_4 排放通量的最大值和最小值。海三棱藨草湿地在植物生长季（4～10 月）表现为 CH_4 的排放源，在非生长季（11～12 月）表现为 CH_4 的"汇"，整体表现为 CH_4 的排放源。CH_4 排放通量大小为-0.426～0.663mg·m^{-2}·h^{-1}，平均值为0.096mg·m^{-2}·h^{-1}，在7月11日有一个明显的排放高峰，在11月28日的CH$_4$排放通量最小。芦苇湿地和互花米草湿地在整个观测期间均有较高的CH$_4$排放量，均表现为CH$_4$的排放源，CH$_4$排放多集中在植物生长比较旺盛的5～9月。芦苇湿地和互花米草湿地的CH$_4$排放通量分别为0.060～1.658mg·m^{-2}·h^{-1}和0.263～2.831mg·m^{-2}·h^{-1}，平均值分别为0.582mg·m^{-2}·h^{-1}和1.085mg·m^{-2}·h^{-1}。两者均在7月11日测得最大的CH$_4$排放通量，分别于12月24日和5月5日测得CH$_4$排放通量的最小值。此外，芦苇湿地在8月23日还有一个明显的排放高峰，互花米草湿地在9月2日还有一个排放高峰。

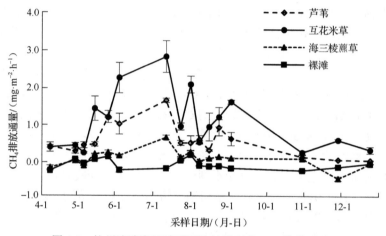

图4-2　杭州湾滨海湿地不同植被类型的CH$_4$排放通量

观测期间杭州湾滨海湿地的平均CH$_4$排放通量大小表现为互花米草湿地＞芦苇湿地＞海三棱藨草湿地＞裸滩，其中，裸滩和海三棱藨草湿地的CH$_4$排放通量差异不显著，但都与芦苇湿地和互花米草湿地的CH$_4$排放通量差异显著（$P<0.05$）。

4.2.2　自然滩涂土壤CH$_4$产生潜力

如图4-3所示，裸滩湿地土壤CH$_4$产生潜力平均值为0.030μg·g^{-1}·d^{-1}。最大值出现在10～20cm土层，最小值出现在5～10cm土层，10～20cm土层CH$_4$产生潜力与其他土层差异显著，0～5cm与20～30cm土层CH$_4$产生潜力差异不显著，但都与5～10cm土层差异显著。海三棱藨草湿地和芦苇湿地土壤CH$_4$产生潜力平均值分别为0.027μg·g^{-1}·d^{-1}和0.042μg·g^{-1}·d^{-1}，最大值均出现在0～5cm土层，最小值均出现在5～10cm土层。海三棱藨草湿地土壤CH$_4$产生潜力在0～5cm与10～20cm土层、5～10cm与20～30cm土层间差异不显著，在其他各土层间差异显著；芦苇湿地土壤各土层间的CH$_4$产生潜力具有显著差异。互花米草湿地土壤CH$_4$产生潜力平均值为0.050μg·g^{-1}·d^{-1}，最大值和最小值分别出现在0～5cm、20～30cm土层。0～5cm土层的CH$_4$产生潜力与其他土层之间差异显著，5～10cm与10～

20cm 土层之间差异不显著。除 0～5cm 土层外，互花米草湿地土壤其他各土层的 CH_4 产生潜力均显著高于其他湿地类型。

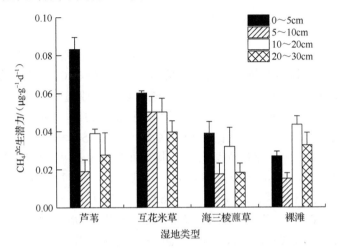

图 4-3　杭州湾滨海湿地不同植被类型的土壤 CH_4 产生潜力

　　土壤 CH_4 产生潜力平均值表现为：互花米草湿地＞芦苇湿地＞裸滩湿地＞海三棱藨草湿地。裸滩湿地和海三棱藨草湿地之间无显著差异，但都与芦苇湿地和互花米草湿地间差异显著（$P<0.05$）。整体上来看，有植被生长的海三棱藨草湿地、芦苇湿地和互花米草湿地的土壤 CH_4 产生潜力随着土壤深度的增加而减小，而裸滩湿地的土壤 CH_4 产生潜力则由表层至底层没有明显的变化趋势。

　　土壤中的 CH_4 是在严格的厌氧条件下，由产 CH_4 菌作用于产 CH_4 底物生成的。充足的底物和适宜的生长环境是 CH_4 形成的先决条件。在本研究中，海三棱藨草湿地、芦苇湿地和互花米草湿地土壤 0～5cm 土层的 CH_4 产生潜力最大，可能是因为 0～5cm 土层含有较丰富的产 CH_4 底物。由于采样时间为 9 月，植物地上部有不同程度的枯萎、凋落，部分枯落物落入地表后，在潮水的作用下，枯落物中的可溶性成分可在短期内快速淋溶到土壤表层，其他成分经过较长时间也可以逐渐释放并残留在土壤表层，在土壤微生物的作用下进一步转化为产 CH_4 底物，为高 CH_4 产生潜力提供物质条件（姜欢欢等，2012）。裸滩湿地无植被覆盖，且受潮汐的影响较大，土壤中产 CH_4 菌可利用的有效形态易被潮水带走或被淋失到深层土壤，导致表层土壤不能为微生物提供充足的产 CH_4 底物，从而使裸滩湿地表层土壤的 CH_4 产生潜力低于其他湿地，这可能也是裸滩湿地 0～5cm 土层的 CH_4 产生潜力低于较深土层的原因。关于土壤 CH_4 产生潜力的主要层次，目前的研究结论基本一致，但细分又有所不同。Dasselaar 和 Oenemaa（1999）的研究表明，CH_4 产生潜力随着土层深度的增加而大大降低，0～5cm 土层土壤产生的 CH_4 占总量的 70%。Avery 等（2003）认为 0～10cm 是 CH_4 的主要发生层。Bergman 等（2000）

的研究进一步发现 5～10cm 土层土壤 CH_4 产生活性较强。本研究与前人的研究结果基本一致。

4.2.3　环境因子与 CH_4 排放通量的关系

如表 4-2 所示，0～10cm 土壤电导率与 CH_4 排放通量呈较弱的负相关关系。土壤 pH 值与 CH_4 排放通量呈极显著的负相关关系（$P<0.01$）。土壤含水量与 CH_4 排放通量呈较弱的正相关关系，土壤铵态氮与 CH_4 排放通量的相关性不明显。0、5、10（cm）处温度与 CH_4 排放通量呈较强的正相关关系，15cm 处温度和箱内温度与 CH_4 排放通量分别呈显著的正相关关系（$P<0.05$）和极显著的正相关关系（$P<0.01$）。其中，海三棱藨草湿地 CH_4 排放通量与 0cm 处温度、箱内温度呈显著的正相关关系（$r_{T0}=0.616$，$r_{T箱}=0.607$），分别与 5、10、15（cm）处温度呈极显著的正相关关系，相关系数分别为 $r_{T5}=0.628$（$P<0.01$），$r_{T10}=0.636$（$P<0.01$），$r_{T15}=0.607$（$P<0.01$）；芦苇湿地和互花米草湿地 CH_4 排放通量与各土层温度及箱内温度均呈显著的正相关关系，芦苇湿地的相关系数分别为 $r_{T0}=0.596$（$P<0.05$）、$r_{T5}=0.586$（$P<0.05$）、$r_{T10}=0.585$（$P<0.05$）、$r_{T15}=0.584$（$P<0.05$）、$r_{T箱}=0.592$（$P<0.05$），互花米草湿地的相关系数分别为 $r_{T0}=0.514$（$P<0.05$）、$r_{T5}=0.526$（$P<0.05$）、$r_{T10}=0.539$（$P<0.05$）、$r_{T15}=0.570$（$P<0.05$）、$r_{T箱}=0.686$（$P<0.01$）。土壤有机碳含量与 CH_4 排放通量呈显著的正相关关系（$P<0.05$），土壤 Eh、全氮分别与 CH_4 排放通量呈极显著的正相关关系（$P<0.01$）。

表 4-2　CH_4 排放通量与环境因子的相关系数

因子	F-CH₄	pH 值	Eh	EC	WC	TN	NH₄⁺-N	SOC	T_0	T_5	T_{10}	T_{15}	$T_箱$
F-CH₄	1												
pH 值	-0.538**	1											
Eh	0.526**	-0.989**	1										
EC	-0.102	-0.452**	0.443**	1									
WC	0.169	-0.381*	0.386*	0.178	1								
TN	0.627**	-0.555**	0.577**	-0.326	0.438*	1							
NH₄⁺-N	0.083	0.111	-0.085	0.057	-0.090	-0.009	1						
SOC	0.343*	-0.477**	0.460**	-0.224	0.375	0.613**	0.027	1					
T_0	0.300	-0.068	0.138	-0.328	-0.021	0.483**	0.082	0.095	1				
T_5	0.323	-0.086	0.154	-0.267	-0.030	0.450**	0.106	0.060	0.989**	1			
T_{10}	0.333	-0.122	0.187	-0.212	-0.007	0.439**	0.122	0.060	0.975**	0.994**	1		
T_{15}	0.369*	-0.155	0.215	-0.164	0.009	0.431*	0.136	0.054	0.953**	0.982**	0.995**	1	
$T_箱$	0.487**	-0.246	0.295	-0.325	0.053	0.609**	0.136	0.259	0.924**	0.921**	0.921**	0.915**	1

注：F-CH₄ 表示 CH_4 排放通量；Eh 表示土壤氧化还原电位；EC 表示土壤电导率；WC 表示土壤含水量；TN 表示土壤全氮；NH₄⁺-N 表示土壤铵态氮；SOC 表示土壤有机碳；T_0、T_5、T_{10}、T_{15} 分别表示土壤 0、5、10、15（cm）深处温度；$T_箱$ 表示箱内温度。*代表在 $P<0.05$ 水平显著；**代表在 $P<0.01$ 水平显著。

4.2.4　季节变化对 CH_4 排放通量的影响

　　自然滩涂海三棱藨草湿地、芦苇湿地和互花米草湿地的 CH_4 排放通量均表现为夏季高（6～8 月），春（3～5 月）、秋（9～11 月）季低的季节变化，这与以往的研究结果基本一致（仝川等，2009；Duan et al.，2005；黄璞祎等，2011）。土壤温度通过直接影响土壤微生物活动（包括 CH_4 产生和氧化过程微生物菌群的数量、结构和活性）影响 CH_4 的产生（Schimel and Gulledge，1998）。湿地 CH_4 主要通过土壤−水−植物体系向大气传输（陈槐等，2006），而植物传输是植物生长区域 CH_4 传输的主要形式（可将土壤中产生的 50%～90%CH_4 传输到大气）（段晓男等，2005），土壤温度影响植物对 CH_4 的传输（Ding et al.，2004）。海三棱藨草湿地、芦苇湿地和互花米草湿地夏季 CH_4 排放通量高可能是因为夏季温度高，可以加速土壤中有机碳分解和微生物活性，促进 CH_4 的排放。同时，在夏季植物光合作用旺盛，通气组织发育成熟，气体"通道"较多，植物对 CH_4 传输的阻力较低（Kohl et al.，2000），利于 CH_4 向大气中排放，即植物在夏季可以为 CH_4 的产生和排放提供更多的底物和传输通道（Duan et al.，2005）。春秋季气温和土壤温度均较低，低温抑制产 CH_4 菌的活性（仝川等，2009），不利于 CH_4 的产生。且春季植物光合作用较弱，通气组织尚未发育成熟且数量相对较少，CH_4 主要通过气泡传输和液相扩散释放到大气中，其传输速率和传输量明显低于 CH_4 通过植物的传输（Minoda et al.，1996）；秋季植物地上部枯萎凋落，CH_4 的传输通道减少，植物对 CH_4 的传输阻力增强（Kohl et al.，2000），不利于 CH_4 的排放，这些可能是造成春秋季 CH_4 排放通量低的原因。裸滩湿地无植被覆盖，CH_4 主要来自沉积物中发生的生物地球化学反应（汪青等，2010）。裸滩湿地 CH_4 排放通量春季高、夏季零排放的原因可能是夏季土壤温度较高，土壤中各种微生物活性都较强，土壤中的有机碳大量被非 CH_4 产生途径的微生物分解利用，产 CH_4 菌可利用的底物少，不利于 CH_4 的产生，且夏季表层土壤水分含量高，产生的 CH_4 在通过土壤−水释放到大气的过程中受到的阻力较大，并在排放的过程中被全部氧化；春季温度较低，产 CH_4 菌的活性相比其他微生物较强，对有机碳的分解利用能力相对较强，利于 CH_4 的产生，且春季土壤表层的水分含量低，CH_4 排放受到的阻力小，产生的 CH_4 很快排放到大气中，而不至于被全部氧化，从而表现出 CH_4 的排放。

4.2.5　植被类型对 CH_4 排放通量的影响

　　在本研究中，平均 CH_4 排放通量表现为互花米草湿地＞芦苇湿地＞海三棱藨草＞裸滩湿地，这可能与植物通气组织、根系结构及植被影响下土壤有机碳含量等的差异有关。

植物在 CH_4 排放过程中起着提供底物、传输 CH_4 和 O_2 的作用。芦苇和互花米草根系发达，根系分泌物和脱落物较多，可以为 CH_4 的产生提供更多的底物，并刺激有机碳的分解（丁维新和蔡祖聪，2003），从而促进 CH_4 的产生。在整个观测期间，芦苇和互花米草生长比较旺盛，通气组织发达，CH_4 通过植物的传输作用较强，也促进了 CH_4 的排放。土壤有机碳是土壤 CH_4 产生的底物来源之一（丁维新和蔡祖聪，2002a），它为湿地 CH_4 的产生提供必要的基质和能量来源（徐华等，2008）。有研究表明，CH_4 排放通量与土壤有机碳呈显著的正相关关系（Shang et al.，2011）。本研究中互花米草湿地的 CH_4 排放通量显著高于其他湿地，这可能与互花米草湿地土壤有机碳含量高于其他湿地有关。芦苇的生长特性和土壤性质与互花米草没有明显差异，但芦苇湿地 CH_4 排放通量低于互花米草湿地，可能是因为芦苇湿地的土壤有机碳含量明显低于互花米草湿地。海三棱藨草湿地土壤有机碳含量高于芦苇湿地，但 CH_4 排放通量显著低于芦苇湿地，可能是因为海三棱藨草缺少发达的通气组织，传输 CH_4 的能力较弱，且海三棱藨草根系分泌物较少，不利于 CH_4 的大量产生。裸滩湿地有机碳含量高于海三棱藨草湿地和芦苇湿地，而 CH_4 排放通量却很小，可能是因为裸滩湿地受潮水的影响较大，水文条件比较复杂，有机碳对 CH_4 排放的影响被其他因素所掩盖；且裸滩湿地无植被覆盖，产生的 CH_4 在通过土壤表层时很可能被大量氧化。

4.3　围垦湿地 CH_4 排放特征

4.3.1　不同水位芦苇生长状况及其环境因子

在杭州湾国家湿地公园选取芦苇植被面积较大、植物长势较为一致的区域，设置 4 种水位梯度，根据年平均水位，分别标记为 WD0（0cm）、WD10（10cm）、WD20（20cm）和 WD35（35cm）。每个梯度设置 3 块样方（50cm×50cm）。为方便采样和防止对样地的干扰，搭木质栈桥通向各样地。不同水位芦苇生长状况见表 4-3。结果表明，不同水位之间芦苇的密度、株高、地上生物量差异显著。其中，WD0 水位芦苇表现为个体较粗大，但密度过稀，总体生物量小。随着水位加深，芦苇直径逐渐变小，高度先增加后降低，生物量逐渐增加。可见水位对芦苇的生物量具有显著的影响。

表 4-3　不同水位芦苇生长状况

样地	密度/（株·m^{-2}）	株高/cm	地上生物量/（kg·m^{-2}）
WD0	198.5±6.4d	199.8±6.8c	2.88±0.86b
WD10	225.4±5.5c	230.2±5.6b	3.19±0.79ab
WD20	238.2±4.6b	249.8±5.9a	3.40±0.36ab
WD35	278.5±7.8a	185.6±3.8d	3.53±0.49a

注：同列不同字母表示差异显著（$P<0.05$）。

由表 4-4 可知，杭州湾滨海湿地土壤 pH 值为 8.18～8.66，不同水位平均土壤 pH 值之间差异不显著，但同一水位各土层之间差异显著。在未淹水状态（WD0），土壤 Eh 及电导率在各土层之间均差异显著，而在水淹状态（WD10、WD20、WD35）部分土层之间差异不显著。不同水位之间土壤含水量同样差异不显著，但不同土层之间存在一定差异，其中在未水淹状态（WD0）表现为深层土壤含水量较低，而水淹后（WD10、WD20、WD35）土壤含水量均随着土层的加深呈先降低后上升的趋势。不同水位土壤有机碳含量在 3.59～5.24g·kg^{-1}，0～30cm 土壤平均有机碳含量具体表现为 WD35（4.45g·kg^{-1}）＞WD0（4.41g·kg^{-1}）＞WD10（3.92g·kg^{-1}）＞WD20（3.82g·kg^{-1}）。

表 4-4　不同水位土壤基本理化性质

样地	土层深度/cm	pH 值	氧化还原电位/mV	电导率/（mS·cm^{-1}）	土壤含水量/%	土壤有机碳含量/（g·kg^{-1}）
WD0	0～5	8.55±0.15a	−98.26±1.38d	0.788±0.381d	35.4±10.40b	5.24±1.03a
	5～10	8.37±0.15b	−87.63±2.12b	0.917±0.420c	41.9±3.44a	4.72±1.42b
	10～20	8.23±0.12c	−79.15±2.31a	1.088±0.183b	33.7±5.75c	4.04±1.35c
	20～30	8.18±0.11d	−76.74±1.72c	1.171±0.336a	31.4±3.53d	3.94±1.29d
WD10	0～5	8.46±0.12c	−92.52±2.64a	0.437±0.453d	34.2±4.32b	4.31±0.78a
	5～10	8.51±0.09b	−96.22±2.31b	0.497±0.456c	31.5±2.54c	3.97±1.04c
	10～20	8.58±0.07a	−100.67±2.04c	0.571±0.423b	32.0±2.44c	4.02±0.87b
	20～30	8.59±0.08a	−101.19±2.42c	0.710±0.284a	35.9±1.24a	3.79±1.00d
WD20	0～5	8.57±0.15c	−96.11±1.78a	0.514±0.595c	32.3±2.45c	4.32±0.97a
	5～10	8.57±0.12c	−101.07±1.97c	0.506±0.342c	33.1±6.78b	3.70±0.85c
	10～20	8.61±0.10b	−101.74±2.34c	0.603±0.282b	31.4±2.42c	3.59±0.97d
	20～30	8.66±0.11a	−103.85±2.73c	0.621±0.375a	39.2±1.42a	3.65±0.70c
WD35	0～5	8.45±0.04b	−92.85±2.91b	0.532±0.688c	39.5±1.62a	4.62±0.98b
	5～10	8.42±0.08c	−90.37±2.16a	0.531±0.495c	33.1±4.86a	4.79±1.07a
	10～20	8.59±0.11a	−100.67±1.84c	0.571±0.417b	34.3±3.46b	4.19±1.18d
	20～30	8.59±0.06a	−100.70±1.62c	0.642±0.348a	39.0±2.70b	4.30±0.36c

注：同列不同字母表示差异显著（$P<0.05$）。

由图 4-4 可以看出，在观测期间，杭州湾芦苇湿地的气温、水温和 5cm 深度土壤温度均表现出先上升后下降的变化趋势，7 月温度最高，12 月温度最低。研究区的气温平均为 23.2℃（9～31.5℃），水温平均为 22.6℃（9.9～28.8℃），不同水位土壤温度分别为 WD0（21.79℃）、WD10（21.88℃）、WD20（21.85℃）、WD35（22.0℃）。由于降水和蒸发的影响，观测期间样地的水位来回变动，其中 WD0 的水位基本为 0cm，即全年无淹水，WD10 的水位变化范围为 5～15cm，平均水位维持在 10cm；WD20 水位变化范围为 15～25cm，平均水位维持在 20cm；WD35 水位变化范围为 25～35cm，平均水位维持在 35cm，超过 35cm 水位后芦苇分布较少。水位最低出现在 7 月下旬，最高出现在 8 月下旬。

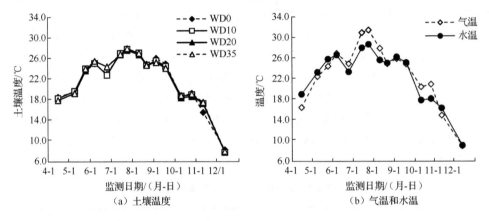

图 4-4　杭州湾芦苇湿地生长季温度和水位的变化

4.3.2　不同水位土壤 CH_4 产生潜力变化

杭州湾围垦湿地不同水位样地 0～20cm 土层土壤 4 月和 9 月产 CH_4 潜力变化如图 4-5 所示。不同水位样地土壤 4 月平均产 CH_4 潜力显著低于 9 月，但不同月份不同水位样地土壤产 CH_4 潜力均在培养第 5 天达到最大值，之后开始下降。4 月 0～20cm 土层土壤平均产 CH_4 潜力大小表现为 WD35 水位（$0.167\mu g \cdot g^{-1} \cdot d^{-1}$）＞WD20 水位（$0.121\mu g \cdot g^{-1} \cdot d^{-1}$）＞WD10 水位（$0.103\mu g \cdot g^{-1} \cdot d^{-1}$）＞WD0 水位（$0.011\mu g \cdot g^{-1} \cdot d^{-1}$）。9 月 0～20cm 土层土壤平均产 CH_4 潜力大小表现为 WD10 水位（$2.158\mu g \cdot g^{-1} \cdot d^{-1}$）＞WD20 水位（$2.118\mu g \cdot g^{-1} \cdot d^{-1}$）＞WD0 水位（$2.050\mu g \cdot g^{-1} \cdot d^{-1}$）＞WD35 水位（$1.462\mu g \cdot g^{-1} \cdot d^{-1}$）。4 月 WD0 水位土壤产 CH_4 潜力显著低于其他水位，但 9 月 WD0 水位与其他水位相差不大。就各水位不同土层而言，4 月不同水位表层 0～5cm 土壤产 CH_4 潜力均明显高于其他土层，而 9 月却有明显不同。其中 WD0 水位 10～20cm 土层产 CH_4 潜力最大，而 WD10 水位和 WD20 水位 5～10cm 最大，WD35 水位表层 0～5cm 土壤最大。对 4 种水位梯度不同土层土壤的产 CH_4 潜力的差异性进行分析得出，4 月各水位 5～10cm 土层与 10～20cm 土层土壤的产 CH_4 潜力无显著差异，但都与表层 0～5cm 土壤的产 CH_4 潜力差异显著。9 月各水位

各个土层土壤之间的产 CH_4 潜力差异显著。对同一土层不同水位来说，4 月和 9 月各水位相同土层之间差异显著。

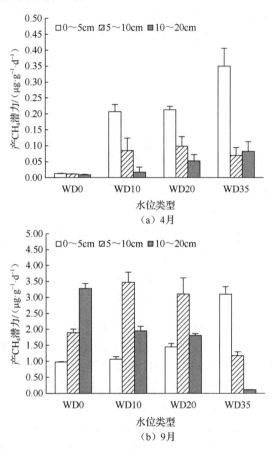

图 4-5　杭州湾围垦湿地不同水位不同土层土壤产 CH_4 潜力

4.3.3　不同水位 CH_4 排放通量的季节变化

在整个观测期间，杭州湾芦苇湿地的 CH_4 排放通量季节变化明显（图 4-6）。其中，夏季（6~8 月）是芦苇湿地 CH_4 排放的高峰期，样地 WD0、WD10 的 CH_4 排放通量峰值分别为 $3.92mg \cdot m^{-2} \cdot h^{-1}$、$18.21mg \cdot m^{-2} \cdot h^{-1}$，出现在 7 月中旬；样地 WD20、WD35 的 CH_4 排放通量峰值分别为 $20.94mg \cdot m^{-2} \cdot h^{-1}$、$22.06mg \cdot m^{-2} \cdot h^{-1}$，出现在 6 月下旬。在春季（4 月、5 月）、秋季（9 月、10 月）和初冬（12 月），芦苇湿地的 CH_4 排放量相对较少。在芦苇生长高峰期至成熟期（5 月下旬至 9 月中旬），CH_4 排放速率随着水位的升高逐渐增加，4 种水位梯度平均 CH_4 排放通量具体表现为 WD35（$10.184mg \cdot m^{-2} \cdot h^{-1}$）＞WD20（$8.556mg \cdot m^{-2} \cdot h^{-1}$）＞WD10（$7.806mg \cdot m^{-2} \cdot h^{-1}$）＞WD0

（1.573mg·m^{-2}·h^{-1}），其中 WD10、WD20、WD35 的 CH$_4$ 排放通量分别是 WD0 的 5.0、5.4、6.5（倍）。但在芦苇生长的初期（4 月和 5 月初）和芦苇生长的末期（10 下旬至 12 月），CH$_4$ 排放速率随着水位的上升表现为先上升后下降的趋势，平均 CH$_4$ 排放通量具体表现为 WD20＞WD35＞WD10＞WD0。4 种水位梯度均表现为 CH$_4$ 的源，淹水状态（WD10、WD20、WD35）CH$_4$ 排放通量显著大于未淹水（WD0）状态。

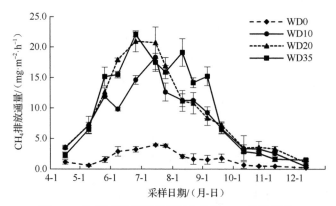

图 4-6　杭州湾芦苇湿地不同水位的 CH$_4$ 排放通量

　　在整个观测期间，未淹水状态（WD0）平均 CH$_4$ 排放通量大小表现为夏季（6～8 月）＞秋季（9～11 月）＞春季（3～5 月）＞冬季（12～翌年 2 月），而淹水状态（WD10、WD20、WD35）平均 CH$_4$ 排放通量大小表现为夏季＞春季＞秋季＞冬季。总体而言，杭州湾芦苇湿地 CH$_4$ 排放通量均在 6～8 月（夏季）最高，这与以往的研究结果基本一致（仝川等，2009；杨桂生等，2010）。夏季温度高，可以加速土壤中有机碳分解和微生物活性，促进 CH$_4$ 的排放。秋冬季由于芦苇地上部分逐渐死亡，CH$_4$ 的对流传输受阻（Käki et al.，2001），且秋冬季温度逐渐降低，抑制土壤产 CH$_4$ 细菌的活性（仝川等，2009）。因此，秋冬季 CH$_4$ 的排放量相对较低。有研究指出，冬季芦苇湿地的 CH$_4$ 排放量不超过全年排放量的 20%（Kim et al.，2012），本研究中冬季 CH$_4$ 排放量只占全年排放量的 13.5%，与该结果基本一致。

　　本研究发现，在芦苇生长高峰期至成熟期，随着水位的升高，CH$_4$ 排放速率逐渐增加，这与段晓男等（2005）在乌梁素海芦苇湿地研究的结果一致。但在芦苇生长初期和末期，CH$_4$ 排放通量随着水位的升高，均表现为先增加后降低的趋势，这可能是由于在芦苇生长初期和末期，土壤产生的 CH$_4$ 通过芦苇的传输较少，而主要通过水体排向大气，在这个过程中 CH$_4$ 可能被氧化为 CO$_2$，因此水深增加会使 CH$_4$ 被氧化的机会增多，而排放到大气中的 CH$_4$ 减少（Wang et al.，1993）。此外，在芦苇生长初期和末期，浅水区温度下降幅度大于深水区，产 CH$_4$ 细菌受到抑制，因此浅水区 CH$_4$ 排放通量低于深水区（黄璞祎等，2011）。研究表明，芦苇在 20～40cm 的水深范围有最大的株高、生物量（崔保山等，2006），可以为

CH_4 排放提供良好的植物传输通道，本研究中的 WD20、WD35 水位也在 20～40cm 的水深范围内，因此，其 CH_4 排放也相对较高。本研究中当芦苇处于未水淹状态（WD0）时，其 CH_4 排放量要明显低于长期水淹状态，这是因为长期水淹后，厌氧条件增强，有利于 CH_4 产生（黄璞祎等，2011）。

此外，杭州湾围垦湿地芦苇的年平均 CH_4 排放量为 $7.03 mg \cdot m^{-2} \cdot h^{-1}$，与黄璞祎等（2011）在扎龙天然淡水湿地得到的结果较为一致，但明显高于杭州湾天然滩涂芦苇湿地和其他一些沿海的芦苇湿地。这可能是由于围垦后，芦苇处于长期淹水状态，导致产 CH_4 菌活跃；另外，围垦后土壤盐度明显降低，这也是围垦后芦苇湿地的 CH_4 排放增加的一个重要原因（万忠梅，2013）。

4.3.4　土壤环境因子与 CH_4 排放的关系

如表 4-5 和表 4-6 所示，围垦湿地在不同水位下，WD0 中 0～5cm、5～10cm 土层土壤有机碳与 CH_4 排放通量呈显著正相关关系（$P<0.05$），WD0 中 0～5cm、5～10cm 土层土壤含水量与 CH_4 排放通量呈显著负相关关系（$P<0.05$）。气温、土壤温度及芦苇地上生物量与 4 种水位梯度 CH_4 排放通量均呈显著正相关关系（$P<0.05$），同时，水淹状态（WD10、WD20、WD35）水温与 CH_4 排放通量呈极显著正相关关系（$P<0.01$），浅水位时（WD10）水位波动与 CH_4 排放通量呈显著正相关关系（$P<0.05$）。

表 4-5　CH_4 排放通量与土壤因子的相关系数

样地	土层深度/cm	pH 值	Eh/mV	电导率/ （$mS \cdot cm^{-1}$）	土壤含水量/%	土壤有机碳/ （$g \cdot kg^{-1}$）
WD0	0～5	−0.142	−0.151	−0.006	−0.794*	0.493*
	5～10	0.201	−0.199	−0.265	−0.735*	0.532*
	10～20	0.210	−0.237	−0.515	−0.538	0.441
	20～30	−0.135	0.214	0.214	−0.395	0.488
WD10	0～5	−0.23	0.222	−0.118	−0.380	−0.208
	5～10	0.30	−0.278	0.071	−0.032	−0.27
	10～20	0.279	−0.284	0.082	−0.165	0.279
	20～30	0.446	−0.436	−0.185	−0.185	0.446
WD20	0～5	−0.245	0.274	−0.011	−0.349	−0.473
	5～10	0.091	−0.031	0.292	−0.573	−0.556
	10～20	0.166	−0.172	−0.279	0.101	−0.219
	20～30	0.055	0.024	−0.126	−0.026	−0.089
WD35	0～5	−0.462	0.42	0.432	−0.106	−0.217
	5～10	−0.378	0.404	0.292	0.381	−0.156
	10～20	0.212	−0.159	0.095	0.182	−0.049
	20～30	0.296	−0.29	−0.27	−0.650	−0.202

注：*表示 $P<0.05$；**表示 $P<0.01$。

表 4-6　CH₄排放通量与温度、水位及芦苇地上生物量的相关系数

样地	气温	土壤温度	水温	水位	地上生物量
WD0	0.609*	0.579*	—	—	0.814*
WD10	0.761*	0.748*	0.848**	0.614*	0.712*
WD20	0.651*	0.682*	0.778**	0.462	0.661*
WD35	0.776*	0.783*	0.824**	0.280	0.629*

注：*表示 $P<0.05$；**表示 $P<0.01$；"—"表示无相关性。

4.3.5　围垦湿地 CH₄ 排放的影响因素分析

　　水位控制着土壤的好氧和厌氧条件，是温室气体产生的必要条件，湿地水位的波动对气体排放有显著的影响（Shao et al.，2017）。水位主要影响湿地土壤氧化还原环境、CH₄ 氧化菌、产 CH₄ 菌的活性，影响 O_2 的扩散速率与 CH₄ 的传输速率等。丁维新和蔡祖聪（2002b）认为水位变化相比其他几个因素对 CH₄ 排放的影响更强烈，且湿地水位越低，湿地产生和排放的 CH₄ 越少。Kettunen 等（1999）研究指出，CH₄ 的产生与氧化在不同水位变化不同，其中 10cm 水位对 CH₄ 氧化影响最大，而 20cm 水位对 CH₄ 产生影响最大。万忠梅（2013）通过室内盆栽实验模拟不同水位梯度 CH₄ 排放发现，CH₄ 排放通量随着水位的增加呈显著增加的趋势。本研究中样地 WD10、WD20、WD35 水位波动与 CH₄ 排放通量的相关系数分别为 0.614、0.462、0.280，说明在浅水位波动下，水位与 CH₄ 排放通量相关性达到显著水平，较深水位时相关性减弱。此外，相关研究表明，水位变化与不同生长时期芦苇的植株密度、株高、单位叶面积及生物量等密切相关（仲启铖等，2014；管博等，2014）。

　　温度在 CH₄ 产生、氧化和排放过程中起着重要作用，是控制 CH₄ 排放动态变化的主要影响因子。温度升高不仅能促进芦苇植株的生长、分蘖，为 CH₄ 产生提供更多底物和传输通道（段晓男等，2005），而且也增强土壤微生物活性，加快土壤中氧的消耗，使氧化还原电位下降，有利于产 CH₄ 细菌的生长（仝川等，2009）。有研究认为温度对 CH₄ 产生和排放的影响不显著，主要原因是温度升高既可增加 CH₄ 的产生速率，也会提高 CH₄ 的氧化速率；如果底物受限，温度的影响则较小（Nat and Middelburg，2000）。郝庆菊等（2007）认为湿地 CH₄ 对温度的响应具有一定的复杂性。在本研究中，杭州湾芦苇湿地的 CH₄ 排放通量与气温、水温均呈显著正相关关系，这与之前一些报道结果相似（段晓男等，2007；黄璞祎等，2011）。

　　土壤有机碳是土壤 CH₄ 产生的底物来源之一，它为湿地 CH₄ 产生提供必要的基质和能量来源（丁维新和蔡祖聪，2002b）。蔡倩倩等（2013）研究得出常年淹水状态下土壤有机碳含量要显著大于无积水区的土壤有机碳含量。研究表明土壤有机碳含量与 CH₄ 排放通量有显著的相关关系（沙晨燕，2011；Shang et al.，2011；

胡启武等，2011）。在本研究中，在未水淹状态下（WD0），0～5cm 和 5～10cm 土层土壤有机碳含量与 CH_4 排放通量均呈显著正相关关系，而在水淹状态下，各土层土壤有机碳含量与 CH_4 排放通量均无显著相关性。说明土壤有机碳在芦苇未受水淹时是杭州湾芦苇湿地土壤 CH_4 产生的一个重要影响因素。

淹水的土壤利于 CH_4 产生，可能是因为土壤含水量会通过影响 CH_4 氧化菌的活性和进入土壤 O_2 的量来影响 CH_4 的产生和氧化（Ambus and Christensen，1995）。在本研究中，在未水淹状态下（WD0）0～5cm 和 5～10cm 土层土壤有机碳与 CH_4 排放通量达到显著正相关关系，而在水淹状态下，土壤各土层土壤有机碳与 CH_4 排放通量均无显著相关关系。这是因为当芦苇水淹后，土壤含水量基本处于饱和状态，CH_4 产生潜力最大，因而与其相关性减弱（Singh，2001）。

第 5 章 杭州湾滨海湿地氮磷截留效应研究

湿地生态系统具有削减转化营养盐负荷的能力，使其享有"地球之肾"的美誉。Mitsch 等（2001）指出，只要建立或恢复占密西西比河流域面积 0.7%～1.8% 的湿地，就会显著削减进入墨西哥湾的氮负荷。滨海滩涂湿地是一种重要的湿地类型，具有水动力作用强烈、物质交换频繁的特点。健康的潮滩及其植被构成的湿地生态系统具有较强的过滤和沉降外来污染物的能力（邵学新等，2014），是处置污染物的良好场所之一。

我国各大河口海湾水质污染严重，特别是杭州湾近岸海域水质极差，这与入海污染物排放密切相关。为了应对水环境问题，人工湿地建设规模迅速增长（Zhang et al.，2009b）。一方面，利用人工湿地替代消失、退化的天然湿地；另一方面，人工湿地用于处理各类污水。因此，人工湿地不仅用于处理淡水污水，也将用于处理日益增长的各种含盐废水（Shao et al.，2020）。本章首先介绍潮滩植物-沉积物系统对氮磷的截留效应；然后通过实验室构建的小尺度人工湿地模拟系统，监测不同盐度梯度下人工湿地对污染物的处理效率；在此基础上，以削减海岸带入海陆源污染物为目标，开展杭州湾海岸带人工湿地运行监测研究，以进一步完善和提高我国海岸带人工湿地构建技术和运行管理水平，为维护区域生态质量和湿地的保护及可持续利用提供理论依据和技术示范。

5.1 滨海滩涂湿地氮磷自然净化功能研究

5.1.1 氮磷在滨海滩涂湿地典型植物中的分布

1. 植物氮磷含量及其相关性

3 种植物（芦苇、互花米草、海三棱藨草）地上部 TN、TP 的变化范围分别为 0.49%～2.59%、0.04%～0.34%，地下部分别为 0.20%～1.18% 和 0.03%～0.27%（图 5-1），年均含量表现为氮＞磷（$P<0.01$）。植物氮磷含量受季节变化的影响极大（$P<0.01$）。从图 5-1 可以看出，3 种植物生长初期氮磷含量最高，随着植物的生长表现为明显的下降趋势。植物地下根系氮磷含量季节动态不如地上部明显，总体表现为在植物生长初期（3 月）和枯萎期（11 月）含量较高，而植物旺盛生长期间含量较低，其中芦苇和海三棱藨草在 7 月氮磷含量最低，互花米草在 9 月氮磷含量最低。

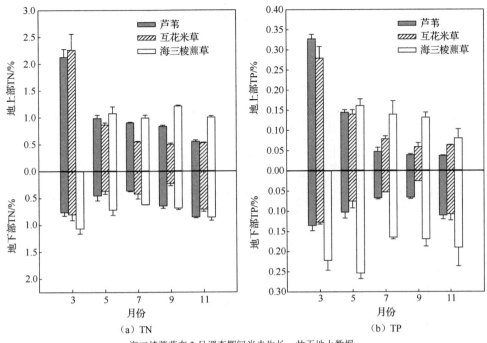

海三棱藨草在 3 月调查期间尚未生长，故无地上数据。

图 5-1　杭州湾滩涂湿地植物氮磷含量动态

　　植物不同部位 t 测验分析表明，地上部 TN 含量显著高于地下部（$P<0.01$），不同部位 TP 含量的差异不显著（$P>0.05$）。但不同植物氮磷含量间有显著差异（$P<0.01$）。海三棱藨草 TN 和 TP 含量最高，而芦苇和互花米草最低。双因素方差分析表明，植物体氮磷含量植物间的差异小于季节间的差异。

　　植物氮磷含量相关性分析表明（表 5-1），无论地上部还是地下部，植物体 TN 和 TP 含量呈显著正相关关系。植物地上部 TN 含量与地下部 TP 含量呈显著正相关关系。

表 5-1　植物不同部位氮磷含量的相关关系

部位	指标	地上部		地下部	
		TN	TP	TN	TP
地上部	TN	1			
	TP	0.908**	1		
地下部	TN	0.406**		1	
	TP	0.349*	0.352*	0.724**	1

注：*表示 $P<0.05$；**表示 $P<0.01$。

2. 植物氮磷储量及其影响因子

　　根据芦苇、互花米草和海三棱藨草不同部位生物量及氮磷含量，计算得到 3

种植物氮磷储量（图 5-2）。总体来看，植物年均储量表现为氮＞磷。方差分析表

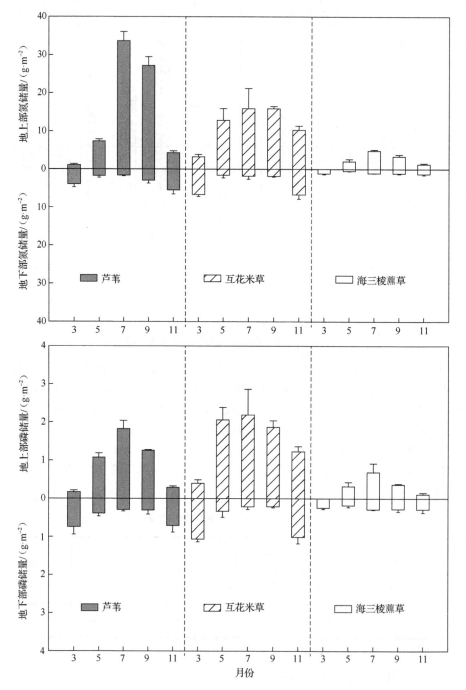

图 5-2　杭州湾滩涂湿地植物氮磷储量季节变化

明，3 种植物氮磷储量季节变化明显（$P<0.01$）。地上部储量最小值出现在 3 月，芦苇、互花米草和海三棱藨草地上部氮储量分别为 1.08、3.24 和 0（$g·m^{-2}$），地上部磷储量分别为 0.17、0.40 和 0（$g·m^{-2}$）。地上部储量最大值出现在 7 月，芦苇、互花米草和海三棱藨草地上部氮储量分别为 33.7、15.9 和 4.83（$g·m^{-2}$），地上部磷储量分别为 1.83、2.19 和 0.69（$g·m^{-2}$）。3 种植物地下部氮磷储量则明显不同，最大值通常出现在 11 月，而最小值主要在 5 月、7 月。3 种植物总的氮磷储量（地上部和地下部）的季节变化规律与地上部分相似。

植物不同部位 t 检验分析表明，地上部 TN 和 TP 储量显著高于地下部（$P<0.01$）。方差分析表明，氮磷储量在不同植物间有显著差异（$P<0.01$），无论是地上部还是地下部，海三棱藨草氮磷储量都要显著低于芦苇和互花米草（$P<0.01$）。芦苇地上部 TN 储量显著高于互花米草，但 TP 储量则低于互花米草。

相关分析表明（表 5-2），植物氮磷储量与相应部位生物量呈显著正相关关系（$P<0.01$），但与相应部位的氮磷含量呈负相关关系（地上部）或无显著相关（地下部）。

表 5-2　植物不同部位氮磷储量与主要影响因子的相关关系

部位	指标	生物量	氮含量	磷含量
地上部	氮储量	0.940**	-0.406**	
	磷储量	0.845**		-0.422**
地下部	氮储量	0.810**	0.270	
	磷储量	0.722**		-0.055

注：*表示 $P<0.05$；**表示 $P<0.01$。

5.1.2　氮磷在滨海滩涂湿地沉积物中的分布

3 种不同植被及裸滩（对照）湿地沉积物中 TN 和 TP 浓度的季节变化如图 5-3 所示。研究表明，沉积物中 TN 和 TP 浓度随着季节的变化显著（$P<0.01$），但随着深度的变化不显著。不同植被和裸滩湿地沉积物中 TN 浓度差异显著（$P<0.01$）。其中，芦苇、互花米草和海三棱藨草沉积物中 TN 浓度显著高于裸滩（$P<0.01$）。不同植被湿地沉积物中 TN 变化与植物地上生物量变化（$r=0.59$，$P<0.01$）一致，但与地上部 TN 含量变化没有显著相关性。沉积物中 TP 浓度在不同植被间也存在差异，总体表现为芦苇＞海三棱藨草＞互花米草＞裸滩。

0～5cm 沉积物中 TN 和 TP 在不同植被及裸滩沉积物中的变异系数分别为 18.2%～29.1%和 1.9%～3.9%。5～20cm 沉积物中 TN 和 TP 的变异系数分别为 12.9%～25.7%和 2.9%～6.8%。总的来看，湿地沉积物中 TP 的变化不像 TN 那么明显。

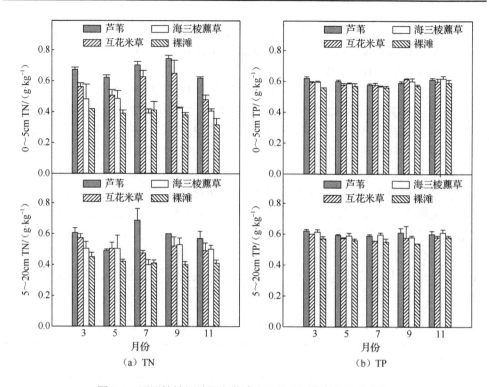

图 5-3　不同植被湿地沉积物中 TN 和 TP 浓度的季节变化

5.1.3　滨海滩涂湿地对水体氮磷净化效应的评估

1. 滨海滩涂湿地植物吸收对氮磷的净化潜力

在大多数潮滩湿地，盐沼植物由于具有很高的生产力而在生态系统生源要素循环和营养物质持留中起着十分重要的作用（Quan et al.，2007；Sousa et al.，2008）。杭州湾潮滩湿地 3 种植物地上部氮磷含量在春季最高，随着植物生长出现"稀释"效应，植物地上生物量和氮磷储量随着植物生长则逐渐增加，植物地下部氮磷储量则略有降低。这与国内外相关研究的结果较为一致（吴淑杭等，2006；Neves et al.，2007；郭长城等，2009）。说明在生长期，氮磷养分由植物地下根系转移到地上部，从而维持植物地上部的快速生长，即植物地上部快速生长时地下部根系生长特别缓慢或略有降低。进入秋季，植物逐渐枯萎，部分养分从植物地上部转移到地下部（Quan et al.，2007），使植物地下部生物量逐渐增加，以备来年植物生长。因此，植物体有随着季节向上输送蓄积或向下进行"营养汇流"的特点（郭长城等，2009）。由于植物枯萎后经分解大部分养分释放进入水体，只有小部分以有机碳的形式储存在沉积物中，因而，植物地下部在湿地系统养分循环和能量转化方面起着重要的作用。尤其是潮滩植物芦苇和互花米草拥有发达的地下根系和较高生物量，在氮磷持留方面具有很大的潜力。

氮磷营养物质在植物体内的吸收转化规律，对湿地植物的管理具有重要的指导意义。在植物枯萎期到来之前，合理选择收割时间能更好地发挥湿地植物对湿地水体的净化功能。通常，根据湿地植物生物量、养分含量及储量特征确定最佳收割时间（吴淑杭等，2006）。在本研究区域，3 种植物地上部氮磷储量最大时植物地上部养分含量却最低，而地上部氮磷储量与其对应生物量变化呈显著正相关，3 种植物地上部氮磷储量达到峰值的时间与其生物量的峰值略有不同。因此，通过地上部氮磷储量确定最佳的收获季节较为科学。7 月可认为是本研究区域 3 种植物的最佳收割时间。本研究还表明，植物氮磷持留能力取决于植物类型和生长特性。尽管海三棱藨草的 TN、TP 含量显著高于芦苇和互花米草，但由于其生物量小，氮磷储量显著低于芦苇和互花米草。此外，互花米草地上部 TN 储量低于芦苇，但地上部 TP 储量显著高于芦苇，表明其对水环境中磷的吸收和滞留效率更高。由于磷是水体浮游植物的限制性因子，过量的磷是水体富营养化的重要诱因，因此从净化功能上考虑，收割互花米草对营养盐氮磷的去除效果最佳。对于入侵种互花米草，收割也是抑制其在潮滩湿地进一步扩张的物理控制措施之一。需要指出的是，本研究只从营养元素去除最大化的角度考虑收割时间。如果从将芦苇和互花米草等植物用作造纸等资源化原料角度，尚需综合考虑植物纤维品质和环境净化功能。

2. 滨海滩涂湿地植物沉积物对氮磷截留潜力

氮磷在沉积物中的分布和积累与其来源、沉积物特征（组成、粒度、水文、Eh 和 pH 值）和营养特性有关（Álvarez-Rogel et al.，2007；Zhou et al.，2007）。地上植物物种组成的变化也可能改变生态系统结构（如垂直根系剖面）和过程（如养分循环、碳分配）（Liao et al.，2008；Ehrenfeld，2010），沉积物养分浓度也可能随着植物物种的不同而发生变化。在本研究中，不同植被沉积物中 TN 浓度变化与植物地上生物量变化趋势更为一致，因为植物通过增加有机组分来去除水中的氮并增加沉积物中 TN 的浓度。磷的浓度受植物物种的影响较小，因为它主要是由沉积物吸附而不是由生物过程决定的（Picard et al.，2005）。沉积物中 TP 浓度的变化与磷的形态分异关系较大，并且受沉积物的颗粒组成等特征的影响。磷的主要形态为与碳酸钙结合的磷，在不同粒径的沉积物中分布较为均匀。因此，TP 在沉积物中的空间变化不如 TN 明显。

沉积物反映养分输入和储存的历史积累。不同植被湿地沉积物中养分的差异可能是由于沉积物或外部来源的异质性造成的，此外还应考虑植被对沉积物沉积速率的影响。潮滩植物可以通过增加水体颗粒物的沉积和减少沉积物再悬浮的途径增加沉积物对养分的截留作用。这主要包含两种机制，一是通过植被衰减波浪和潮汐流来增强水体悬浮颗粒物的沉积并减弱河床沉积物的再悬浮；二是增强植物对悬浮颗粒物的附着力，最终促进沉积物的长期累积（Li and Yang，2009）。例如，对江苏东台潮滩湿地的研究表明，互花米草经过 3.4 年使潮滩湿地在纵向厚度增加了 48~52cm，而同期没有植物生长的裸滩湿地沉积厚度则为 10.5~16.9cm（Chung et al.，2004）。对长江河口湿地植被泥沙截留的评估表明，互花米草植被泥沙截留对区域颗粒总沉积量的贡献率要超过 10%，而海三棱藨草植被对区域颗粒总沉积量的贡献率要小于 10%（Li et al.，2009）。研究表明，大型水生植物通过增加有机物颗粒沉降提高对磷的截留，植物的这种作用可达到 25%左右的贡献率（Schulz et al.，2003）。对西班牙西北部潮滩湿地的研究表明，欧洲米草（Spartina maritima）在泥滩上以根状茎为核心，形成能够截留沉积物的圆形根盘，并使沉积物不断在其周围沉积。米草植物根盘的大小是沉积物的主要决定因素，两者具有较好的对数拟合关系（Sanchez et al.，2001）。

3. 滩涂湿地氮磷净化效应评估

植物吸收的氮磷最终来自水体。因此，植物从沉积物间隙水中吸收氮磷并将其储存于体内意味着养分的封存和保留，降低水体中养分并可能减少水体富营养化（Sousa et al.，2008）。本研究初步评估了盐沼植物生长对水体营养化减少的贡献，将氮磷年净初级生产力（annual net nutrient primary productivity，ANNPP）除以降低的氮磷浓度得到能够净化的水体体积。如表 5-3 所示，芦苇、互花米草和海三棱藨草对水体中溶解无机氮和正磷酸盐的水质净化效率（water purification coefficients，WPC）分别为 $34.4/17.3t \cdot m^{-2} \cdot a^{-1}$、$19.3/24.0t \cdot m^{-2} \cdot a^{-1}$、$5.14/6.04t \cdot m^{-2} \cdot a^{-1}$。尽管盐沼植物中 TN 库高于 TP 库，但溶解无机氮的 WPC 大多低于正磷酸盐。由于磷是浮游植物生长的限制因子，这些结果进一步说明保护盐沼的重要性。

表 5-3　不同盐沼植被的水质净化效率

植被类型	ANNPP / ($g \cdot m^{-2} \cdot a^{-1}$)		C_{in}/ ($mg \cdot kg^{-1}$)		C_{out}/ ($mg \cdot kg^{-1}$)		WPC/ ($t \cdot m^{-2} \cdot a^{-1}$)	
	N	P	N	P	N	P	N	P
芦苇植被	37.5	2.25	1.49	0.16	0.40	0.03	34.4	17.3
互花米草植被	21.0	3.12					19.3	24.0
海三棱藨草植被	5.60	0.785					5.14	6.04

注：ANNPP 表示年净初级生产力；C_{in} 表示研究区海水中溶解无机氮和正磷酸盐含量（作为污染物入水浓度）；C_{out} 表示《海水水质标准》（GB 3097—1997）规定的Ⅲ类水域允许浓度（作为污染物出水浓度）；WPC 表示水质净化效率，$WPC=ANNPP/(C_{in}-C_{out})$。

总的来说，盐沼植物对氮和磷的截留能力很强，有助于减少河口生态系统的富营养化。需要指出的是，对于氮，除了通过植物吸收而固定外，另一个降低无机氮负荷的主要机制是反硝化（DeLaune et al.，2005；González-Alcaraz et al.，

2011）。González-Alcaraz 等（2011）比较了有无植物根际的反硝化作用。结果表明，植物根际存在与否，质地细腻的采矿废物污染沼泽反硝化过程都非常强烈，而在沙质酸性采矿废渣中，植物根际存在时反硝化过程更强烈。Sousa 等（2012）的研究表明，植被沉积物与裸露泥滩沉积物间的年反硝化作用是否存在显著差异，尚不能得出结论。水中的氮磷会被沉积物吸收。最大磷吸附量（phosphate sorption capacity，PSC）是衡量沉积物-水系统除磷能力的重要指标。对研究区域 PSC 的研究表明，理论上沉积物可以结合更多的磷，可能比目前沉积物中的磷含量高 1.5 倍左右（Shao et al.，2013）。因此，考虑到底泥中硝酸盐的反硝化作用和正磷酸盐的吸附作用，整个系统对水体氮磷的实际净化作用可能会更大。

5.2　模拟人工湿地对不同盐度水质的净化效果

5.2.1　人工湿地模拟系统的构建及水质监测

试验场地设在中国林业科学研究院亚热带林业研究所虎山生态学试验基地，如图 5-4 所示，试验装置为高 60cm、内径 25cm 的聚氯乙烯（PVC）特制盆钵，底部有出水口。盆钵由下往上分别填充 5cm 厚的砾石层（粒径 8～16mm）、10cm 厚的无烟煤层（粒径 4～8mm），25cm 厚的沸石层（粒径 2～4mm）及 10cm 厚的土壤层。

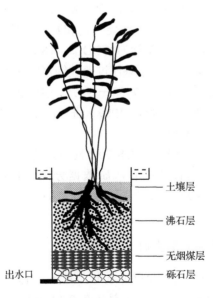

图 5-4　人工湿地模拟系统

试验供试植物为耐盐性较好的芦苇。2017 年 4 月于杭州湾围垦区芦苇湿地挖取长势相近的芦苇植株进行移栽，每盆移栽 8 株，种植密度约为 163 株·m^{-2}。芦苇移入盆钵后先用虎山试验基地的池塘水（水质情况见表 5-4）培育一段时间，在植株高度为 60cm 左右时开始试验。

表 5-4　试验用水水质情况

试验用水	COD$_{Mn}$/ (mg·L^{-1})	TN/ (mg·L^{-1})	TP/ (mg·L^{-1})	NH$_4^+$-N/ (mg·L^{-1})	NO$_3^-$-N/ (mg·L^{-1})	pH 值	DO/ (mg·L^{-1})
虎山池塘水	67.33	4.25	0.06	1.54	2.37	7.74	7.06
试验进水	278.59	52.47	7.36	35.81	15.56	7.56	7.13

注：COD$_{Mn}$为高锰酸盐指数；DO 为溶解氧。

试验用水水质（表 5-4）参考冯华军等（2011）对浙江大学华家池校区家属区化粪池出水的调查结果，由虎山试验基地的池塘水加入葡萄糖、硫酸铵、磷酸二氢钾、硝酸钙和不同比例的海盐配制而成。试验进水盐度分别为 0.0%、0.5%、1.0%、1.5% 和 2.0%。采用间歇进水方式，每隔 3 d 进一次水，一次进水 12 L，依靠重力作用漫流入人工湿地，使污水正好能没过沸石层而不超过土壤层，水力停留时间为 3d，水力负荷为 0.08m^3·m^{-2}·d^{-1}。

试验以阶段提高盐度的方法逐渐提高污水中的盐度：在 1~6d，15 个盆钵中均注入未添加海盐的生活污水；在 7~12d，除 0.0%，其他 4 个试验组均注入盐度为 0.5% 的生活污水；以此类推，直到第 25 天，5 个试验组中分别注入 0.0%、0.5%、1.0%、1.5% 和 2.0% 盐度的生活污水，运行 2 周进入稳定状态，之后的 1 个月每隔 3d 采集水样。试验结束，收割芦苇，测定株高和基径（离根部约 15cm 处的径粗）。

试验过程中的主要水质监测指标为 COD$_{Mn}$、TN、NO$_3^-$-N、NH$_4^+$-N、TP，分别采用重铬酸盐法（HJ 828—2017）、碱性过硫酸钾消解紫外分光光度法（HJ 636—2012）、酚二磺酸分光光度法（GB/T 7480—1987）、纳氏试剂比色法（HJ 535—2009）和钼酸铵分光光度法（GB/T 11893—1989）进行测定（国家环境保护总局水和废水监测分析方法编委会，2009）。

使用 Microsoft Excel 2010 和 SPSS 20.0 对数据进行统计分析和绘图，对不同进水盐度下的芦苇生长指标数据和水质数据分别进行最小显著差数法（least significant difference，LSD）法显著性检验（$P < 0.05$）和邓肯（Duncan）多重比较（$\alpha = 0.05$）。

5.2.2　盐度变化对芦苇生长的影响

从表 5-5 可知，芦苇在进水盐度为 0.0%、0.5%、1.0% 时均有小苗长出，且长势较好，株高总体在 1.00m 以上，基径总体在 0.39cm 以上；当进水盐度超过 1.5% 时，芦苇叶片变小、发黄，且植株较为矮小和纤细。

表 5-5　不同盐度下芦苇的株高和基径

进水盐度/%	芦苇株高/m	芦苇基径/cm	生长情况
0.0	1.17±0.18b	0.45±0.03b	长势良好，有小苗长出
0.5	1.22±0.15a	0.48±0.02a	长势良好，有小苗长出
1.0	1.08±0.15c	0.39±0.03c	长势良好，有小苗长出
1.5	0.85±0.15d	0.34±0.02d	叶片较小，且发黄
2.0	0.72±0.11e	0.31±0.02e	叶片较小，且发黄

注：表中数据为平均数±标准差；不同字母代表 Duncan 多重比较结果存在显著性差异（$P<0.05$）。

多重比较结果表明，不同进水盐度芦苇的株高和基径均存在显著性差异（$P<0.05$）。随着进水盐度的升高，芦苇的株高和基径均表现出先升高再降低的趋势。当进水盐度为 0.5%时，芦苇平均株高达到最高（1.22m），相比 0.0%进水盐度升高了 4.27%；当进水盐度分别为 1.0%、1.5%、2.0%时，芦苇生长受到抑制，株高相比 0.0%盐度分别降低了 7.7%、27.3%、38.5%。芦苇的平均基径在进水盐度为 0.5%时也最大，达到 0.48cm，相比 0.0%进水盐度升高了 6.67%；1.0%、1.5%、2.0%进水盐度的芦苇平均基径相比 0.0%盐度分别降低了 13.3%、24.4%、31.1%。

本研究发现，进水盐度对芦苇生长的影响表现为低盐促进和高盐抑制的特点，这与目前大多数研究结果一致。陈友媛等（2015）发现，轻微的盐度刺激下（盐度为 0.5%）芦苇的株高净增长和含水量均会升高，但随着盐度的升高，芦苇受到盐胁迫的影响，其株高和含水量均逐渐降低。程宪伟等（2017）比较 0.0、2.7、4.7、6.7 和 9.5（$g \cdot L^{-1}$）盐度下芦苇的株高增长率，发现芦苇的株高增长率随着盐度的升高先增大后减小，在盐度为 2.7 $g \cdot L^{-1}$ 时株高增长率最高。

盐分是影响湿地植物生长、分布和繁殖的重要环境因子。环境中过量的 Na^+、Cl^- 会对湿地植物吸收 K^+、Ca^{2+} 等有益元素起到干扰作用。本研究选用的芦苇植株采自杭州湾滨海芦苇湿地。滨海湿地长期受海水的影响，土壤以盐土类的滨海盐土亚类和潮土化盐土为主，其芦苇植株本身具有一定的耐盐性，能够在盐度较高的环境中正常生长和代谢，因此，在进水盐度较低时，芦苇植株对盐分和盐度提高带来的高渗透压具有一定的抵抗能力。轻微盐度刺激下芦苇株高和生物量增加可能是因为芦苇在受盐分胁迫时可以通过调整生物量分配模式来适应高盐环境。Mauchamp 和 Mésleard（2001）研究芦苇对盐分的耐受响应，发现芦苇在受盐胁迫时生物量分配模式会发生改变，其地上部尤其是茎的生物量分配比例会增加，而地下部的比例会减少。Naidoo 和 Kift（2006）的研究也发现，在受盐胁迫死亡的植物的茎中 Na^+ 浓度要明显高于其他器官。当盐度≥1.5%时，芦苇长势变差，说明盐度升高带来的渗透胁迫、离子毒害等可能抑制芦苇的生理过程，如呼吸作用、光合作用、脂类代谢、蛋白质合成等（李峰等，2009），进而抑制芦苇植株的生长。

5.2.3 盐度变化对人工湿地化学需氧量去除的影响

如表 5-6 所示，在低盐度下，人工湿地对污水中化学需氧量（chemical oxygen demand，COD）有较高的去除率。当进水盐度为 0.0% 和 0.5% 时，人工湿地对 COD 的去除率为 72.13% 和 84.86%。随着盐度的升高，对 COD 的去除能力受到抑制。

表 5-6 不同盐度下人工湿地对污染物的去除率

进水盐度/%	COD/%	TN/%	NH$_4^+$-N/%	NO$_3^-$-N/%	TP/%
0.0	72.13±3.95b	72.19±2.50a	76.90±3.04a	64.60±3.59a	61.24±5.16a
0.5	84.86±3.26a	72.58±2.41a	76.60±3.07a	66.12±3.52a	61.56±4.00a
1.0	63.11±3.71c	62.83±5.03b	71.31±2.74b	61.05±2.83b	56.22±4.55b
1.5	51.18±5.05d	50.28±4.19c	65.62±2.38c	53.72±3.44c	54.33±5.52b
2.0	47.46±4.42e	44.40±5.20d	58.89±2.41d	49.23±5.11d	49.49±3.55c

注：同列不同字母表示差异显著（$P<0.05$）。

多重比较结果显示，不同盐度人工湿地对 COD 的去除率间均存在显著差异（$P<0.05$），总体表现为随着盐度的升高先升高后降低。当进水盐度为 0.5% 时，人工湿地对 COD 的去除率达到最高（84.86%），相比 0.0% 盐度升高 17.6%；当进水盐度为 1.0%、1.5%、2.0% 时，人工湿地对 COD 去除率分别为 63.11%、51.18%、47.46%，相比 0.0% 盐度分别降低了 12.5%、29.0%、34.2%。

人工湿地中有机污染物的去除主要通过湿地微生物的好氧降解与厌氧降解作用，除此之外，植物的吸收作用也能去除一部分外界环境中的有机污染物。本研究中不同进水盐度芦苇人工湿地系统对 COD 的去除率间均存在显著差异（$P<0.05$），总体表现为随着盐度的升高呈现先升高后降低的趋势。Gao 等（2012）研究盐度对人工湿地净化污水效果的影响，也发现随着盐度的升高，COD 去除率呈现逐渐下降的趋势。

当进水盐度为 0.5% 时，盐度促进芦苇植株的生长，进而促进芦苇对污水中有机污染物的吸收作用。轻微的盐度可能刺激植物和微生物的抗盐反应，使其呼吸作用增强，获得更多的能量来抵抗盐胁迫产生的高渗透压，从而导致 COD 去除率有所升高。当进水盐度超过 0.5% 时，COD 去除率逐渐降低，这是由于盐分对芦苇产生胁迫作用，抑制芦苇的生长代谢作用，从而减少芦苇对污水中有机物的吸收；同时，盐度的升高导致环境渗透压升高、离子毒害作用等对湿地微生物产生影响，破坏湿地系统中有机污染物的降解过程。

5.2.4 盐度变化对人工湿地氮磷去除的影响

由表 5-6 可知，在低盐度下，人工湿地对污水中氮磷污染物均有较高的去除率。当进水盐度为 0.0% 时，人工湿地对 TN、NH$_4^+$-N、NO$_3^-$-N 和 TP 的去除率分别为 72.19%、76.90%、64.60%和 61.24%。随着盐度的升高，人工湿地对不同污染物的去除能力受到的抑制程度有所不同。

当进水盐度为 0.5%时，人工湿地对含氮污染物的去除几乎没有受到盐度的影响，其中 TN、NO_3^--N 的去除率相比 0.0%盐度有所升高，说明轻微的盐度刺激可以提高人工湿地对 TN、NO_3^--N 的去除率；当进水盐度升高到 1.0%时，TN、NH_4^+-N 和 NO_3^--N 的去除率均明显降低，分别为 62.83%、71.31%和 61.05%，相比 0.0%进水盐度分别降低了 13.0%、7.3%和 5.5%，说明在 1.0%的进水盐度下，人工湿地中 TN、NH_4^+-N、NO_3^--N 的去除均受到较明显的抑制作用，其中 NO_3^--N 的去除率下降幅度最小，可以判断出，其受到的盐胁迫相比 TN 和 NH_4^+-N 要小；当进水盐度为 2.0%时，氮素的去除作用受到明显的抑制，TN、NH_4^+-N 和 NO_3^--N 的去除率分别下降到 44.40%、58.89%和 49.23%，相比 0.0%进水盐度分别降低了 38.5%、23.4%和 23.8%。

盐度对人工湿地 TP 去除率的抑制作用主要在高于 1.0%的情况下表现。当进水盐度为 0.5%时，人工湿地对 TP 的去除几乎没有受到抑制，甚至有轻微的升高；当进水盐度升高到 1.0%时，人工湿地对 TP 的去除率降低为 56.22%，相比 0.0%进水盐度降低了 8.2%，说明此时盐度对人工湿地中 TP 的去除表现出明显的抑制作用；在 1.5%进水盐度下，人工湿地对 TP 的去除率相比 1.0%进水盐度不存在显著差异（$P > 0.05$），说明此时盐度对 TP 去除率的抑制作用维持不变；当进水盐度为 2.0%时，人工湿地对 TP 的去除率下降到 49.49%，相比 1.5%盐度降低了 8.9%，相比 0.0%盐度降低了 19.2%。

盐度对人工湿地氮素的去除率抑制作用变化也与植物生长的变化相近。湿地植物在生长代谢过程中能够吸收污水中的养分（Tanner，2001；Ouyang et al.，2011），同时根系能够释放分泌物，提供氧气和表面附着位点间接促进硝化和反硝化微生物类群的活性（Tanner，2001）。当进水盐度低于 0.5%时，由于低盐促进作用，人工湿地对氮的去除没有受到盐度的抑制。当进水盐度升高到 1.0%时，人工湿地对 TN、NH_4^+-N 和 NO_3^--N 的去除率均明显降低，且 TN 和 NH_4^+-N 的去除率相比 NO_3^--N 受盐度的抑制作用更明显，相关研究也发现类似结果（Diner and Kargi，1999）。除了与植物生长受到抑制有关，去除率的变化也与不同功能的微生物群落在盐度的胁迫下有不同的响应机制和耐受范围有关。微生物的硝化和反硝化作用是人工湿地氮去除的主要机制，占总去除氮量的 60%～90%（Truu et al.，2009；Faulwetter et al.，2009），涉及的微生物包括硝化菌（好氧氨氧化细菌、亚硝酸盐氧化菌）和反硝化菌。Liu 等（2009）在用序批式反应器处理含盐废水时发现，当 NaCl 浓度 > 20 $g \cdot L^{-1}$ 时，亚硝酸盐氧化菌存活率 < 1%，好氧氨氧化细菌的存活率仅下降 50%，说明硝化过程中亚硝酸盐氧化菌比好氧氨氧化细菌对盐分更加敏感，从而导致好氧氨氧化和亚硝酸盐氧化过程的分化。此外，Panswad 和 Anan

（1999）比较不同种类微生物的抗盐冲击能力，发现反硝化菌的抗盐冲击能力优于硝化菌。因此，在低进水盐度下，亚硝酸盐氧化菌首先受到盐度的抑制，使亚硝酸盐的氧化受阻，人工湿地中亚硝酸盐积累，导致 TN 去除率下降；随着盐度的升高，好氧氨氧化细菌也逐渐受到盐分的抑制，导致出水中 NH_4^+-N 浓度逐渐升高，NH_4^+-N 去除率显著降低；反硝化菌的抗盐性最好，但在高盐度条件下其活性也会受到盐度的影响，导致 NO_3^--N 去除率降低。

相比氮素，磷的去除率受进水盐度的抑制作用较小，低于盐度对湿地植物生长的抑制作用。这与植物吸收作用去除的磷量占总去除磷量的比例很小有关。人工湿地中磷的去除是在基质吸附、过滤，化学沉淀作用，植物体的吸收，以及微生物的同化等多种途径的协同作用下进行的（Sun et al.，2017；Reddy et al.，1999；Shao et al.，2014）。Reddy 等（1998）的研究发现，基质吸附沉淀作用除去的磷量为总去除磷量的 72%～87%，是人工湿地中磷去除的主要途径。基质中的 Ca^{2+}、Mg^{2+}、Al^{3+} 和 Fe^{3+} 等金属离子，以及金属氧化物和氢氧化物及黏土矿物可以与可溶性无机磷酸盐发生吸附沉淀反应或配位体交换作用，几乎不受盐度的抑制作用影响。因此，在不同进水盐度下人工湿地对磷的去除效果相对较为稳定。随着盐度的升高，人工湿地磷去除受到部分影响主要是通过影响植物的生长吸收和微生物的同化作用来实现的。微生物对磷的去除机制主要是聚磷菌对磷的过量积累（张玲等，2017）。聚磷菌在好氧条件下不断地分解自身及外界的有机物以获得能量，在这个过程中，它能将大部分来自外界环境的磷酸盐合成 ATP，从而去除水中的磷。Panswad 和 Anan（1999）的研究发现，聚磷菌对盐度具有强烈的敏感性，1.0% 的盐度对聚磷菌已经产生胁迫作用。

5.3 人工湿地原位生态构建及其水质净化效果评估

5.3.1 人工湿地的构建

人工湿地区域建设在杭州湾国家湿地公园的西南部，总占地面积为 $75hm^2$，由 4 个并列单元（1～4）构成（图 5-5）。每个单元外观设计为"肾"之模样，不同的植物斑块和水面构成肾的形状，寓意湿地为"地球之肾"。公园外围三八江水首先通过提升泵站泵入明渠输送至人工湿地，5m 宽的进水明渠布置在南部，8 个进水叠梁门布水，使水可控地进入人工湿地。人工湿地分别由独立、拦水坝分开的 4 个并列的处理单元组成，每个单元由 1.5m、1.2m、1.0m 水深的 3 个表面流湿地串联，最后由 10m 宽碎石坝出水。在湿地不同单元之间布置有叠梁门，使整个人工湿地可以分成 4 个独立的子处理系统并联工作，也可以打开单元之间的叠梁门使 6 个子处理系统串联起来成为一个处理单元，强化污水处理深度。两种运行方式可以灵活切换。人工湿地四周为 4m 宽的环形湿地道路，并联子系统间的道路宽度为 2m。

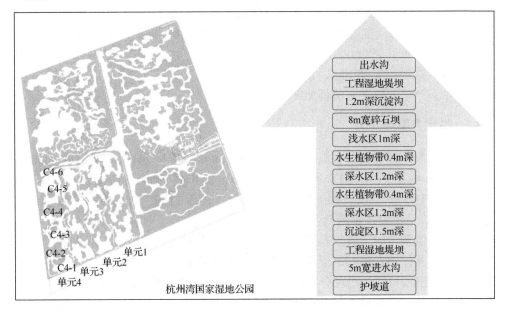

C4-1～C4-6 为单元 4 内的水质监测点。

图 5-5　人工湿地 4 个单元分布及处理工艺流程图

人工湿地的设计关键参数主要有：

水域面积：75hm^2；

水深：40%水面的水深约 0.4m，60%水面的水深约 1.1m，平均水深约 0.82m；

总存水量：615 000t；

按进水设计停留时间：16.88d；

按出水设计停留时间：23.5d；

每天设计处理水量：40 000m^3·d^{-1}；

每天最大进水量：80 000m^3·d^{-1}；

每天进水硝酸盐量：进水的 NO_3^--N 浓度约为 10mg·L^{-1}；

每天 COD 去除量=$4×10^7$L×(40-20)mg·L^{-1}=$80×10^7$mg=800kg；

每天 BOD 去除量=$4×10^7$L×(10-5)mg·L^{-1}=$20×10^7$mg=200kg；

每年 COD 去除量=800×365=292 000kg=292t；

每年 BOD 去除量=200×365=73 000kg=73t；

湿地的表面负荷=4/75=0.053t·m^{-2}·d^{-1}。

每个子处理单元从进水端至出水端顺序布置：

沉淀池：长度80m，水深1.5m；

水生植物带 1：宽度 100m，水深 0.4m，种植各种不同的净水植物，紧连着沉淀池；

深水区 1：长度 80m，水深 1.2m，紧连着水生植物带；

水生植物带 2：宽度 100m，水深 0.4m，种植各种不同的净水植物；

浅水区：长度 270m，水深 1m；

碎石拦截坝：长度 10m，水深 1m。

其中一个单元的工艺流程如图 5-5 所示。

5.3.2　监测方案与方法

水质监测指标包括：水温（water temperature，WT）、pH 值、溶解氧（DO）、盐度（Sal）、电导率（Cond）、五日生化需氧量（BOD_5）、高锰酸盐指数（COD_{Mn}）、总悬浮物（TSS）、浊度（Turb）、总氮（TN）、氨氮（NH_4^+-N）、硝氮（NO_3^--N）、总磷（TP）、可溶性正磷酸盐（PO_4^{3-}-P）14 项。

在保证监测点的设置能客观反映水质情况的基础上，选取人工湿地第 4 单元作为长期监测区域。选择靠近岸边、栈桥等便于取样的位置，在人工湿地的进水口、中间及出水口等处沿程分别设监测点 C4-1～C4-6（图 5-5），用于评价人工湿地水流在各阶段的水质变化及净化效果，为人工湿地的健康运行提供依据。

根据水深设计参数，为保证数据可比性，统一采集 0.3m 水深处水样。

根据设计参数，出水设计停留时间 23.5d，每隔 30d 取样一次。

按照中华人民共和国环境保护行业标准《地表水和污水监测技术规范》（HJ/T 91—2002）进行。

5.3.3　水质评价标准与方法

湿地水环境质量及人工湿地处理效果参照国家标准《地表水环境质量标准》（GB 3838—2002）进行评价。

5.3.4　人工湿地水质净化效果分析

选择第三、第四两个人工湿地单元开展平行监测，每天每单元进水量 5000t，从进水到出水依次布置 6 个水质监测点（图 5-5），开展人工湿地水质净化效果监测。初步分析表明，人工湿地的运行，对水质有明显的净化效果，水质由进水口的劣 V 类提升为出水口的IV～V类。且湿地对 TP 的处理效果最好，由进水口的 V 类降低为III类。BOD_5 由进水口的 V 类降低为IV类。人工湿地对主要指标的平均削减率（进出口污染物浓度差值与进口污染物浓度的比值）依次为：TSS（87.5%）＞TP（74.8%）＞TN（58.0%）＞BOD_5（27.7%）＞COD_{Mn}（20.1%）。

以人工湿地第四单元水质分析结果为例（表 5-7、图 5-6 和图 5-7），人工湿地

表 5-7　人工湿地第四单元水质分析结果

监测点	WT/ ℃	pH 值	DO/ (mg·L^{-1})	Sal/ ‰	Cond/ (mS·cm^{-1})	TSS/ (mg·L^{-1})	BOD$_5$/ (mg·L^{-1})	COD$_{Mn}$/ (mg·L^{-1})	TP/ (mg·L^{-1})	TN/ (mg·L^{-1})	水质类别
C4-1	10.88	8.51	8.92	2.2	3.03	26.4	7.32	12.86	0.39	3.63	劣 V
C4-2	11.23	8.5	8.83	2.19	3.03	29.4	6.94	12.16	0.4	3.32	劣 V
C4-3	11.02	8.43	8.69	2.19	3.01	49.6	6.42	12.06	0.39	4.09	劣 V
C4-4	9.62	8.26	8.86	2.12	2.83	26.6	6.46	11.62	0.23	3.13	劣 V
C4-5	10.26	8.11	7.94	2.08	2.84	15.4	5.74	10.38	0.14	2.13	劣 V
C4-6	10.9	8.08	7.21	2.06	2.84	7.8	5.3	9.48	0.11	1.81	劣 V

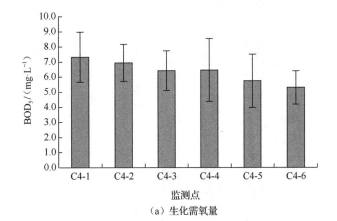

（a）生化需氧量

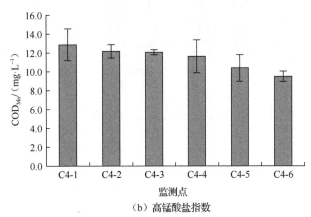

（b）高锰酸盐指数

图 5-6　生化需氧量和高锰酸盐指数变化动态

进水（C4-1）水质差，为劣Ⅴ类水体，各主要指标中，TN 为劣Ⅴ类，BOD_5、TP 为Ⅴ类。从水体类别来看，经湿地处理后，出水口水质为Ⅴ类。TN 的水质级别由进水口的劣Ⅴ类降低为Ⅴ类，BOD_5 由进水口的Ⅴ类降低为Ⅳ类。湿地对 TP 的处理效果最好，由进水口的Ⅴ类降低为Ⅲ类。计算表明，人工湿地对五大主要指标的削减率依次为：TP（69.7%）＞TSS（55.4%）＞TN（49.9%）＞BOD_5（26.9%）＞COD_{Mn}（25.4%）。

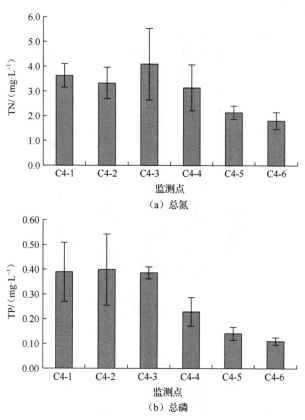

图 5-7　总氮和总磷变化动态

第6章 杭州湾滨海湿地水鸟群落特征及生境选择机制

杭州湾是我国南北滨海湿地的分界线，也是重要的河口型滨海湿地。杭州湾南岸拥有浙江省最大的海涂，是浙江省水鸟分布最集中的区域，同时也是东亚-澳大利西亚迁飞区（East Asian-Australasian Flyway，EAAF）上一个重要的停歇地和越冬地（吴明等，2011）。就水鸟的种群、数量和受胁物种而言，杭州湾与崇明东滩并无明显差别，但是其保护现状和国际地位一直较少受到关注。过去在杭州湾及钱塘江河口开展的水鸟研究多涉及北岸（钱国桢等，1985；葛振鸣等，2006）；而涉及杭州湾南岸的相关研究近些年才有所增多（吴明等，2011；蒋科毅等，2013）。

栖息地（生境）指动物生活的场所，是动物个体、种群和群落维持全部生命活动的各种生态环境因子的总和。围垦改变了杭州湾滨海湿地原有的生境格局，使水鸟的群落组成发生变化。本章通过调查 2011 年和 2015 年杭州湾滨海湿地冬季水鸟数量和群落结构，探讨越冬水鸟多样性及围垦前后的变化趋势。在研究鸻鹬类对生境的利用和选择机制基础上，探讨杭州湾滨海湿地鸻鹬类高潮停歇地营建与管理技术。

6.1 杭州湾滨海湿地水鸟群落变化

6.1.1 湿地水鸟调查方案与数据分析

滩涂湿地是杭州湾涉禽类水鸟最集中的区域，同时沿岸的四灶浦水库和郑徐水库是众多游禽类水鸟的主要栖息地。2011～2012 年和 2015～2016 年的越冬期（12 月至翌年 1 月），对研究区域内的水鸟进行了全面的调查和统计，一共分 9 个观察点（7 个靠海一侧的高潮停歇点，2 个水库观察点）。调查范围以滩涂湿地为主，由于样线（滩涂湿地紧邻的海塘大堤）长度 70km，故沿海塘大堤驱车调查，记录 9 个高潮停歇地一侧和水库点观察到的水鸟的种群和数量。由于鸻鹬类数量众多且混群严重，针对大群的鸻鹬类群，采用"集团统计法"估算整个水鸟种群的数量和其中各个物种所占的比例，从而估算出每个物种的数量。调查工具采用 Kowa（BD42-10 GR）双筒望远镜和蔡司（Diascope 85T）单筒望远镜，鸟类分类和鉴定的工具书参考《中国鸟类野外手册》和 *Shorebirds of North America,*

Europe, and Asia《北美、欧洲和亚洲的鸻鹬类》、《中国鸟类分类与分布名录》（约翰等，2000；Message and Taylor，2006；郑光美，2017）。根据 2011 年和 2015 年冬季乍浦和镇海两地的潮汐表及天气情况，调查的时间安排在每个月大潮的前后两天，具体时间安排在高潮段的前后两个小时之间，每个点调查时间为 10～20min，并对研究区域进行 2～3 次重复调查。

整理每次调查的鸟类数据，对于水鸟重复的数据，保留最大数值。采用香农-维纳（Shannon-Wiener）多样性指数（H'）、皮诺（Pielou）均匀度指数（J'）和玛格列夫（Margalef）丰富度指数（D）来表示杭州湾滨海湿地水鸟群落的多样性。

$$H' = -\sum_{i=1}^{s} \frac{n_i}{N} \log_2 \frac{n_i}{N} \tag{6-1}$$

$$J' = \frac{H'}{\log_2 S} \tag{6-2}$$

$$D = (S-1) / \log_2 N \tag{6-3}$$

式中，N 是所有物种的个体总数；n_i 表示第 i 个物种的个体数；S 是物种的种数。

为了揭示围垦对杭州湾水鸟的影响，根据栖息生境和食性，将调查的水鸟分为鸻鹬类（鸻、鹬）、鸥类（鸥）、鹭类（鹭）、秧鸡类（黑水鸡、白骨顶）、雁鸭类（雁、鸭）、鸊鷉（小鸊鷉、凤头鸊鷉）和鸬鹚（普通鸬鹚），并比较 2011 年与 2015 年冬季不同水鸟类群的差异。数据采用 Mann-Whitney U 秩和检验，数据处理和图表制作均在 SPSS 19.0 和 Excel 2010 中完成。

6.1.2　杭州湾滨海湿地水鸟的群落组成

杭州湾滨海湿地越冬期水鸟群落比较稳定，种群数和个体数有较大波动，但是无显著差异。两次调查一共记录水鸟 6 目 11 科 55 种（表 6-1），总数量分别为 35 699 只和 49 273 只。通过对调查的水鸟进行分类和对比，获取不同水鸟类群的数量差异。其中，鸻鹬类是绝对的优势类群，2011 年和 2015 年观察到的数量分别为 21 792 只和 37 227 只，占全部水鸟数量的 61.04% 和 75.55%。从种的角度，优势物种主要包括黑腹滨鹬、环颈鸻、白骨顶等。其中被列为国家二级重点保护名录的水鸟有 5 种，分别是白琵鹭、黑脸琵鹭、小天鹅、白额雁和鸳鸯；被 IUCN 红色名录收录的受胁水鸟有 6 种，分别是濒危（EN）的黑脸琵鹭，易危（VU）的鸿雁、大杓鹬和黑嘴鸥，近危（NT）的罗纹鸭和白腰杓鹬。其中，2015 年罗纹鸭、灰斑鸻、环颈鸻、青脚鹬、黑腹滨鹬和黑嘴鸥的数量都超过 EAAF 1%标准。

表 6-1　杭州湾滨海湿地水鸟组成和数量

序号	类群	中文名	拉丁名	保护等级	数量/只		EAAF 1%标准
					2011 年	2015 年	
1	鹛鹛	小鹛鹛	*Tachybaptus ruficollis*		31	64	
2		凤头鹛鹛	*Podiceps cristatus*		0	112	
3	鸬鹚	普通鸬鹚	*Phalacrocorax carbo*		366	185	
4		苍鹭	*Ardea cinerea*		534	976	
5		大白鹭	*Egretta alba*		40	100	
6	鹭类	白鹭	*Egretta garzetta*		134	1 942	
7		池鹭	*Ardeola bacchus*		1	4	
8		白琵鹭	*Platalea leucorodia*	II	2	1	
9		黑脸琵鹭	*Platalea minor*	II，EN	3	0	
10		小天鹅	*Cygnus columbianus*	II	16	58	
11		鸿雁	*Anser cygnoides*	VU	2	96	
12		豆雁	*Anser fabalis*		4	0	
13		白额雁	*Anser albifrons*	II	6	0	
14		翘鼻麻鸭	*Tadorna tadorna*		0	9	
15		鸳鸯	*Aix galericulata*	II	3	0	
16		赤颈鸭	*Anas penelope*		1 300	80	
17		罗纹鸭	*Anas falcata*	NT	220	892	830
18	雁鸭类	赤膀鸭	*Anas strepera*		2	418	
19		绿翅鸭	*Anas crecca*		0	392	
20		绿头鸭	*Anas platyrhynchos*		750	814	
21		斑嘴鸭	*Anas poecilorhyncha*		688	2 675	
22		针尾鸭	*Anas acuta*		0	2	
23		白眉鸭	*Anas querquedula*		0	200	
24		琵嘴鸭	*Anas clypeata*		25	401	
25		红头潜鸭	*Aythya ferina*		0	205	
26		凤头潜鸭	*Aythya fuligula*		0	246	
27		斑头秋沙鸭	*Mergus albellus*		0	11	
28	秧鸡类	黑水鸡	*Gallinula chloropus*		0	17	
29		白骨顶	*Fulica atra*		8 020	604	
30		灰斑鸻	*Pluvialis squatarola*		1 016	370	1 000
31		环颈鸻	*Charadrius alexandrinus*		2 016	9 505	1 000
32		扇尾沙锥	*Gallinago gallinago*		0	6	
33		黑尾塍鹬	*Limosa limosa*		1	1	
34		斑尾塍鹬	*Limosa lapponica*		885	7	
35	鸻鹬类	白腰杓鹬	*Numenius arquata*	NT	344	724	
36		大杓鹬	*Numenius madagascariensis*	VU	4	2	
37		鹤鹬	*Tringa erythropus*		500	106	
38		红脚鹬	*Tringa totanus*		25	281	
39		泽鹬	*Tringa stagnatilis*		28	408	
40		青脚鹬	*Tringa nebularia*		340	1 015	1 000

续表

序号	类群	中文名	拉丁名	保护等级	数量/只		EAAF 1%标准
					2011 年	2015 年	
41		翘嘴鹬	*Xenus cinereus*		2	65	
42		翻石鹬	*Arenaria interpres*		3	7	
43		红颈滨鹬	*Calidris ruficollis*		280	200	
44		尖尾滨鹬	*Calidris acuminata*		2	0	
45		黑腹滨鹬	*Calidris alpina*		16 346	24 530	10 000
46		银鸥	*Larus argentatus*		1 172	25	
47		黄腿银鸥	*Larus cachinnans*		5	120	
48		西伯利亚银鸥	*Larus vegae*		87	0	
49		灰背鸥	*Larus schistisagus*		15	0	
50	鸥类	渔鸥	*Larus ichthyaetus*		0	1	
51		红嘴鸥	*Larus ridibundus*		0	1 130	
52		黑嘴鸥	*Larus saundersi*	VU	481	191	85
53		鸥嘴噪鸥	*Gelochelidon nilotica*		0	2	
54		普通燕鸥	*Sterna hirundo*		0	28	
55		白额燕鸥	*Sterna albifrons*		0	45	
共计					35 699	49 273	

注：Ⅱ为国家二级保护动物；EN（endangered，濒危）、VU（vulnerable，易危）、NT（near threatened，近危）均为世界自然保护联盟（IUCN）保护等级；EAAF 1%标准来源于第五次全球水鸟种群估计。

通过对围垦前后 2011 年和 2015 年杭州湾滨海湿地主要越冬水鸟类群的数量进行比较，结果表明雁鸭类的数量具有显著差异（$P < 0.05$），呈现增加的趋势。秧鸡类的数量也呈现出比较大的变化，由于类群种数少的限制，并未得出显著差异。鸻鹬类的数量表现出一定程度的增加，但是并没有呈现显著差异。其余类群的数量无明显波动（图 6-1）。

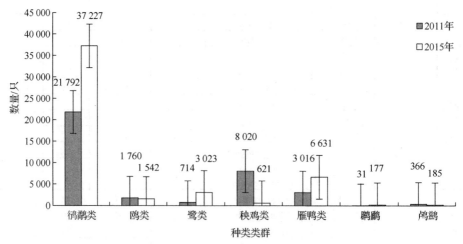

图 6-1　杭州湾滨海湿地水鸟主要类群数量

通过对两年越冬水鸟群落数量指数的分析，发现 Shannon-Wiener 多样性指数（H'）和 Pielou 均匀度指数（J'）都较为接近，只是 2015 年的 Margalef 丰富度指数（D）较 2011 年有较大的提高。表明这两年水鸟的群落没有发生太大的变化，只是水鸟种群的数量发生一定程度的增加，但是种类并没有显著的增加（表 6-2）。

表 6-2　杭州湾滨海湿地水鸟群落数量指数

年份	Shannon-Wiener 多样性指数	Pielou 均匀度指数	Margalef 丰富度指数
2011	2.7510	0.5169	2.5788
2015	2.8187	0.4854	3.5274

6.1.3　杭州湾滨海湿地水鸟群落变化及其成因

鸟类群落研究是鸟类生态学研究的重点，鸟类群落年际间的波动可认为是对生态环境变化的响应（Padoa-Schioppa et al.，2006）。鸟类越冬地的景观变化会影响栖息地质量，进而影响鸟类的死亡率和次年的繁殖成功率（Marra，1998）。全球滨海湿地受到围垦和填海活动的影响，导致候鸟的自然栖息地丧失，但是对水鸟种群数量影响的直接证据较少。例如，渤海湾的湿地围垦导致红腹滨鹬在狭小的滦南湿地的数量急剧上升，但是随后数量开始下降（Yang et al.，2013）。同样，由于围垦，在韩国迁徙停歇的大滨鹬的数量 3 年减少了 90 000 余只，随后在澳大利亚越冬的大滨鹬数量也呈现下降趋势（吕咏等，2011）。因此，根据水鸟种群数量动态变化，合理地分析其驱动因素，有助于更好地保护水鸟。

杭州湾滨海湿地是许多水鸟南北半球迁徙的重要停歇地和越冬地。近几年关于杭州湾湿地鸟类资源的报道越来越多。本研究得出的水鸟种群数量增加的结论也进一步印证杭州湾湿地在东亚-澳大利西亚迁飞区补充能量和栖息的重要地位（Hua et al.，2015；Nudds，2000）。围垦是导致杭州湾滨海湿地景观格局变化的主要驱动因子，高强度的围垦形成更加多样的生境类型，导致水鸟种群数量和结构发生变化，生物多样性有所增加（Rehfisch and Greenwood，1996；唐剑等，2007）。杭州湾滨海湿地的水鸟种群和数量的增加不能解释为杭州湾湿地适宜水鸟的生境增加，应解释为围垦导致水鸟的分布更加集中，这也是我们多年来观察的结果。这些年邻近水鸟重要的栖息地——崇明东滩保护区正在实施生境改造工程，工程的建设和未营造好的生境都可能导致崇明东滩的水鸟向杭州湾滨海湿地扩散，相关研究也支持这个观点（Yang et al.，2013）。目前，杭州湾滨海湿地的鸻鹬类越来越集中在几个主要的高潮停歇点，是因为围垦减少了滩涂湿地的面积，增加了芦苇水塘、水产养殖塘等生境。这为雁鸭类和鸥类的种类和数量增加提供了先决条件。

我国的滨海湿地大多被围垦用作水产养殖塘、盐田、水稻田等。已有研究证明这些人工生境可以作为许多水鸟的替代觅食地和休憩地，但是鸻鹬类依然对自然潮间带具有严重的依赖性（Ma et al.，2004；唐剑等，2007）。食底栖动物的以鸻鹬类为主的越冬水鸟更多地受食物的影响而发生种群数量和分布的变化。杭州湾滨海湿地鸻鹬类的数量呈现增长趋势，除鸟类种群数量增加和崇明东滩可能扩散的种群以外，还有可能与鸻鹬类自身对越冬地的忠诚度较高有关。鸻鹬类的能量摄入和消耗与潮汐情况息息相关，低潮时在广阔的潮间带取食大型底栖动物，高潮时大部分潮间带被淹没，鸻鹬类选择在围垦后暂时形成的裸滩和浅水生境栖息，该生境可以为鸻鹬类提供丰富的螺类和贝类等食物资源。这些地方一旦被开发利用，鸻鹬类不得不寻找新的停歇地。还有一部分鸻鹬类选择飞到水产养殖塘，但是多数水产养殖塘保持较深的水位，并不利于鸻鹬类停歇（Ma et al.，2004；张斌等，2011）。栖息生境面临诸多威胁，使庞大的鸻鹬类种群很难找到合适的替代越冬地，而且新的越冬地也面临着新的威胁，所以鸻鹬类不会轻易地改变越冬地。杭州湾滨海湿地水鸟种群数量能够稳步上升的原因可能在于新围堤坝外面滩涂淤涨较快，很快形成新的大面积滩涂湿地，水鸟能够适应这种变化。

　　雁鸭类数量呈显著增长趋势与环境的变化有直接关系。水库是它们主要选择的休憩地和觅食地，围垦后的浅水区域也有雁鸭类的分布。围垦后的撂荒区域并没有排水使其旱化，反而通过水闸保持区域内的水位，这样的浅水生境可以为雁鸭类提供丰富的螺类和植物的根茎等食物资源。如此多的适宜雁鸭类栖息的生境的增加是其种群数量增加的主要原因。同时，雁鸭类的种群基数比较大，适应能力比较强，也有利于杭州湾滨海湿地雁鸭类数量的显著增加。秧鸡类喜具有芦苇、香蒲等挺水植物的浅水生境，该生境不仅便于取食还可以作为庇护所（张斌等，2011）。2011 年，在一个围垦区域调查到大量的白骨顶，但是随着水位的下降，生境被芦苇占据，白骨顶种群没有选择在新的围垦区栖息，可能分散到周边其他适宜的生境栖息。这也是白骨顶数量急剧减少的原因。

　　滨海湿地围垦使大部分水鸟的迁徙停歇地和越冬地减少或消失，最终可能导致鸻鹬类等水鸟种群数量的下降，因此合理控制围垦是至关重要的。同时，围垦后土地的利用方式和水位管理是保护杭州湾湿地水鸟种群的关键。适当地保留浅水和裸滩生境有利于维持更高的鸟类多样性。为此杭州湾国家湿地公园规划将湿地保护的面积从 $3km^2$ 扩大到 $50km^2$，不仅将大面积的滩涂归为禁止围垦，而且退塘还湿，确保一块水鸟的重要栖息地。

　　综上所述，通过对 2011～2012 年和 2015～2016 年越冬季节杭州湾水鸟的种群数量进行调查和分析，得到水鸟的总体数量有较大的增加，尤其是雁鸭类增加显著，其他类群水鸟变化不显著。这说明杭州湾围垦后的滞留区和水产养殖塘增加了雁鸭类的适宜生境面积；鸻鹬类数量虽然呈现增长趋势，可能是受周边围垦等人为活动的影响而集中分布；秧鸡类水鸟的减少原因是围垦后湿地退化导致水面面积减少；杭州湾滨海湿地水鸟仍需进行长期的监测和研究，而杭州湾国家湿地公园在水鸟的保护方面起到非常重要的作用。

6.2　杭州湾滨海湿地鸻鹬类生境选择机制

6.2.1　杭州湾滨海湿地鸻鹬类及其栖息生境调查

2008 年 11 月至 2011 年 9 月，对杭州湾南岸滨海湿地余姚至镇海段开展鸻鹬类资源调查，根据生境类型采用不同的调查方法。从自然潮间带到围垦区主要存在 5 种潜在的鸻鹬类高潮停歇地类型。其中，围垦堤外有 2 种。①自然潮间带，最宽处 9km 左右，最窄处 500m 左右，以低滩盐藻裸滩为主，狭窄带状植被分布区域较少，主要存在于慈溪四灶浦水库以西至余姚的区域；鸟类调查采用固定样方法，沿海岸线设置 32 个调查样方，样方面积为 1km^2，样方间距在 2km 以上。②芦苇-虾塘，主要养殖对虾和青蟹，分布于围垦堤外 1km 范围内的潮间带或沙洲，植被以芦苇群落占优势，塘堤上及内侧生长一定宽度的芦苇或互花米草带，部分虾塘中央保留大块的芦苇或互花米草带，盖度可达 50%以上，塘间有渔网隔离，养殖强度相对较低；鸟类调查采用固定样方法，选择两个 500m×500m 的样方，记录覆盖整个样方的水鸟，并记录发现的其他鸟类。

围垦区由人为活动创建的人工湿地生境主要有 3 种，主要位于围垦堤内 5km 范围。①围垦滞留区，为新围垦的区块，由于围垦时间较短，仍保持典型的湿地景观，以裸滩为主，或是存在大面积的 2m 深以内的浅水水域和盐水沼泽，盐水沼泽主要为海三棱藨草、互花米草和芦苇群落；选择杭州湾新区新围滩涂作为研究区域，主要进行高潮停歇地水鸟调查。②围垦区虾塘，为低盖度或无植被的水产养殖塘区，部分养殖塘区塘堤内侧覆盖水泥板或浇注水泥面，养殖时使用增氧泵；采用固定样方法，选择两个 500m×500m 的样方，调查覆盖整个样方的水鸟，并记录发现的其他鸟类。③海涂水库，为了解决围垦海涂区饮用水源和工农业用水而建，杭州湾南岸目前有中小型海涂水库 10 余个，水深均在 3m 以上，最大的四灶浦水库面积达 5.12km^2，水深为 5.7m；鸟类调查采用全面调查法，调查围垦区 10 余个海涂水库整个水面的鸟类。

水鸟调查采用直接计数法，调查时用 Kowa（BD42-10 GR）双筒望远镜和蔡司（Diascope 85T）单筒望远镜进行观察。由于自然潮间带最宽处在 9km 左右，在自然潮间带尤其是宽度大于 1km 以上的区域鸟类调查，应选择合适的潮汛时间即露滩宽度在 1km 左右进行；围垦滞留区、芦苇-虾塘和围垦区虾塘是鸻鹬类的潜在停歇地，故水鸟调查应在大潮汛时高潮点前后 2h 内进行。每年每季进行一次调查，四季按 12 月至次年 1 月（冬季）、3～5 月（春季）、6～8 月（夏季）和 9～11 月（秋季）计。为了更好地掌握研究区域内的鸟类资源动态，第二年的同期调查时间顺延至下一个月进行。

鸟类分类系统和中文名参考《中国鸟类分类与分布名录》（郑光美，2017）。为避免调查数据重复，在鸟类数量统计中采用最大值保留法（Howes and Bakewell，1989），即保留每种生境鸟类数量单次调查的最大值和所有生境类型鸟类数量单次调查的最大值。

为了更准确地反映杭州湾和钱塘江河口的鸟类组成情况，将调查期间一些观鸟者在杭州湾和钱塘江河口南岸滨海湿地同一区域内发现的珍稀鸟类（如勺嘴鹬、阔嘴鹬、东方鸻、红胸鸻、针尾沙锥等）补充到本次调查结果中。

6.2.2　杭州湾滨海湿地鸻鹬类组成、迁徙及分布特征

1. 鸻鹬类组成及迁徙动态

调查结果显示，杭州湾南岸滨海湿地共记录鸻鹬类 5 科 49 种，其中鹬科 33 种，占总数的 67.3%，鸻科 12 种，占总数的 24.5%，还有反嘴鹬科 2 种及水雉科、燕鸻科各 1 种；旅鸟 31 种，占 63.3%，冬候鸟 13 种，占 26.5%，另有留鸟、迷鸟各 2 种和夏候鸟 1 种。在所记录的水鸟中，列入国家二级保护动物名录的有小杓鹬，列入 IUCN 红色名录的水鸟有 6 种，包括处于极危（CR）等级的勺嘴鹬，近危（VU）等级的大杓鹬、大滨鹬，易危（NT）等级的白腰杓鹬、黑尾塍鹬和半蹼鹬。

根据 2011 年对杭州湾和钱塘江河口鸻鹬类组成、季节动态及种间相关性分析研究结果，本区域的优势种随着迁徙阶段的变化而变动，优势种有环颈鸻、黑尾塍鹬、青脚鹬、红颈滨鹬、黑腹滨鹬、尖尾滨鹬和普通燕鸻 7 种。

鸻鹬类在杭州湾区域的整个迁徙过程主要可分为 3 个阶段。春季北迁阶段，从 2 月下旬到 3 月下旬，以黑腹滨鹬为主的冬候鸟首先开始迁徙，黑腹滨鹬的种群数量骤升至前期的 5 倍以上，之后回落到与越冬期相近的水平。从 4 月上旬到 5 月中旬为以红颈滨鹬、尖尾滨鹬及黑尾塍鹬为优势种的旅鸟群的迁徙高峰期。秋季南迁阶段，从 7 月下旬到 9 月下旬，迁徙高峰出现在 8 月中旬，这一阶段的迁徙水鸟群落的主体是以黑尾塍鹬、红颈滨鹬及蒙古沙鸻为优势种群的鸻鹬类旅鸟；10 月上旬到 12 月中旬，迁徙水鸟群落以黑腹滨鹬、青脚鹬、环颈鸻及白腰杓鹬、灰鸻等冬候鸟的鸻鹬类为主，这一阶段的鸻鹬类以黑腹滨鹬为主要优势种。第三阶段为 12 月下旬到次年 2 月下旬，为越冬稳定期。这时水鸟群落以冬候鸟为主，群落物种组成与数量相对比较稳定，鸻鹬类以黑腹滨鹬为绝对优势种，其种群数量占总数的 80% 以上。从整个鸻鹬类群落组成看，从 10 月上旬开始至次年 5

月中旬，以黑腹滨鹬为优势种的冬候鸟一直为鸻鹬类群落的主体。

2. 潜在高潮停歇地鸻鹬类分布特征

1）物种分布

在记录的 49 种鸻鹬类中，水雉、普通燕鸻、凤头麦鸡、灰头麦鸡、长嘴剑鸻、扇尾沙锥、针尾沙锥、白腰草鹬和矶鹬 9 种水鸟仅出现或主要出现在围垦区湿地，对高潮停歇地基本无需求。这 9 种鸻鹬类将不列入高潮停歇地的分析中。

如表 6-3 所示，在自然潮间带广泛分布的 40 种鸻鹬类中，除红胸鸻、三趾滨鹬、弯嘴滨鹬、勺嘴鹬和灰尾漂鹬等少数极少见种未在 5 种潜在高潮停歇地中记录外，其他 35 种鸻鹬类都出现在 1 种以上的潜在高潮停歇地中。其中，围垦滞留区记录的鸻鹬类数量最多，达到 30 种，占总数的 75%。

表 6-3　5 种潜在高潮停歇地鸻鹬类分布数量情况表

高潮停歇地	物种数/种	占总数比例/%
自然潮间带	40	100
围垦滞留区	30	75
芦苇-虾塘	12	30
围垦区虾塘	18	45
海涂水库	15	37.5

从体形上看，体形较大的鸻鹬类如白腰杓鹬、大杓鹬、黑尾塍鹬、斑尾塍鹬、金鸻、灰鸻、阔嘴鹬等倾向将围垦滞留区作为高潮停歇地，而排斥在围垦区水产养殖塘停歇。但体形较小的鸻鹬类如泽鹬、林鹬、红颈滨鹬、尖尾滨鹬等则有更广泛的适应性。

从居留型上看，冬候鸟和留鸟相比旅鸟具有更强的高潮停歇地选择适应性，如黑腹滨鹬、青脚鹬、红脚鹬、环颈鸻和金眶鸻等均在 3 个以上潜在高潮停歇地被记录。旅鸟中的鸻科鸟类如蒙古沙鸻、铁嘴沙鸻、金鸻倾向将围垦滞留区作为高潮停歇地，而排斥在围垦区水产养殖塘停歇。

围垦滞留区是最重要的鸻鹬类高潮停歇地分布区，除反嘴鹬、剑鸻、红胸鸻、三趾滨鹬、弯嘴滨鹬、勺嘴鹬、长嘴半蹼鹬、半蹼鹬、灰尾漂鹬、流苏鹬等少数极少见种未在本研究中记录外，其他物种均有发现。列入国家重点保护野生动物名录和 IUCN 红色名录的小杓鹬、大杓鹬、白腰杓鹬、黑尾塍鹬、大滨鹬、鸻鹬类在围垦滞留区均有发现。

2）群落和种群特征

围垦滞留区是杭州湾滨海湿地鸻鹬类最重要的高潮停歇地。表 6-4 显示2009～2011 年 5 次全面调查围垦滞留区高潮停歇地集中分布区鸻鹬类的记录，南迁期围垦滞留区为杭州湾南岸滨海湿地 41.7%～76.57%的鸻鹬类个体提供高潮停歇场所，越冬稳定期为近 70%的越冬鸻鹬类（以黑腹滨鹬为主）个体提供高潮停歇场所。

表 6-4　围垦滞留区高潮停歇鸻鹬类调查记录　　　　　（单位：只）

物种名	2009/8/21	2010/8/12	2010/9/7			2011/11/15	2011/12/15
	分布区1	分布区2	分布区2			分布区3	分布区4
黑翅长脚鹬	230			148			
环颈鸻	200					120	100
金眶鸻	4	50	10	10	480		
蒙古沙鸻	1 300	1 200	20	100			
铁嘴沙鸻	700	2					
金鸻		12					
灰鸻			142				
中杓鹬	30	42	48	1			
大杓鹬	1		1				
白腰杓鹬			10				
黑尾塍鹬	250	5 750	122				
斑尾塍鹬			5	10	35		
矶鹬	1						
鹤鹬	70						
泽鹬	60						
林鹬			23				
青脚鹬	200	192	408	2	610		
红脚鹬		2	71		305		
红颈滨鹬	2 000	490	80	140	940		
黑腹滨鹬	110	1 470	43			5 910	10 500
尖尾滨鹬	1	5		50			
长趾滨鹬	1						
翻石鹬	38	1					
翘嘴鹬	7						
红颈瓣蹼鹬	22						
合计	5 225	9 216	983	263	2 568	6 030	10 600
同日*杭州湾其他区域鸻鹬类种群数量	9 408	15 391	4 981	4 981	4 981	14 459	15 350
占比/%	55.54	59.88	76.57			41.704	69.06

*在围垦滞留区调查鸻鹬类的同一天，杭州湾滨海湿地其他区域也同步开展鸻鹬类的调查。

如表 6-5 所示，芦苇-虾塘与围垦区虾塘分布的鸻鹬类种群密度不高，但由于芦苇-虾塘和围垦区虾塘分布面积分别达到 595.93hm^2 和 12 438.76hm^2，根据最高分布种群密度估算，水产养殖区能为鸻鹬类提供高潮停歇地的最大承载量，在南迁期、北迁期和越冬稳定期分别能达到 5748、49 240 和 7600 只个体。

表 6-5　杭州湾南岸滨海湿地水产养殖区鸻鹬类种群最高密度和最大承载量

时期	芦苇-虾塘		围垦区虾塘		水产养殖区最大承载量/只
	种群密度/ (只·hm^{-2})	最大承载量/只	种群密度/ (只·hm^{-2})	最大承载量/只	
南迁期	0.88	524	0.42	5 224	5 748
北迁期	4.98	2 968	3.72	46 272	49 240
越冬期	1.90	1 132	0.52	6 468	7 600

6.2.3　杭州湾滨海湿地鸻鹬类群落形成原因分析

杭州湾南岸滨海湿地中的水产养殖塘和海涂水库等人工湿地，为在此栖息和中转停歇的大多数鸻鹬类提供了重要的高潮停歇地。拥有较大水面的水库等人工湿地已被证实，能为水鸟提供重要的越冬地和中转停歇场所。由于杭州湾区域普遍采用中、低滩围垦方式，几乎无潮上坪，围垦区人工湿地对鸻鹬类群落的重要性显得尤其突出。对大多数鸻鹬类来说，围垦区内的人工湿地仅作为高潮停歇地而非觅食场所。大量研究表明，水深是影响水鸟栖息地利用的最主要因子。每年的 5～10 月是杭州湾南岸滨海湿地区域对虾的重要生长期，其间堤外芦苇-虾塘和堤内的围垦区虾塘均维持着较高的水位（大于 0.5m），这个时期不适合鸻鹬类停歇。海涂水库水深达 3m 以上，常年保持着较高水位，仅在冬季基于捕鱼、堤坝维护、库底清淤或消毒的需要将水放浅甚至见底露出大面积泥滩，吸引大量鸻鹬类水鸟在此停歇和短暂觅食。杭州湾南岸新围垦的尚未开发利用的滩涂湿地，单个围垦区往往面积很大，达成百上千公顷，由于离岸近且保留了较大面积的淤泥质海滩，阻隔了潮水的进入，成为鸻鹬类最主要的高潮停歇地。

因此，新围垦尚未开发利用的滩涂湿地是鸻鹬类（尤其是体形较大的鸻鹬类）最重要的高潮停歇场所。堤外芦苇-虾塘、围垦区虾塘和海涂水库也是较重要的鸻鹬类高潮停歇地，但其作为高潮停歇地的作用主要体现在冬季和春季。

6.3　杭州湾自然滩涂鸻鹬类栖息生境的利用

6.3.1　自然滩涂鸻鹬类调查与生境参数

2011 年 7 月至 2012 年 1 月，对杭州湾南岸自然潮间带鸻鹬类进行调查。从杭州湾跨海大桥东侧沿海岸线向东一直至慈溪与镇海交界处，共设置 24 个固定观测点，每两个观测点之间相距 2～3km。沿海塘大堤驱车沿途调查，记录自然潮间带一侧的鸻鹬类的种群和数量。选择大潮汛期间，每两周调查一次，共计调查 13 次。

采用直接计数法记录水鸟种类和数量。自然潮间带鸟类调查根据潮汛情况，选择在高潮点前后 2h 内进行。调查时用 Kowa（BD42-8GR）双筒望远镜和蔡司（Diascope 85T）单筒望远镜观察鸟类。为避免调查数据重复，在鸟类数量统计时采用最大值保留法。鸟类分类系统参考《中国鸟类分类与分布名录》，鸟类的中文名主要参考《中国鸟类野外手册》。

生境调查采用以观测点为圆心，1km、2km、5km 和 10km 半径内淤泥质海滩、潮间盐水沼泽、水产养殖区、新围垦区水域和不透水地表 5 种土地利用类型的面积，以及观测点淤泥质海滩宽度作为生境参数，通过解译 2010 年 8 月杭州湾滨海湿地 Landsat 8 OLI 影像（空间分辨率 15m）土地利用分布现状图获取各个生境参数的数据。

利用 SPSS 进行逐步回归分析，对黑尾塍鹬、红颈滨鹬、黑腹滨鹬、青脚鹬、环颈鸻和白腰杓鹬 6 个优势种群与 5 个生境类型 20 个参数及淤泥质海滩宽度进行相关分析。

6.3.2　主要鸻鹬类分布的影响生境参数

根据逐步回归分析结果，黑尾塍鹬、红颈滨鹬、黑腹滨鹬、青脚鹬、环颈鸻和白腰杓鹬 6 个物种的种群数量均与生境参数呈显著线性相关。其回归方程如下：

① 黑尾塍鹬：

$$y=-9029.518+2887.842x_7-530.089x_{10} \tag{6-4}$$

方程中的常数项为-9029.518，偏回归系数 b_7 为 2887.842，b_{10} 为-530.089。经 t 检验，b_7 和 b_{10} 的 P 值分别为 0.003 和 0.057，按 $\alpha=0.05$ 水平均有显著性意义。x_7 为 2km 半径内淤泥质海滩面积。

② 红颈滨鹬：

$$y=113.746-52.070x_2-26.867x_5+15.039x_{15} \tag{6-5}$$

方程中的常数项为 113.746，偏回归系数 b_2 为-52.070，b_5 为-26.867，b_{15} 为 15.039。经 t 检验，b_2、b_5 和 b_{15} 的 P 值分别为 0.001、0.003 和 0.025，在 $\alpha=0.05$ 水平有显著性意义。x_2 为 1km 半径内淤泥质海滩面积，x_5、x_{15} 分别为 1km、5km 半径内新围垦区水域面积。

③ 黑腹滨鹬：

$$y=-3632.823+1166.798x_{17}-228.284x_5 \tag{6-6}$$

方程中的常数项为-3632.823，偏回归系数 b_{17} 为 1166.798，b_5 为-228.284。经 t 检验，b_{17} 和 b_5 的 P 值分别为 0.000 和 0.039，按 $\alpha=0.05$ 水平均有显著性意义。x_5 为 1km 半径内新围垦区水域面积，x_{17} 为 10km 半径内淤泥质海滩面积。

④ 青脚鹬：

$$y=-72.035-54.029x_2+75.379x_7+6.917x_4 \tag{6-7}$$

方程中的常数项为-72.035，偏回归系数 b_2 为-54.029，b_7 为 75.379，b_4 为 6.917。经 t 检验，b_2、b_7 和 b_4 的 P 值分别为 0.000、0.013 和 0.100，按 $\alpha=0.05$ 水平均有显著性意义。x_2、x_7 分别为 1km、2km 半径内淤泥质海滩面积。

⑤　环颈鸻：

$$y=262.529-113.143x_2 \tag{6-8}$$

方程中常数项为 262.529，回归系数 b_2 为-113.143。经 t 检验，b_2 的 P 值为 0.001，按 $\alpha=0.05$ 水平均有显著性意义。x_2 为 1km 半径内淤泥质海滩面积。

⑥　白腰杓鹬：

$$y=-708.332+62.132x_{14}+151.066x_{22} \tag{6-9}$$

方程中的常数项为-708.332，偏回归系数 b_{14} 为 62.132，b_{22} 为 151.066。经 t 检验，b_{14} 和 b_{22} 的 P 值分别为 0.013 和 0.043，按 $\alpha=0.05$ 水平均有显著性意义。x_{14} 为 5km 半径内水产养殖区面积，x_{22} 为 10km 半径内不透水地表面积。

6.3.3　自然滩涂鸻鹬类生境的影响因素分析

6 个物种的种群数量均与生境因子呈显著线性相关，其中，回归方程涉及淤泥质海滩面积的有除白腰杓鹬外的 5 个物种，涉及新围垦区水域面积的有红颈滨鹬、黑腹滨鹬 2 种，涉及水产养殖区面积的有白腰杓鹬，涉及不透水地表面积的有白腰杓鹬。研究结果表明，淤泥质海滩、新围垦区水域、水产养殖区及不透水地表面积是影响鸻鹬类物种在自然潮间带分布的重要因素。

淤泥质海滩面积是鸻鹬类选择觅食地的最重要因素，往往与鸻鹬类的选择呈正相关，如黑尾塍鹬、青脚鹬的种群数量均与 2km 半径内的淤泥质海滩面积呈正相关，黑腹滨鹬与 10km 半径内的淤泥质海滩面积呈正相关。但红颈滨鹬、青脚鹬、环颈鸻的种群数量却与 1km 半径内的淤泥质海滩面积呈负相关，原因可能是这 3 个物种喜好在潮间盐水沼泽边缘地带停歇和觅食。

新围垦区水域是围垦带来的人工湿地，属于围垦滞留区的一部分。由于围垦使自然潮间带植被和淤泥质海滩大量破坏，距离新围垦区水域近的区域必定受到围垦的波及而遭受不同程度的破坏。1km 可能是一个能够起缓冲作用的距离，红颈滨鹬、黑腹滨鹬的分布数量均显示出与 1km 半径内新围垦区水域面积的负相关性。新围垦区水域也意味着潜在的高潮停歇地，如红颈滨鹬的种群数量与 5km 半径内的新围垦区水域面积呈正相关，可能就是基于这种因素。

水产养殖区是潜在的高潮停歇地和觅食地，白腰杓鹬的种群数量与水产养殖区面积呈正相关。

6.4　杭州湾滨海湿地鸻鹬类高潮停歇地营建与管理技术

6.4.1　高潮停歇地的选址与现状

　　研究区位于杭州湾国家湿地公园围垦区内。该围垦区分为有林湿地区域、湿地教育中心和展示区、处理湿地区域、涉禽和游禽活动区、水禽栖息地。鸻鹬类高潮停歇地试验示范区位于围垦区东北部的涉禽和游禽活动区，总占地面积约为41hm^2。围垦区由中央水渠进水，围垦区内湖泊陆地相间，湖泊水深为 0.5～1m。水域面积约占该区域面积的 35%。

6.4.2　高潮停歇地改造和维持方法

　　2010 年 9 月至 2011 年 10 月为迁徙季节，在大潮汛条件下，不定期地对涉禽和游禽活动区高潮停歇地鸻鹬类进行集中调查。

　　2011 年 6～7 月，对涉禽和游禽活动区局部区域进行改造。对涉禽和游禽活动区的改造集中于中部约 10hm^2 的区块，改造 3 个小岛（I1、I2、I3）和 2 个半岛（P1、P2）。

　　营造浅水区和高潮停歇小岛的管理方法：

　　① 打开水闸，降低整个区域内的水位。但须谨慎操作，以防排水过度。水位应降低至 5 个小岛和半岛露出水面，然后关闭水闸。

　　② 通过收割，清理芦苇植被。

　　③ 一旦植被清理完成，最好由工人手工挖掘和清理残留的植物根茎，尽可能地对"岛"进行修整，以创建较低剖面的岛。

　　④ 进水，操控水位（小于 20cm）刚好至 I1、I2 和 I3"岛"底部。

　　⑤ 水位管理。通过周期性地淹没该区域（水位超过 1m），可以控制植物重新生长。水淹操作的时间应该安排在非水鸟迁徙季节，如越冬鸭类开始使用该区域前（11 月至翌年 2 月）、水鸟繁殖期前（6～7 月）。

　　⑥ 植被管理。依据植物再生长的情况定期清理植被，使用传统的手段，如喷洒除草剂、手工清理。

6.4.3　高潮停歇地鸻鹬类分布特征

　　鸻鹬类高潮停歇地试验示范区，在 2010 年 9 月至 2011 年 10 月迁徙季节，共记录鸻鹬类 24 种。排除水雉、普通燕鸻、凤头麦鸡、剑鸻、扇尾沙锥、白腰草鹬和矶鹬 7 种仅出现或主要出现在围垦区湿地的鸻鹬类物种，北迁期记录的鸻鹬类种群密度达到 1.34 只·hm^{-2}；南迁期记录的鸻鹬类种群密度与是否实施有效管理有关，实施有效管理情况下的种群密度达到 17.48 只·hm^{-2}，而放任不管情况下的种群密度仅为 3.63 只·hm^{-2}（表 6-6）。

表 6-6　鸻鹬类高潮停歇地试验示范区记录的物种名录及其最大记录

序号	物种	拉丁名	最大计数/只
1	水雉	*Hydrophasianus chirurgus*	3
2	黑翅长脚鹬	*Himantopus himantopus himantopus*	4
3	普通燕鸻	*Glareola maldivarum*	3
4	凤头麦鸡	*Vanellus vanellus*	24
5	环颈鸻	*Charadrius alexandrinus dealbatus*	16
6	金眶鸻	*Charadrius dubius curonicus*	8
7	蒙古沙鸻	*Charadrius mongolus mongolus*	3
8	铁嘴沙鸻	*Charadrius leuschenaultii leuschenaultii*	2
9	剑鸻	*Charadrius hiaticula tundrae*	19
10	中杓鹬	*Numenius phaeopus variegatus*	34
11	黑尾塍鹬	*Limosa limosa melanuroides*	2
12	矶鹬	*Actitis hypoleucos*	6
13	扇尾沙锥	*Gallinago gallinago gallinago*	7
14	白腰草鹬	*Tringa ochropus*	6
15	鹤鹬	*Tringa erythropus*	8
16	泽鹬	*Tringa stagnatilis*	27
17	林鹬	*Tringa glareola*	15
18	青脚鹬	*Tringa nebularia*	209
19	红脚鹬	*Tringa totanus terrignotae*	25
20	红颈滨鹬	*Calidris ruficollis*	3
21	黑腹滨鹬	*Calidris alpina sakhalina*	2
22	尖尾滨鹬	*Calidris acuminata*	4
23	长趾滨鹬	*Calidris subminuta*	1
24	青脚滨鹬	*Calidris temminckii*	2

6.4.4　鸻鹬类高潮停歇地管理对策

高潮停歇地指定为一个静音区，严格控制游客进入。限制游客数量，参观时间与杭州湾水鸟利用此区域作为停歇地的高峰期一致。只通过骑车或步行进入观鸟屋，不能进入其他区域。该区域水位和植被需要进行管理，为众多水鸟提供合适的浅水裸滩。该区域将被开发成特有的鸟类观赏和摄影区。游客可听从自然讲解员的介绍并必须遵守规则使用观鸟屋（如禁止吸烟、保持安静和不得干扰鸟类活动等）。

管理目标：在已营造的高潮停歇地"小岛"内，维持理想水位在 0～20cm。按需要进行季节性水位管理。在迁徙高峰期和越冬期（8 月至翌年 4 月）保持较低水位（0~20cm）。在夏季（5~7月）提高水位，为物种繁殖创建一个深水生境，并有助于植被管理。

管理对策：

① 防止因植被自然蔓延，小岛的植被盖度超过10%。

② 全年保持良好水质（处于或高于国家Ⅲ类标准）。

③ 在小岛开阔的浅水区和主要停歇区边缘，控制外来植物物种。

④ 防止可能对生物多样性和湿地生态系统有害的非本地植物物种入侵。

⑤ 在整个迁移高峰期，维持停歇的水鸟数量在现有种群数量以上。

⑥ 限制进入观鸟屋游客的数量，防止在水鸟数量高峰期的过度干扰。

管理日程：

① 维持开放的"浅滩"和浅水小岛，并作为水鸟停歇点。每年6~7月，秋季水鸟迁徙前完成扩大浅滩面积的工作。8~9月，在高潮停歇地划定的区域内清理出一个浅水——开放的"浅滩"。在秋季，日常维护"浅滩"，以阻止植被的生长。

② 维持迁徙高峰期栖息的鸟类数量高于本底种群水平。每天，在迁徙高峰期潮水最高时（高于6m）（8~9月和4~5月），统计杭州湾高潮期栖息的水鸟数量。

③ 通过闸门，保持高潮停歇地岛屿的水深小于20cm。

④ 在夏季（5~7月）和冬季（11月至次年2月），每天监测水深，通过水闸调控水深在20cm以上，创建季节性栖息地。

⑤ 迁徙高峰期，每周监测"浅滩"和栖息小岛上植被的生长，如果植被覆盖度超过10%，则进行人工清除、切割和喷药等。

⑥ 监测"浅滩"和栖息小岛上问题植物的出现，必要时人工清除、切割和喷药等。

⑦ 根据需要，阻止水鸟数量高峰期游客对鸟类栖息地的干扰。具体措施包括限制游客对观鸟屋的使用、加强看守的执行力度及将教育纳入环境教育计划。

第7章 杭州湾滨海湿地芦苇生境鸟类
栖息地利用研究

近年来，受全球气候变化和围垦等活动的影响，一些滨海湿地正在退化和消失。围垦滞留区内受潮汐影响较小，逐渐被芦苇生境所占据，为许多雀形目鸟类提供栖息地。杭州湾滨海湿地是震旦鸦雀（*Paradoxornis heudei*）等雀形目鸟类繁殖栖息地之一。但是目前杭州湾南岸湿地围垦较为严重，并且存在外来物种互花米草和加拿大一枝黄花等入侵的威胁，对依赖芦苇生境生存的震旦鸦雀、东方大苇莺（*Acrocephalus orientalis*）、棕头鸦雀（*Paradoxornis webbianus*）等雀形目鸟类生存造成很大的威胁。

本章利用稳定同位素分析方法研究杭州湾滨海湿地 3 种雀形目鸟类在繁殖季节的食物来源及调查研究区域内食物资源的丰富度，分析取食生态位是否存在重叠和分离状况；通过野外生境调查研究震旦鸦雀的喜好生境类型，阐述震旦鸦雀不同季节生境特征和分布差异，探究影响震旦鸦雀栖息地季节利用的因素；野外生境因子调查结合地理信息系统（geographic information system，GIS）技术比较震旦鸦雀在一系列尺度下的适宜生境模型，获得最优生境模型；评价震旦鸦雀分布生境及当前围垦对其产生的影响。研究结果可为将来围垦区雀形目鸟类的栖息地构建与管理提供科学数据。

7.1 杭州湾滨海湿地芦苇生境雀形目鸟类食性和生态位差异

7.1.1 芦苇生境鸟类食物的同位素分析

研究区位于杭州湾南岸的绍兴市上虞港。通过采集芦苇生境鸟类的羽毛及可能取食的昆虫样品，进行稳定同位素的分析，确定芦苇生境鸟类的食性和食物来源。野外样品采集于鸟类繁殖后期的 7～8 月。采集鸟类羽毛样品，同时测量鸟类的形态指标，收集鸟类潜在的食物昆虫样品并进行鉴定。所有样品检测碳和氮两种稳定同位素比值。根据相邻营养层之间的稳定氮同位素值和生态系统中的初级生产者（或者初级消费者）划分该动物在生态系统中所处的营养级位置。取食生态位宽度用辛普森（Simpson）多样性指数（B）表示（吴诗宝等，2005）。

1. 不同鸟类样品同位素特征

震旦鸦雀（n=12）、东方大苇莺（n=8）和棕头鸦雀（n=2）羽毛样品的稳定碳同位素之间无显著差异（$F_{2, 20}$=0.416，P>0.05），说明三者的食物来源有一部分重叠，取食生态位存在一部分重叠（−24.76±1.36‰、−24.61±1.59‰和−25.69±0.062‰）；稳定氮同位素之间有极显著差异（$F_{2, 20}$=8.639，P<0.01），说明三者所处的营养级位置不同（表 7-1，图 7-1～图 7-3）。

表 7-1　杭州湾南岸震旦鸦雀、东方大苇莺和棕头鸦雀羽毛样品的稳定同位素均值和标准误

样品	$\delta^{13}C$/‰		$\delta^{15}N$/‰	
	实测数据	校正后数据	实测数据	校正后数据
震旦鸦雀（n=12）	−24.76±1.36	−25.76±1.36	10.69±1.18	13.69±1.18
东方大苇莺（n=8）	−24.61±1.59	−25.61±1.59	9.23±1.09	12.23±1.09
棕头鸦雀（n=2）	−25.69±0.062	−26.69±0.062	7.24±0.97	10.24±0.97

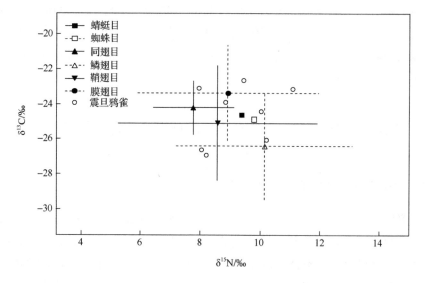

图 7-1　杭州湾南岸震旦鸦雀样品及潜在食物的 $\delta^{13}C$ 和 $\delta^{15}N$ 值

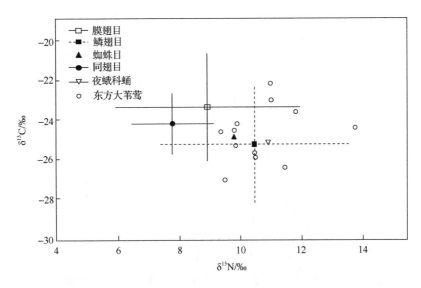

图 7-2　杭州湾南岸东方大苇莺羽毛样品及潜在食物的 δ^{13}C 和 δ^{15}N 值

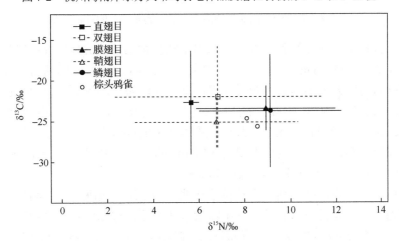

图 7-3　杭州湾南岸棕头鸦雀羽毛样品及潜在食物的 δ^{13}C 和 δ^{15}N 值

2. 不同鸟类的食物组成及其来源

通过对羽毛样品分析得到震旦鸦雀繁殖期食物来源的贡献情况：夜蛾科（Noctuidae）蛹＞鳞翅目（叶蛾科除外）成虫＞蜘蛛目＞膜翅目＞同翅目，其中夜蛾科蛹和鳞翅目（叶蛾科除外）成虫对震旦鸦雀食物的贡献率最高，分别为 29.06% 和 27.39%；同翅目的贡献率最低，为 9.29%（图 7-4）。本研究收集的鳞翅目昆虫包括夜蛾科、螟蛾科（Pyralidae）、天蚕蛾科（Saturniidae）、弄蝶科（Hesperiidae）。

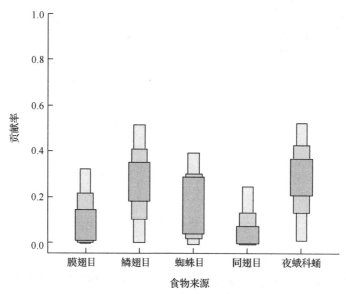

图 7-4　各食物来源对杭州湾南岸震旦鸦雀羽毛的贡献箱图

通过分析羽毛样品得到东方大苇莺繁殖期食物来源的贡献情况：膜翅目＞蜘蛛目＞蜻蜓目（Odonata）＞鳞翅目＞鞘翅目（Coleoptera）＞同翅目，其中膜翅目和蜘蛛目对东方大苇莺食物的贡献率最高，分别为 17.13%和 17.08%；同翅目的贡献率最低，为 15.51%（图 7-5）。本研究收集的膜翅目昆虫包括蚁科（Formicidae）、小蜂科（Chalcididae），鳞翅目昆虫包括夜蛾科、螟蛾科、天蚕蛾科、弄蝶科，鞘翅目昆虫包括虎甲科（Cicindelidae）、叩甲科（Elateridae）、花金龟科（Cetoniidae）、瓢虫科（Coccinellidae）等。

通过分析羽毛样品得到棕头鸦雀繁殖期食物来源的贡献情况：鳞翅目＞膜翅目＞鞘翅目＞双翅目＞直翅目，其中鳞翅目和膜翅目对棕头鸦雀食物的贡献率最高，分别为 22.53%和 21.95%；直翅目的贡献率最低，为 17.05%（图 7-6）。

3. 不同鸟类取食生态位和营养级层次

通过计算可得，震旦鸦雀、东方大苇莺和棕头鸦雀的取食生态位宽度分别为 5.21、5.95 和 6.59（表 7-2）。震旦鸦雀和东方大苇莺食物来源重叠部分为膜翅目、鳞翅目、蜘蛛目、同翅目，重叠度为 6.25，两者的食物资源有较强的相似性；震旦鸦雀和棕头鸦雀食物来源重叠部分为膜翅目、鳞翅目，重叠度为 4.05；东方大苇莺和棕头鸦雀食物来源重叠部分为膜翅目、鳞翅目、鞘翅目，重叠度为 6.52（表 7-3）。三者食物来源存在一定程度的重叠，如膜翅目、鳞翅目，重叠度为 4.10；三者之间有一定的竞争力，其中，震旦鸦雀和棕头鸦雀间的竞争力最大，重叠度最高。

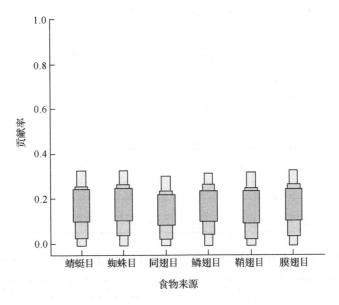

图 7-5　各食物来源对杭州湾南岸东方大苇莺羽毛的贡献箱图

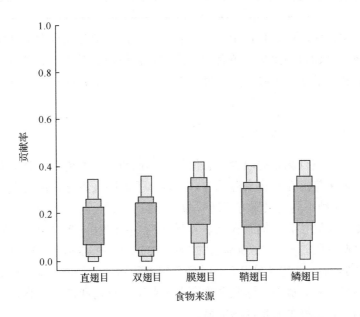

图 7-6　各食物来源对杭州湾南岸棕头鸦雀羽毛的贡献箱图

表 7-2　杭州湾南岸震旦鸦雀、东方大苇莺和棕头鸦雀取食生态位宽度和重叠度

食物种类	各食物来源贡献率/%		
	震旦鸦雀	东方大苇莺	棕头鸦雀
膜翅目	14.54	17.13	21.95
鳞翅目	27.39	16.74	22.53
蜘蛛目	19.71	17.08	0
同翅目	9.29	15.51	0
夜蛾科蛹	29.06	0	0
蜻蜓目	0	16.87	0
鞘翅目	0	16.67	20.96
直翅目	0	0	17.05
双翅目	0	0	17.51
取食生态位宽度	5.21	5.95	6.59

表 7-3　杭州湾南岸震旦鸦雀、东方大苇莺和棕头鸦雀取食生态位重叠度

物种名	震旦鸦雀	东方大苇莺	棕头鸦雀
震旦鸦雀	—	—	—
东方大苇莺	6.25	—	—
棕头鸦雀	4.05	6.52	—

　　本研究中采集的膜翅目昆虫有蚁科和小蜂科，大部分蚁科为杂食性，小蜂科是寄生昆虫；鳞翅目昆虫多为植食性，因此将初级消费者鳞翅目昆虫作为基线，计算震旦鸦雀、东方大苇莺和棕头鸦雀的营养级层次分别为 3.52 ± 0.39、3.03 ± 0.36 和 2.37 ± 0.32。

4. 不同鸟类觅食生境比较

　　综上所述，震旦鸦雀的取食生态位相对其他两种鸟类更窄，对生境的敏感度更高。本研究采集潜在食物来源的方式多样，不同的采集方式代表不同的觅食生境（表 7-4）。4 种不同的采集方式所采集的昆虫有所差异。通过计算可得，4 种昆虫类型的稳定碳同位素之间存在显著差异（$F_{3, 37}=4.210$，$P<0.05$），说明它们之间的食物来源有所差异（$-26.60‰\pm2.27‰$、$-23.93‰\pm2.42‰$、$-25.97‰\pm0.17‰$ 和 $-23.60‰\pm2.59‰$）。上述结果显示，震旦鸦雀繁殖期主要食物来源是夜蛾科蛹、鳞翅目（夜蛾科除外）成虫。这些食物存在于芦苇植株内和芦苇土壤表层，因此，震旦鸦雀的觅食生境主要是芦苇生境。

表 7-4　杭州湾南岸昆虫情况

序号	觅食生境	采集方式	数量	昆虫种类
1	芦苇-水域	灯诱法	18	龙虱科、棒角甲科、叩甲科、蛇蛉科、蚊科、螟蛾科、蟌科、瓢虫科、金龟总科、夜蛾科、叶甲科、虎甲科、天蚕蛾科、扁角菌蚊科、水龟虫科、步甲科、缘蟌科
2	芦苇土壤表层	黄盘收集法	15	蠼螋科、蝉科、丽蝇科、蚊科、隐翅虫科、小蜂科、夜蛾科、弄蝶科、蝇科、草蛉科、扁角菌蚊科、蚜总科、埋葬甲科
3	芦苇	剥取芦苇法	3	蚁科、仁蚧科、夜蛾科蛹
4	芦苇-蘸草	网兜捕捉法	5	蜗牛科、蝗科、蟋蟀科、蜻蜓目

7.1.2　芦苇生境鸟类食性与生态位分析

食物资源是影响鸟类生境选择的主要因素之一，鸟类的食性情况不仅与鸟类自身的能量需求有关，还与栖息地质量和食物资源状况有关（原宝东等，2016）。雀形目鸟类的栖息生境主要是芦苇丛、灌木丛，在繁殖期主要依赖芦苇生境，潜在食物来源均来自芦苇丛。试验区域的芦苇群落长势较好，为雀形目鸟类提供了丰富的食物资源和良好的栖息地。

震旦鸦雀为杭州湾留鸟，其羽毛样品可以反映繁殖期的食性需求。研究结果表明，震旦鸦雀的主要食物来源是茎内昆虫夜蛾科蛹、鳞翅目（夜蛾科除外）成虫及蜘蛛目成虫，这三者的贡献率之和达到 76.16%，其中前两者的贡献率之和达到 56.45%。因此，虽然未能收集到震旦鸦雀的所有食物来源物种，但是收集结果仍然可以很好地反映主要食物来源组成和贡献率。通过野外取食痕迹调查发现，震旦鸦雀取食茎表昆虫宫苍仁蚧（Nipponaclerda biwakoensis）的频率较高；但是由稳定同位素分析发现，宫苍仁蚧的贡献率较低，茎内昆虫夜蛾科蛹的贡献率较高，这可能是由于宫苍仁蚧个体较小，能量较低，而夜蛾科蛹的能量较高，营养更丰富（熊李虎，2011）。熊李虎等（2007）对震旦鸦雀取食行为的观察表明，震旦鸦雀在繁殖期主要取食芦苇茎腔内或茎壁上的昆虫幼虫、蛹和茎表昆虫。本研究发现，震旦鸦雀主要取食茎内昆虫夜蛾科蛹和鳞翅目成虫，而茎表昆虫的贡献率很低，与上述研究结果有所差异。上述研究并未发现震旦鸦雀取食鳞翅目昆虫，这说明利用稳定同位素分析方法比传统方法获得的信息更丰富。

由于东方大苇莺的潜在食物来源中昆虫物种较多，本研究将其食物来源按照目级划分，这可能会对食性分析产生一定的影响。东方大苇莺在杭州湾为迁徙鸟类，每年在繁殖地与越冬地迁徙，其食性会随着栖息地不同而发生改变。研究结果表明，东方大苇莺的主要食物来源是膜翅目、蜘蛛目、蜻蜓目、鳞翅目的昆虫，四者的贡献率之和为 67.82%。此结果大体与汪青雄等（2013）的野外观察结果相符。由于东方大苇莺的喙相比震旦鸦雀更细长，不适合取食芦苇茎腔内的鳞翅目幼虫或者蛹（熊李虎，2011），且它是夏候鸟，飞行能力较强，因此东方大苇莺主要取食飞行的昆虫，它的食物主要来自芦苇-水域微生境。棕头鸦雀的主要食物来源是鳞翅目、膜翅目、鞘翅目，各个食物来源的贡献率比较接近，该结果与杨向明和李新平（1996）的研究相符。

震旦鸦雀、东方大苇莺和棕头鸦雀的食物来源重叠部分为鳞翅目和膜翅目，其中鳞翅目对震旦鸦雀的贡献率较高，对棕头鸦雀的贡献率最高，而膜翅目对东方大苇莺的贡献率最高（在自然界中，食物资源是有限的，三者共享食物资源，如果发生膜翅目数量突然减少的情况，将对东方大苇莺构成的威胁更大）。棕头鸦雀是三者中生态位宽度最大的鸟类，因此棕头鸦雀是三者中最具竞争优势的鸟类。东方大苇莺和棕头鸦雀的食物来源比较接近，重叠度达到 6.52，且两者在繁殖期栖息于芦苇生境，两者取食生态位有较高的重叠度，这就意味着两者之间存在一定的竞争。两者食物的主要来源有所分化，东方大苇莺的主要食物来源是膜翅目、蜘蛛目和蜻蜓目，而棕头鸦雀的主要食物来源是鳞翅目、膜翅目、鞘翅目昆虫，二者取食生态位有所分离，以此来降低二者间的竞争。

震旦鸦雀的食物都来自芦苇生境，较喜好夜蛾科蛹、鳞翅目成虫及蜘蛛目成虫，其觅食、栖息、繁殖都位于芦苇生境。因此，建议在后期围垦阶段，保留一定面积的芦苇群落。同时，震旦鸦雀喜好一定面积的斑块状或者条带状的、含有旧芦苇的芦苇群落（熊李虎等，2007），这为震旦鸦雀的繁殖提供场所和食物保障。

杭州湾滨海湿地围垦状况比较严重，围垦滞留区形成受潮汐影响较小的芦苇群落，为小型雀形目鸟类提供了良好的栖息地。但是随着地表土层趋于稳定，围垦持续进行，芦苇生境被开辟成农田、鱼塘、沿海防护林等其他类型的生境，甚至被各种基础设施所代替，且外来物种互花米草入侵严重，导致雀形目鸟类栖息生境面临衰退、减少、破碎化的威胁，尤其对震旦鸦雀影响最大。这是由于震旦鸦雀翅膀负荷较大，飞行能力较弱，不适合长途飞行，而且震旦鸦雀高度依赖芦苇生境，它在整个生活史都栖息与觅食于芦苇生境（熊李虎，2011）。本研究结果可以为将来构建与恢复雀形目鸟类栖息地提供科学参考。

7.2　杭州湾滨海湿地震旦鸦雀栖息地利用的季节性差异

7.2.1　芦苇生境鸟类及其环境生态因子分析

1. 鸟类调查

2017 年 12 月至 2018 年 8 月，采用样方法结合样线法，在震旦鸦雀栖息的区域随机设置选择样方，在未观察到震旦鸦雀出现的区域随机设置对照样方，对样方内震旦鸦雀及其生境特征进行调查观察并记录。按照鸟类的生活周期，在两个时间段进行野外调查：繁殖期（5～8 月）和越冬期（11 月至次年 3 月），记录震旦鸦雀的数量、行为（觅食、筑巢等行为）等数据。

2. 生态因子的测定

根据文献（吴逸群和刘迺发，2010；刘鹏等，2012），将描述性（非数值型）生态因子划分为各个等级，将非描述性（数值型）生态因子以实测数值记录。共计 14 个生态因子，如表 7-5 所示。

表 7-5　震旦鸦雀栖息地生态因子的代号和说明

生态因子	代号	说明
植被多样性（vegetation diversity）	VD	估测值，分为 5 个等级。等级 1：植物物种<5 种；等级 2：5 种≤植物物种<10 种；等级 3：10 种≤植物物种<20 种；等级 4：20 种≤植物物种≤40 种；等级 5：植物物种>40 种
食物丰富度（food abundance）	DA	估测值，分为 3 个等级，等级 1 为食物资源缺乏，等级 2 为食物资源中等，等级 3 为食物资源丰富
人为活动强度（human activity intensity）	HD	估测值，分为 3 个等级。等级 1：有少量人类活动，如行人或骑自行车者；等级 2：人类活动中等，如经常有行人或者骑自行车者或者机动车辆经过；等级 3：常有机动车辆通过或者人类活动频繁
水域面积比（water area ratio）	PW	估测值，分为 5 个等级。等级 1：水域面积比<5%；等级 2：5%≤水域面积比≤10%；等级 3：10%<水域面积比<15%；等级 4：15%≤水域面积比≤20%；等级 5：水域面积比>20%
乔木盖度（arbor coverage）/%	TC	实测值，在 10m×10m 样方内测量乔木盖度，获得平均乔木盖度
乔木高度（arbor height）/m	TH	实测值，在 10m×10m 样方内测量所有乔木的平均高度
灌木盖度（shrub coverage）/%	SC	实测值，在 10m×10m 样方内测量灌木盖度
灌木高度（shrub height）/m	SH	实测值，在 10m×10m 样方内测量 5 个小样方的灌木平均高度

续表

生态因子	代号	说明
草丛盖度（herbage coverage）/%	GC	实测值，在 10m×10m 样方内测算 5 个 1m×1m 小样方的草本盖度，取平均值
草丛高度（herbage height）/m	GH	实测值，在 10m×10m 样方内测算 5 个 1m×1m 小样方的草本高度，取平均值
水源距离（distance to water）/m	DW	实测值，记录水源地的具体位置，运用 ArcGIS 的空间分析功能计算距离
居民点距离（distance to residential）/m	DRA	实测值，利用全球定位系统（global positioning system，GPS）记录居民点的地理位置，运用 ArcGIS 的空间分析功能计算距离
主干道距离（distance to arterial street）/m	DAT	实测值，通过遥感影像直接利用 ArcGIS 的空间分析功能计算距离
海岸线距离（distance to the shoreline）/m	DS	实测值，通过遥感影像直接利用 ArcGIS 的空间分析功能计算距离

7.2.2　芦苇生境鸟类不同季节生态因子作用分析

1. 越冬期选择样方和对照样方生态因子的差异

越冬期震旦鸦雀在上虞港和杭州湾国家湿地公园的生态因子在选择样方与对照样方间存在显著差异和极显著差异（表 7-6 和表 7-7）。在上虞港，震旦鸦雀的非数值型生态因子食物丰富度呈现显著差异，其他因子差异不显著；震旦鸦雀的数值型生态因子乔木盖度及高度、海岸线距离呈现极显著差异，草丛高度呈现显著差异，而其他因子差异不显著。在杭州湾国家湿地公园，震旦鸦雀的非数值型生态因子水域面积比呈现显著性差异；数值型生态因子乔木盖度及高度、草丛高度和海岸线距离差异显著。越冬期的震旦鸦雀在上虞港和杭州湾国家湿地公园两个地区内各个生态因子有所差异，震旦鸦雀在越冬期选择栖息在食物丰富且离海岸线有一定距离的芦苇区域。

表 7-6　越冬期震旦鸦雀选择样方和对照样方 4 个非数值型生态因子的比较

生态因子	上虞港			杭州湾国家湿地公园		
	χ^2	自由度	P	χ^2	自由度	P
VD	3.77	1	0.052	1.00	2	0.61
DA	3.74	2	0.047*	0.29	1	0.59
HD	0.69	1	0.41	1.00	2	0.61
PW	3.92	3	0.27	7.71	3	0.049 *

注：*表示存在显著差异（$P<0.05$），**表示存在极显著差异（$P<0.01$）。

表 7-7　越冬期震旦鸦雀选择样方和对照样方 10 个数值型生态因子的比较

生态因子	上虞港			杭州湾国家湿地公园		
	选择	对照	P	选择	对照	P
TC	0	31.19±16.10	0.008**	0.00	29.43±24.63	0.026*
TH	0	203.75±134.24	0.008**	0.00	449.87±298.44	0.026*
SC	0	0	—	22.86±33.26	10.71±26.24	0.46
SH	0	0	—	91.64±108.11	54.08±132.47	0.54
GC	34.08±11.07	27.82±10.51	0.62	33.00±6.81	25.02±14.10	0.16
GH	113.79±28.01	54.27±23.58	0.035*	118.96±29.59	46.32±50.69	0.012*
DW	127.14±74.97	55±45	0.33	135.71±113.25	52.86±88.88	0.17
DRA	369.29±356.60	545±588.89	0.10	1342.29±1036.99	577.29±650.71	0.10
DAT	70±64.14	34.17±51.83	0.47	139.43±159.86	102.86±99.96	0.32
DS	985.71±394.35	1750±364.01	0.007**	2342.86±1054.05	4071.43±1403.79	0.033*

注：*表示存在显著差异（$P<0.05$），**表示存在极显著差异（$P<0.01$）。

2. 繁殖期选择样方和对照样方生态因子的差异

繁殖期震旦鸦雀在上虞港和杭州湾国家湿地公园的生态因子在选择样方与对照样方间有显著差异和极显著差异（表 7-8 和表 7-9）。在上虞港，震旦鸦雀的非数值型生态因子食物丰富度呈现显著差异；数值型生态因子草丛盖度及高度呈现显著差异。在杭州湾国家湿地公园，震旦鸦雀的非数值型生态因子食物丰富度和水域面积比呈现显著差异；数值型生态因子乔木盖度及高度、水源距离差异极显著，草丛高度、居民点距离差异显著。结果表明，震旦鸦雀在繁殖期选择食物丰富、人为干扰较小、离水源地较近的草本芦苇区域栖息。

表 7-8　繁殖期震旦鸦雀选择样方和对照样方 4 个非数值型生态因子的比较

生态因子	上虞港			杭州湾国家湿地公园		
	χ^2	自由度	P	χ^2	自由度	P
VD	0.77	1	0.78	3.92	3	0.27
DA	5.19	2	0.048*	5.31	2	0.045*
HD	0.15	2	0.93	0.62	2	0.74
PW	6.39	3	0.094	5.47	3	0.048*

注：*表示存在显著差异（$P<0.05$），**表示存在极显著差异（$P<0.01$）。

表 7-9　繁殖期震旦鸦雀选择样方和对照样方 10 个数值型生态因子的比较

生态因子	上虞港			杭州湾国家湿地公园		
	选择	对照	P	选择	对照	P
TC	1.15±2.58	0	0.63	0.00	39.29±23.12	0.008**
TH	78.67±175.90	0	0.63	0.00	480.83±233.35	0.008**
SC	0	1.43±3.50	0.73	0.57±1.40	9.17±20.50	0.95
SH	0	17.14±41.99	0.73	33.43±81.88	26.61±59.51	0.95
GC	37.06±8.56	18.48±7.15	0.046*	29.15±8.13	26.80±6.12	0.91
GH	103.22±52.71	87.21±7.53	0.048*	121.27±19.87	66.10±36.33	0.039*
DW	76.67±61.01	82.85±79.95	0.81	167.14±115.60	16.67±6.87	0.00**
DRA	814.17±114.86	1031.43±1020.75	0.99	1599.43±967.50	323.50±207.74	0.022*
DAT	77.50±66.57	31.43±48.53	0.33	135.14±162.58	116.67±101.60	0.36
DS	1150.00±540.83	1500.00±481.07	0.45	1900.00±905.54	4600.00±585.95	0.15

注：*表示存在显著差异（P＜0.05），**表示存在极显著差异（P＜0.01）。

3. 不同季节震旦鸦雀栖息地生态因子的逐步判别分析

根据逐步判别分析的结果可知，不同研究区域不同季节影响震旦鸦雀栖息地选择的主要因子有所差异（表 7-10 和表 7-11）。按照贡献值大小，上虞港越冬期影响震旦鸦雀栖息地选择的生态因子依次为：乔木盖度＞乔木高度＞海岸线距离＞草丛高度；繁殖期为：草丛盖度＞草丛高度＞主干道距离＞海岸线距离。杭州湾国家湿地公园越冬期影响震旦鸦雀栖息地选择的生态因子依次为：乔木高度＞草丛高度＞乔木盖度＞草丛盖度＞海岸线距离；繁殖期为：海岸线距离＞乔木高度＞乔木盖度＞水源地距离＞居民点距离＞草丛高度＞草丛盖度。

表 7-10　上虞港震旦鸦雀生态因子的逐步判别分析

生态因子	越冬期			繁殖期		
	Wilks' λ	F	P	Wilks' λ	F	P
TC	0.33	22.23	0.001**	0.90	1.18	0.30
TH	0.45	13.65	0.004**	0.90	1.18	0.30
SC	—			0.93	0.85	0.38
SH	—			0.93	0.85	0.38
GC	0.92	0.92	0.36	0.93	7.87	0.037*
GH	0.93	7.85	0.038*	0.95	7.53	0.048*
DW	0.75	3.59	0.085	1.00	0.02	0.89
DRA	0.97	0.37	0.56	0.99	0.11	0.74
DAT	0.92	1.02	0.34	0.86	1.75	0.21
DS	0.50	11.02	0.007**	0.90	1.29	0.28
判别率/%	95.2			92.3		

注：*表示存在显著差异（P＜0.05），**表示存在极显著差异（P＜0.01）。

表 7-11　杭州湾国家湿地公园震旦鸦雀生态因子的逐步判别分析

生态因子	越冬期			繁殖期		
	Wilks' λ	F	P	Wilks' λ	F	P
TC	0.58	8.56	0.013*	0.39	17.11	0.002**
TH	0.47	13.63	0.003**	0.30	25.15	0.00**
SC	0.96	0.49	0.50	0.91	1.04	0.33
SH	0.98	0.29	0.60	0.90	1.15	0.31
GC	0.89	1.56	0.24	0.97	6.29	0.026*
GH	0.57	9.19	0.010*	0.62	6.79	0.024*
DW	0.86	1.99	0.18	0.56	8.58	0.014*
DRA	0.84	2.34	0.15	0.56	8.49	0.014*
DAT	0.98	0.23	0.64	1.00	0.049	0.83
DS	0.67	5.82	0.033*	0.25	33.21	0.00**
判别率/%	92.9			91.1		

注：*表示存在显著差异（$P<0.05$），**表示存在极显著差异（$P<0.01$）。

7.2.3　芦苇生境鸟类栖息地选择的成因及探讨

鸟类栖息地随着季节变化发生改变，这可能是由于鸟类在不同生活周期对栖息地存在不同生理需求。人为干扰和栖息地植被存在季节性变化，促使鸟类在不同生活周期对栖息地的选择存在差异（杨维康等，2000）。繁殖是鸟类生活史上一个至关重要的环节，繁殖成功率直接影响种群动态和物种的延续（O'connor，1985）。研究结果表明，震旦鸦雀不同生活周期影响生境选择的因子有所差异，在越冬期影响其选择的主要因子是食物丰富度，在繁殖期是食物丰富度和水域面积比，这可能与震旦鸦雀的繁殖行为有关。

本研究结果显示，草丛盖度及高度、水源距离、居民点距离对震旦鸦雀的生境选择与利用具有主要影响作用，这与董斌和熊李虎的研究结果相似。但是本研究发现乔木盖度与高度也影响震旦鸦雀的生境选择与利用，该发现与前人的结果不符（熊李虎等，2007；董斌等，2010），这可能是由于本研究的选择样方是旱柳-芦苇混合生境。野外调查发现震旦鸦雀喜好在高芦苇且伴有旧芦苇的区域栖息。这一行为与食物资源有关，这是因为旧芦苇上残留上一年昆虫产下的虫卵，为震旦鸦雀提供了食物资源。震旦鸦雀在杭州湾区域属于留鸟，对于震旦鸦雀来说，越冬条件决定着来年的孵化繁殖能量储备及种群的动态变化（周宏力等，2011）。本研究发现海岸线距离对震旦鸦雀栖息地选择也有极显著影响，震旦鸦雀更倾向于在距离海岸线较远的芦苇生境出现。这可能是由于与海岸线有一定距离的芦苇长势较好，食物资源相对丰富，而越冬期资源匮乏，是震旦鸦雀栖息地选择的重要限制因子。在繁殖期时食物资源丰富，限制震旦鸦雀栖息地选择的主要因子是人为干扰、水源等。

　　不同区域不同生活周期影响震旦鸦雀栖息地选择的关键因子有所差异。根据逐步判别分析结果，越冬期影响震旦鸦雀栖息地选择的关键因子为：乔木盖度及高度、海岸线距离、草丛高度，震旦鸦雀的食物来源主要是生长在芦苇上的昆虫（熊李虎等，2007），草丛高度和盖度决定了震旦鸦雀的食物丰富度。繁殖期的主要影响因子为草丛盖度及高度、海岸线距离和乔木高度，这说明震旦鸦雀繁殖期不仅需要丰富的食物资源，还需要一定的隐蔽条件，远离人为干扰。震旦鸦雀偏好在高植被盖度、可见度较低的生境中栖息（李东来等，2015）。高植被盖度为震旦鸦雀提供隐蔽条件，降低被天敌发现捕食的风险，为鸟类繁殖提供理想的育雏场地。在上虞港和杭州湾国家湿地公园两个区域内影响震旦鸦雀的主要因子也有所差异，这可能与杭州湾国家湿地公园在调查期间存在局部施工等人为活动因素有关。

　　鸟类对栖息地的选择利用是各种生态因子共同作用的结果，这是一个极其复杂的过程（杨维康等，2000）。研究发现，震旦鸦雀不同季节影响栖息地选择的因子有所差异，在越冬期的主要影响因子是食物丰富度、乔木盖度及高度、海岸线距离、草丛高度，而在繁殖期是食物丰富度、水域面积比、乔木盖度及高度、草丛盖度及高度、水源距离、居民点距离。综上所述，建议在围垦阶段，对震旦鸦雀栖息的芦苇生境应保留一定面积、高度和盖度，生境周围还需存在一定面积的水域，且远离居民点；在繁殖期间，应采取措施减少人为干扰，为震旦鸦雀的繁殖提供必要的场所和食物保障。

7.3　杭州湾滨海湿地芦苇生境震旦鸦雀多尺度的生境适宜性分析

7.3.1　芦苇生境震旦鸦雀生境适宜性模型

1. 震旦鸦雀分布数据

　　数据来源于 2017～2018 年在杭州湾对震旦鸦雀越冬期和繁殖期的野外观测调查。采用样方法与样线法结合的调查方法，先对研究区域内震旦鸦雀可能分布的区域进行样线法调查，如果发现有震旦鸦雀分布就用便携式 GPS 进行定位记录样方信息，并进行样方调查，样方面积设置为 0.5m×0.5m。通过连续 1 年的调查，共得到震旦鸦雀分布点 83 个，然后在地图上随机生成无震旦鸦雀分布点 121 个。最后获得的 204 个有/无震旦鸦雀分布点数据进行尺度模型运算。

2. 环境数据

根据前期研究结果，选择植被类型、水分、人为干扰等环境因子作为影响震旦鸦雀分布的主要因子。构建震旦鸦雀生境适宜性模型的预测变量主要有 11 个环境因子（表 7-12）。利用 2017 年 10 月 2 日高分 1 号影像（两台 2m 分辨率全色相机）遥感影像提取相关环境因子信息。将有震旦鸦雀分布点和无震旦鸦雀分布点作为缓冲区的中心，建立圆形缓冲区，利用人工目视解译统计每一个缓冲区内芦苇、林地、蔍草、互花米草、其他植被、水产养殖塘、农田、居民点、道路、裸地、水体面积百分比。本研究将缓冲区半径大小分别设置为 56.43、79.81、112.87、159.62 和 178.46（m），面积分别为 1、2、4、8 和 10（hm^2）。

表 7-12　杭州湾震旦鸦雀环境因子

类型	环境因子	代号
植被类型	芦苇面积百分比（percentage of reed）	RP
	互花米草面积百分比（percentage of spartina）	SOP
	蔍草面积百分比（percentage of valerian）	VP
	林地面积百分比（percentage of forest）	FP
	其他植被面积百分比（percentage of other vegetable）	OVP
水分因子	水体面积百分比（percentage of water）	WP
人为干扰因子	裸地面积百分比（percentage of bare land）	BLP
	居民点面积百分比（percentage of residential）	RAP
	道路面积百分比（percentage of street）	SP
	水产养殖塘面积百分比（percentage of aquaculture ponds）	AP
	农田面积百分比（percentage of farmland）	FLP

3. 生境适宜性模型构建

假设震旦鸦雀的分布数据服从 0,1 的二项分布，1 为有震旦鸦雀分布，0 为无震旦鸦雀分布。采用二项逻辑斯谛回归模型构建震旦鸦雀生境适宜模型（Mccullagh and Nelder，1989）。应用 R_N^2 来评估预测模型的拟合度（Nagelkerke，1991）。运用卡帕（Kappa）值和接受者操作特征（receiver-operating characteristic，ROC）曲线两种标准评估模型的精度（Swets，1988）。

单尺度模型：将每一尺度的每一个环境因子与震旦鸦雀分布点数据信息代入二项逻辑斯谛回归模型。通过比较 5 个尺度的 R_N^2 值，可以获得每个环境因子达到最佳拟合度时的尺度，即最佳尺度。

多尺度模型：首先，创建每一个单尺度的所有环境因子的预测模型，以 R_N^2 大小作为逐步回归的评判标准，构建每一个尺度上该环境因子的最佳模型；其次，让每一个环境因子均处于其最佳尺度，以 R_N^2 值为评判标准，构建多尺度模型；

最后选择最佳模型。

基于模型生成的生境适宜性分布图，计算获得最佳单尺度模型和多尺度模型的各类景观格局指数，主要包括适宜生境面积大小、斑块数、平均斑块面积和适宜生境比例（张国钢等，2003；徐基良等，2006；吴庆明等，2013）。

7.3.2　不同尺度震旦鸦雀生境适宜性预测

1. 尺度对模型构建的影响分析

单尺度模型的结果显示，各环境因子的拟合度及其尺度效应均存在差异（图 7-7）。总体来看，裸地面积百分比、居民点面积百分比、林地面积百分比、芦苇面积百分比所有尺度的 R_N^2 值都大于 0.1，其中林地面积百分比在所有尺度的 R_N^2 值都大于 0.381，拟合能力最强；居民点面积百分比在所有尺度的 R_N^2 值在 0.375 以上，拟合能力较强；芦苇面积百分比的 R_N^2 值为 0.2～0.7，拟合能力较好，但不同尺度间的差异较大；裸地面积百分比的 R_N^2 值为 0.2～0.4，拟合能力一般。水体面积百分比在所有尺度的 R_N^2 值在 0.1 以下，拟合能力较差。道路面积百分比、蘋草面积百分比、其他植被面积百分比的 R_N^2 值有的大于 0.1，有的小于 0.1，这说明在不同尺度拟合度分布不均匀，有拟合度较好的，也存在拟合度较差的。从尺度角度来看，随着尺度的变换，蘋草面积百分比的 R_N^2 值的变化幅度是最大的，裸地面积百分比和水体面积百分比的 R_N^2 值随着尺度的变化呈现的变化幅度较小，道路面积百分比和其他植被面积百分比的 R_N^2 值随着尺度的递增而呈增加趋势；而其他环境因子的 R_N^2 值随着尺度的递增而呈下降趋势。

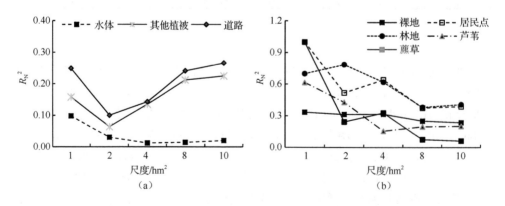

图 7-7　震旦鸦雀不同尺度各环境因子 R_N^2 值比较

由模型分析结果发现，所有单尺度模型和多尺度模型没有变化趋势，随着尺度的增加大体呈现递减的趋势（图 7-8），在 $1hm^2$ 时，R_N^2 和曲线下面积（area under the curve，AUC）值最大。所有单尺度和多尺度模型的拟合度和预测精度水平一般，R_N^2 值为 0.381～0.647，AUC 值为 0.713～0.798。1hm^2 尺度和多尺度模型，拟合度和预测精度接近良好水平。

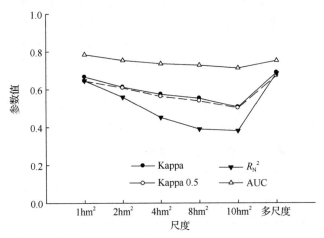

图 7-8　震旦鸦雀单尺度与多尺度模型拟合和预测能力比较

2. 震旦鸦雀生境适宜性模型

从分析结果可知，当空间尺度为 1hm^2 时，模型中 R_N^2 值达到最大值，因此在 1hm^2 尺度构建的模型为最佳单尺度模型。多尺度模型的拟合度和预测精度都高于所有单尺度模型，因此选择 1hm^2 单尺度模型和多尺度模型作为最终模型。模型公式如下：

1hm^2 单尺度模型：

$$HSI = -0.414 - 4.139VP + 0.076RP + 0.018BLP + 0.052OVP + 0.018WP - 10.175AP$$
$$(7-1)$$

多尺度模型：

$$HSI = 0.203 - 3.593VP + 4.351RP + 4.740BLP + 3.542OVP + 3.835WP + 3.543AP$$
$$(7-2)$$

式中，HSI 为每个样方的生境适宜性值。

两种模型中环境因子的回归系数存在差异，薹草面积百分比的回归系数在单尺度模型和多尺度模型中为负值，水产养殖塘面积百分比的回归系数在单尺度模型中为负值，其他因子的回归系数在两个模型中为正值。环境因子的回归系数为正值，这说明该因子对震旦鸦雀分布为正影响；环境因子的回归系数为负值，表明该因子对震旦鸦雀分布为负影响。

3. 生境适宜性空间分布特征

运用上述模型生成研究区域震旦鸦雀生境适宜性分布图，通过计算获得相关景观格局指数，2 个模型预测结果中震旦鸦雀的空间分布大体相似。1hm² 单尺度模型和多尺度模型预测的结果显示，震旦鸦雀适宜生境分别占研究区域面积的 8.98% 和 11.24%，两个模型中震旦鸦雀的分布趋势相似，主要适宜生境在上虞港的芦苇沼泽区、杭州湾国家湿地公园生态保育区和沿海芦苇生境。两个模型的预测结果也存在差异（表 7-13），1hm² 单尺度模型预测结果显示震旦鸦雀分布更为破碎化，其斑块数大于多尺度模型，平均斑块面积小于多尺度模型。

表 7-13　杭州湾震旦鸦雀适宜生境景观指数比较

模型	适宜生境面积/hm²	面积百分比/%	斑块数/个	平均斑块面积/hm²
1hm² 单尺度	1096.27	8.98	55	19.93
多尺度	1372.11	11.24	39	35.18

7.3.3　尺度对震旦鸦雀生境适宜性评价的影响分析

尺度问题主要研究物种与所处环境之间的关系，尤其是在构建生境适宜性模型方面。本研究通过转换不同尺度分析震旦鸦雀的适宜生境，结果显示所有环境因子的拟合度随着尺度的变化而改变，并且模型的预测精度存在尺度效应。一般情况下，单尺度模型的预测效果比多尺度模型的差，这与对美国秃头鹰和丹顶鹤的研究结果相同（Thompson and Mcgarigal，2002；曹铭昌等，2010）。因此，根据拟合度最高尺度的环境因子来构建多尺度模型的方法是构建野生动物生境适宜性模型的一种优势方法。

本研究从景观角度获得震旦鸦雀栖息环境的影响因子数据，从不同尺度评价和分析震旦鸦雀栖息地适宜性。在对 5 个环境因子的单尺度模型分析中，裸地面积百分比和芦苇面积百分比的拟合能力总体较强，两者对震旦鸦雀的栖息地选择具有正向影响。芦苇面积百分比在 1hm² 时的拟合度达到最高，说明在杭州湾南岸，1hm² 的芦苇面积百分比是限制震旦鸦雀分布的主要因素。这个结果在一定程度体现了震旦鸦雀生境需求在 1hm² 生境尺度更准确，这与震旦鸦雀的形态、生理结构有关，它的体型较小，翅膀负荷较大，不适合远距离飞行。尽管本研究构建的所有生境适宜性模型的预测精度和拟合度只达到一般水平（0.5<Kappa 值<0.6，0.7<AUC<0.8），但在一定程度体现了震旦鸦雀在景观尺度的生境需求。本研究发现震旦鸦雀对微生境的利用率相对高一些，因此在今后的研究中，应收集震旦鸦雀更小尺度的生境数据，深入分析震旦鸦雀与栖息地之间的关系。

杭州湾滨海湿地是震旦鸦雀重要的栖息地，也是我国泥质淤泥型海滩和岩石性海滩的分界线。该区域面临的主要问题是如何处理滨海湿地保护与资源利用开发之间的矛盾。近年来，杭州湾滨海湿地围垦活动不断加剧，造成滨海湿地逐渐损失和退化，导致许多鸟类的栖息地破碎化，这与本研究的结果相似。单尺度和多尺度栖息地适宜性评价模型预测的结果显示，震旦鸦雀适宜生境斑块化，并且居民点面积百分比和道路面积百分比对震旦鸦雀的分布具有负向影响，这说明围垦造成的人为干扰活动影响震旦鸦雀的栖息地选择。近年来，围垦滞留区受潮汐影响较小，逐渐被芦苇湿地所占据，这为许多雀形目鸟类提供了栖息地。但是，围垦区往往被开发用作水产养殖塘、基础建设用地等，这使芦苇沼泽湿地面积丧失，震旦鸦雀适宜性生境质量降低、面积减少。

第 8 章　杭州湾滨海湿地围垦区植物群落结构特征

　　杭州湾滨海湿地围垦区是滨海沼泽湿地自然淤涨或者人工促淤形成的特殊区域，是滨海沼泽湿地和陆地生态系统的过渡带。植被类型表现为以中生或者湿生的禾本科植物占据优势的草本植物群落，双子叶草本植物为群落中的伴生种（吴统贵等，2008）。这些植物群落的基本特征目前还少有研究。近年来，外来植物加拿大一枝黄花的分布范围逐步扩大，在一些区域形成单优群落，甚至逐步侵入本地优势植物群落，表现出逐渐排挤和替代本地植物的趋势，可能对土壤生态系统产生显著影响（叶小齐等，2014）。化感作用的生态学意义是生态学界持续关注的一个科学问题。群落是如何形成和组织的是生态学的关键问题（Lortie et al.，2004）。但是化感作用非常复杂（Zeng，2014），其对植物群落的组成及结构的影响尚未得到清楚的认识。

　　本章揭示杭州湾滨海湿地围垦区本地植物群落特征、加拿大一枝黄花单优群落及其侵入本地植物群落的生长特征；比较不同植物群落土壤理化性质；对杭州湾滨海湿地围垦区不同物种和生态型（是否为入侵物种，是否为克隆植物等）物种之间化感潜力的差异进行研究，并分析化感潜力与物种优势度的关系，为进一步揭示加拿大一枝黄花入侵机理提供依据。

8.1　杭州湾滨海湿地围垦区植被基本特征

8.1.1　植被调查和土壤取样方法

　　研究样地位于杭州湾国家湿地公园生态保育区（121°09′58″E，30°19′29″N）。该区域自 2008 年地形改造后，植被群落自然发育，较少受到人为干扰。湿地公园内地势平坦、生境条件均一，土壤含盐量约为 2‰，pH 值为 8~9。该区域植被物种多样性较低，多为单优群落。主要群落是处于演替早期的单优势种的草本群落：白茅群落、芦苇群落、束尾草群落和加拿大一枝黄花群落。

　　2013 年 8 月对区域内不同植物群落植被特征、加拿大一枝黄花生长特征（株高和基径）及土壤进行测定，选取以芦苇、束尾草、白茅和加拿大一枝黄花为优势种的典型样地各 5 块，每块样地设置 10m×10m 样方，每个样方中随机选择 3 个 1m×1m 小样方。样地中加拿大一枝黄花群落为单优群落；白茅群落伴生加拿大一枝黄花；芦苇群落和束尾草群落中芦苇、束尾草分别是优势种，除了冠层伴生少量加拿大一枝黄花外，下层伴生少量白茅、野艾蒿和长裂苦苣菜（*Sonchus brachyotus*）等物种。对每个样地估算植被的平均总盖度，测量冠层高度，收割小样方中地上部分，烘干称重计算其生物量。调查样方内加拿大一枝黄花的株数（分蘖数），计算其在每个样地的平均密度。在样方内随机选取加拿大一枝黄花 10～15 株，测量其株高和基径（高于地面 2cm 处茎的直径）。以选定的加拿大一枝黄花为中心，在 0.5m 范围内确定 4 株优势种植物，测量其高度。从冠层底部开始，采用光合有效辐射计（GLZ-C，浙江托普仪器有限公司），每隔 10cm 高度测定一次光合有效辐射（photosynthetically active radiation，PAR）。根据冠层高度，将冠层分成上、中、下 3 部分，计算每部分的平均 PAR。由于所有群落冠层上部的 PAR 差异不大，仅比较冠层中部和下部 PAR 的差异。用群落的总盖度、冠层高度（优势种平均株高）及冠层中部、下部 PAR 作为评价加拿大一枝黄花光照资源的指标。调查时，白茅、芦苇、束尾草和加拿大一枝黄花的平均株高分别为 90、150、155 和 155（cm）。

利用上述植被调查的样地和样地设置方法，研究加拿大一枝黄花和 3 种本地植物对土壤物理性质和矿质营养水平的影响。采集样方内原状土测定土壤物理性质（土壤容重、土壤含水量和土壤总孔隙度），分别采集样方内 0～10cm 土壤和 10～20cm 土壤测定其他参数。将在每个样地内 3 个小样方中采集到的新鲜土壤样品分成两份，一份在室内自然风干、过筛后保存，用于测定土壤 pH 值、有机碳、全氮、水解氮、全磷、速效磷、速效钾等指标；另一份于 4℃保存，在两周内完成土壤铵态氮、硝态氮的测定。

土壤总有机碳采用重铬酸钾氧化-外加热法测定；土壤易氧化碳采用 $KMnO_4$ 氧化法测定；土壤可溶性测定用蒸馏水浸提、0.45μm 滤膜过滤、总有机碳分析仪测定的方法；土壤微生物碳采用氯仿熏蒸法测定（杨长明等，2005）。

8.1.2　不同植物群落地上部分基本特征

如图 8-1 所示，不同植物群落盖度、冠层高度和 PAR 差异显著（$P < 0.05$）。白茅群落盖度最大，几乎全部覆盖；加拿大一枝黄花单优群落盖度最小。群落冠层高度由大到小依次为束尾草群落（161.8cm）、芦苇群落（152.6cm）、加拿大一枝黄花（144.4cm）单优群落和白茅（92.0cm）群落。冠层底部 PAR 以芦苇群落最高，其次是加拿大一枝黄花单优群落，而冠层中部 PAR 以加拿大一枝黄花单优群落最高，其次是芦苇群落和白茅群落，束尾草群落最低。加拿大一枝黄花单优群落和束尾草群落地上部生物量显著高于白茅群落和芦苇群落（$P < 0.05$）。

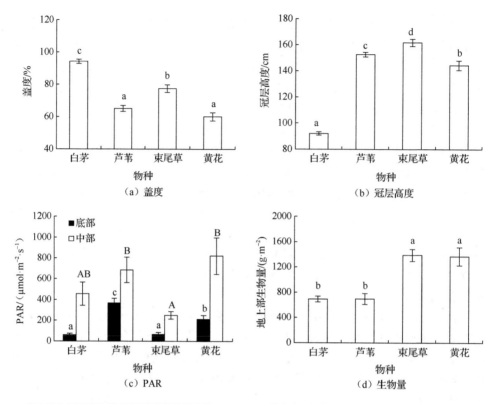

图中英文字母不同表示不同群落间差异显著（$P<0.05$）；英文小写和大写字母不同分别表示冠层底部和中部
PAR 在不同群落间差异显著（$P<0.05$）。

图 8-1　不同植物群落［白茅、芦苇、束尾草和加拿大一枝黄花（简称"黄花"）］
地上部分基本特征

　　束尾草、芦苇、白茅和加拿大一枝黄花是杭州湾滨海湿地围垦区的优势植物，除白茅群落外，其他 3 种植物群落的冠层高度都在 140cm 以上。所有植物群落盖度都在 60% 以上，地上部生物量在 $700g \cdot m^{-2}$ 以上，这说明这些植物对杭州湾滨海湿地围垦区环境具有较高的适应性。杭州湾滨海湿地围垦区土壤含水量为 17.5%～29.5%，表现出中生到湿生的生境特征；pH 值为 8.17～8.69，表现出碱性和强碱性；杭州湾滨海湿地围垦区滩涂含盐量为 2‰ 左右，属轻盐土，与围垦前的 4‰ 相比显著下降（吴明等，2011）。束尾草、芦苇和白茅和加拿大一枝黄花对较高的土壤 pH 值和较高的土壤水分含量都有较好的适应性，而其他一些双子叶植物则可能适应性较差。杭州湾滨海湿地围垦区土壤成土时间短，土壤养分水平较低。例如，围垦 5 年后土壤全氮、全磷含量仅为 $0.4g \cdot kg^{-1}$ 和 $0.6g \cdot kg^{-1}$（吴明等，2008），低于全国土壤全氮含量 $1.87g \cdot kg^{-1}$ 和全磷含量 $0.78g \cdot kg^{-1}$ 的平均水平（Tian et al.，2010）。束尾草、芦苇和白茅等禾本科植物能够忍受较低的土壤养分，即使土壤养分较低，也能积累较多的生物量，而外来植物加拿大一枝黄花可能具有将一些难以被其他植物直接利用的氮、磷和钾转化为可利用形态的能力，因此也能适应杭州湾滨海湿地围垦区较低的土壤养分水平。

8.1.3　不同植物群落中加拿大一枝黄花生长特性

不同本地植物群落对加拿大一枝黄花密度或生长具有显著的抑制作用（$P<$0.05）（图 8-2）。不同本地植物群落中，加拿大一枝黄花密度与株高、基径具有相反的趋势，密度较高时，株高和基径较小。加拿大一枝黄花单优群落中，加拿大一枝黄花密度最大，其次是白茅群落，而芦苇群落和束尾草群落仅有稀疏的加拿大一枝黄花分布。不同植物群落间加拿大一枝黄花株高和基径差异显著（$P<$0.05），株高由高到低依次为加拿大一枝黄花单优群落（153.3cm）、束尾草群落（148.0cm）、芦苇群落（142.1cm）和白茅群落（93.8cm）。如图 8-3 所示，不同植物群落中加拿大一枝黄花株高都与其周围 4 株邻株（本地植物或者加拿大一枝黄花）株高呈极显著正相关关系（$P<0.001$）。

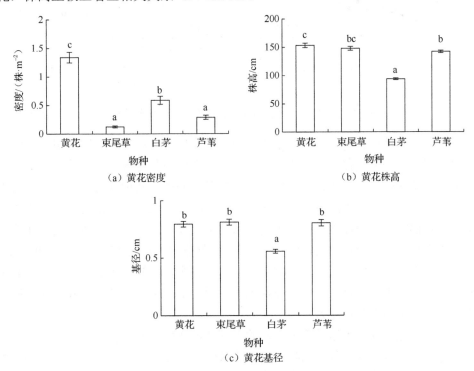

图中英文小写字母不同表示不同植物群落间差异显著（$P<0.05$）。

图 8-2　不同植物群落中加拿大一枝黄花（简称"黄花"）密度、株高和基径

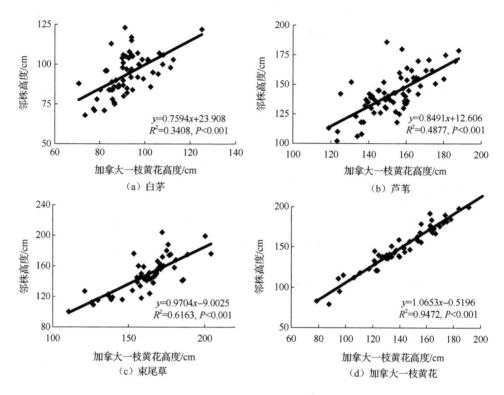

图 8-3　不同植物群落中加拿大一枝黄花邻株高度与中心株分株高度间的回归分析

在不同本地植物群落中，加拿大一枝黄花密度和分株生长表现出相反的变化规律，即较高的密度伴随较弱的分株生长，这可能与其克隆生长有关。在同一样地中，加拿大一枝黄花个体可能仅包含少数几个基株，其种群密度和个体生长的相反变化关系可能与克隆植物种群调节有关（董鸣等，2011）。在其他克隆植物中也发现种群密度和个体生长的负相关关系（李红等，2004）。白茅群落冠层较低，光照水平和土壤营养水平均较低，加拿大一枝黄花通过降低株高而增加种群密度，可能有利于其占领资源条件更好的生境，增加整个种群的存活率；而在芦苇群落和束尾草群落中，加拿大一枝黄花通过增加对地上部生长的资源投入，以增强与芦苇和束尾草的光竞争能力。

不同本地植物群落通过形成不同的群落环境从而影响入侵植物的生长。入侵植物主要与本地植物竞争光照和地下部的水分和矿质营养（樊江文等，2004）。加拿大一枝黄花所能获得的光照资源取决于群落盖度和冠层高度。本研究中加拿大一枝黄花单优群落盖度低于白茅群落和束尾草群落，冠层高度也低于芦苇群落和束尾草群落，而除了芦苇群落外，加拿大一枝黄花单优群落冠层底部和中部 PAR

均较高，这说明本地植物群落较高的盖度、冠层高度减少了群落内部可以利用的光照资源，因而抑制加拿大一枝黄花幼苗的生长。在生长季节后期，当加拿大一枝黄花株高超过 90cm 时，其所能获得的光照水平将远超过芦苇群落和束尾草群落。由于白茅群落冠层高度（90cm）显著低于芦苇群落（150cm）和束尾草群落（155cm），在白茅群落中加拿大一枝黄花受白茅的光竞争胁迫大大减弱，在芦苇群落和束尾草群落中，加拿大一枝黄花与芦苇、束尾草在整个生长季节都竞争光照，加拿大一枝黄花主要进行地上部生长。进一步分析表明，加拿大一枝黄花株高和邻株株高具有显著正相关性，说明邻株的遮阴可能是影响其株高的重要原因。这较好地印证了植物可根据邻体光竞争的强度调节其高度的假设。

8.1.4　不同植物群落土壤理化性质

由表 8-1 可知，加拿大一枝黄花入侵后 0～10cm 及 10～20cm 土层的 pH 值均显著降低（$P<0.001$），pH 值的高低顺序为：加拿大一枝黄花单优群落＜白茅群落＜束尾草群落＜芦苇群落。加拿大一枝黄花单优群落两个土层的土壤含水量也显著低于 3 种本地植物群落（$P<0.01$），与本地的束尾草、白茅和芦苇群落相比，其土壤含水量在 0～10cm 土层分别降低 35.69%、24.37% 和 35.36%，在 10～20cm 土层分别降低 36.56%、34.84% 和 31.84%。加拿大一枝黄花单优群落土壤容重在 0～10cm 和 10～20cm 土层低于芦苇群落但高于束尾草群落和白茅群落。土壤孔隙度在 4 种植物群落中的趋势正相反，加拿大一枝黄花单优群落土壤孔隙度在 0～10cm 土层高于芦苇群落但低于束尾草群落和白茅群落，但在 10～20cm 土层比 3 种本地植物群落都低。本研究中的样地均位于杭州湾滨海湿地的围垦区内，加拿大一枝黄花与 3 种本地植物相比具有较低的土壤含水量，这可能与加拿大一枝黄花较大的总叶面积和较高的蒸腾速率有关。土壤容重和土壤孔隙度是土壤紧实度的指标，其大小主要受土壤有机碳含量、土壤结构及植物根系结构的影响，加拿大一枝黄花较高的土壤容重和较低的土壤孔隙度可能与其较大的植株密度和复杂的根系结构相关。加拿大一枝黄花的入侵有效降低了土壤的 pH 值（表 8-1），这可能是由于其凋落物和根系分泌物能够中和杭州湾滨海湿地土壤的碱性。

表 8-1　不同植物群落土壤基本理化性质

群落	土层深度/cm	pH 值	土壤含水量/%	土壤容重/（g·cm⁻³）	土壤孔隙度/%
加拿大一枝黄花	0～10	8.17±0.03A	19.05±1.8A	0.91±0.09A	65.67±3.26A
	10～20	8.36±0.05a	17.47±1.9a	1.02±0.05a	61.518±1.91a
束尾草	0～10	8.47±0.04C	29.62±1.5B	0.90±0.05A	66.168±1.89A
	10～20	8.57±0.08b	27.54±1.4b	0.88±0.09a	66.958±3.29a

续表

群落	土层深度/cm	pH 值	土壤含水量/%	土壤容重/（g·cm⁻³）	土壤孔隙度/%
白茅	0～10	8.28±0.01B	25.19±2.1B	0.85±0.03A	68.018±1.25A
	10～20	8.38±0.02a	26.81±1.7b	0.90±0.08a	66.288±3.13a
芦苇	0～10	8.57±0.04D	29.47±2.4B	0.99±0.06A	62.56±2.12A
	10～20	8.69±0.02b	25.63±2.3b	1.02±0.07a	61.738±2.50a

注：同一列英文大写字母不同表示不同植物群落 0～10cm 土层差异显著（$P<0.05$），英文小写字母不同表示不同植物群落 10～20cm 土层差异显著（$P<0.05$）。

　　不同植物群落的土壤全氮没有明显差异（表 8-2），但是加拿大一枝黄花单优群落的土壤铵态氮、硝态氮和碱解氮含量在 0～10cm 土层与 3 种本地植物群落均差异显著（$P<0.01$），加拿大一枝黄花单优群落土壤碱解氮含量分别是束尾草群落、白茅群落和芦苇群落的 1.7 倍、2.3 倍和 2.0 倍，加拿大一枝黄花单优群落铵态氮和硝态氮含量在 10～20cm 土层同样显著高于 3 个本地植物群落（$P<0.01$），但是碱解氮含量低于束尾草群落。与束尾草群落、白茅群落和芦苇群落相比，加拿大一枝黄花单优群落的全磷含量在 0～10cm 土层分别提高 8.62%、5.00% 和 10.53%，在 10～20cm 土层分别提高 8.77%、5.08% 和 6.90%。两个土层中的土壤全钾含量在加拿大一枝黄花入侵后均无显著改变。加拿大一枝黄花单优群落在两个土层的土壤有效磷含量与 0～10cm 土层的速效钾含量类似，均高于束尾草群落和白茅群落，但低于芦苇群落，在 10～20cm 土层的速效钾含量与束尾草群落和白茅群落无显著差异，但显著低于芦苇群落。

表 8-2　不同植物群落土壤氮、磷和钾总量和有效含量

土壤养分	土层深度/cm	加拿大一枝黄花	束尾草	白茅	芦苇
全氮/（g·kg⁻¹）	0～10	0.50±0.03a	0.47±0.07a	0.38±0.03a	0.42±0.02a
	10～20	0.35±0.04a	0.38±0.02a	0.27±0.01a	0.39±0.07a
全磷/（g·kg⁻¹）	0～10	0.63±0.02a	0.58±0.01a	0.60±0.01a	0.57±0.03a
	10～20	0.62±0.03a	0.57±0.01a	0.59±0.01a	0.58±0.01a
全钾/（g·kg⁻¹）	0～10	5.56±0.82a	5.77±0.29a	4.66±0.24a	5.67±0.18a
	10～20	5.22±0.66a	5.94±0.27a	4.56±0.27a	5.49±0.16a
铵态氮/（mg·kg⁻¹）	0～10	7.89±1.12b	4.56±0.36a	4.69±0.29a	4.30±0.27a
	10～20	6.59±0.64b	4.24±0.47a	4.35±0.47a	3.47±0.11a
硝态氮/（mg·kg⁻¹）	0～10	4.63±0.45b	2.61±0.12a	2.54±0.08a	2.36±0.07a
	10～20	3.32±0.19b	2.77±0.05a	2.82±0.11a	2.83±0.09a
碱解氮/（mg·kg⁻¹）	0～10	74.7±10.0b	43.4±8.7a	31.8±5.2a	37.4±4.6a
	10～20	27.0±5.7a	41.7±7.06b	21.1±1.4a	24.3±3.0a
有效磷/（mg·kg⁻¹）	0～10	7.68±1.59bc	5.05±0.94ab	3.06±0.26a	9.95±0.60c
	10～20	5.54±0.99b	5.34±1.19b	2.81±0.22a	10.2±0.5c
速效钾/（mg·kg⁻¹）	0～10	110.5±16.2b	86.3±14.7ab	49.3±4.8a	125.5±17.7b
	10～20	73.6±17.5ab	95.4±14.4bc	49.7±4.3a	147.8±13.5c

注：同一行英文小写字母不同表示不同植物群落差异显著（$P<0.05$）。

由图 8-4 可知，加拿大一枝黄花的入侵对 0～10cm 土层和 10～20cm 土层土壤总有机碳没有产生显著影响，但是在两个土层均显著降低了易氧化有机碳的含量（$P<0.001$），在 0～10cm 土层 3 个本地植物束尾草、白茅和芦苇群落的易氧化有机碳含量分别是加拿大一枝黄花单优群落的 1.6、1.5 和 2.1（倍），在 10～20cm 土层分别是 1.6、1.8 和 2.6（倍），加拿大一枝黄花单优群落同样降低了水溶性有机碳的含量，与束尾草群落、白茅群落和芦苇群落相比，加拿大一枝黄花单优群落的水溶性有机碳含量在 0～10cm 土层分别降低了 27.27%、40.78%和 4.00%，在 10～20cm 土层分别降低了 41.36%、39.49%和 29.63%。与之相反的是，加拿大一枝黄花的入侵提高了 0～10cm 土层土壤微生物碳的含量，与束尾草群落、白茅群落和芦苇群落相比分别提高了 196.72%、180.21%和 41.47%，但是加拿大一枝黄花的入侵并没有对 10～20cm 土层土壤微生物碳的含量产生显著影响。

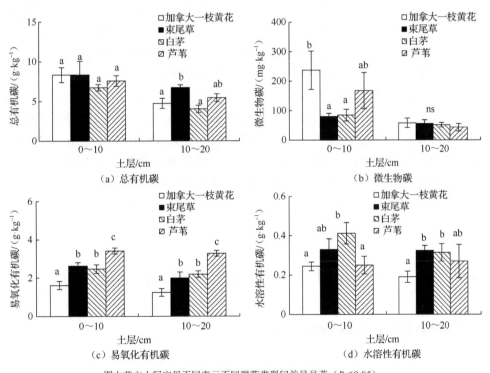

图中英文小写字母不同表示不同群落类型间差异显著（$P<0.05$）。

图 8-4　不同植物群落土壤活性有机碳组分状况

土壤肥力是影响入侵植物生长的重要因素。不同植物群落土壤矿质营养水平各异是因为其驱动矿质营养元素的地球化学循环的方式和速度不同（Eherenfeld，2003）。植物群落主要通过凋落物和根系分泌物增加土壤矿质营养元素的含量和有效性（Weidenhamer and Callaway，2010）。与 3 种本地植物群落相比，加拿大一枝黄花单优群落土壤氮、磷和钾含量和有效性增加，与陆建忠等（2005）、沈荔花等（2007）和 Zhang 等（2009）的研究结果一致。结合其他研究，入侵植物改变土壤矿质营养元素循环，增加土壤肥力水平，似乎是一个普遍的现象（Eherenfeld，2005；Weidenhamer and Callaway，2010）。

本研究所选的试验样地较少受到人为干扰，生境均一，土壤肥力差异不大，加之样方面积较大，样方间距离较远，可以排除潜在的土壤养分异质性的影响。因此，我们认为不同植物群落间土壤养分差异是由群落物种的不同造成的，加拿大一枝黄花单优群落较高的土壤养分含量是其入侵的结果。加拿大一枝黄花可能通过提高土壤微生物的活性，提高土壤中有效态氮、磷和钾的供应水平。本研究还发现加拿大一枝黄花入侵在两个土层对土壤总有机碳均未引起显著改变，但提高了 0～10cm 土层的微生物碳含量，并显著降低了易氧化有机碳和可溶性有机碳的含量，说明加拿大一枝黄花入侵后土壤微生物的数量增加、活性提高，促进了土壤中有机质的分解。这些研究结果表明，对土壤微生物活性的促进可能是入侵植物促进氮、磷和钾形态转化，提高土壤肥力水平的重要原因。

植物通过影响土壤系统形成有利于自身生长的环境被认为是植物竞争演替的重要驱动机制之一（Holmgrem et al.，1997）。入侵的正反馈假说认为外来物种能通过与土壤的相互作用获得竞争优势以增强入侵力（Ehrenfeld et al.，2001；Ehrenfeld，2003）。Duda 等（2003）的研究发现藜科植物盐生草（*Halogeton glomeratus*）的入侵，显著改变了入侵地的土壤生态系统，显著增加了土壤有机碳、全氮、速效氮、全磷、全钾和钠的含量，这些土壤性质的改变可能有利于提高其在新生环境中的竞争能力。

8.2   化感作用对围垦湿地植物群落结构的影响

8.2.1   物种优势度调查和化感潜力测定

采用分层取样法对围垦区加拿大一枝黄花单优群落、束尾草群落、白茅群落和芦苇群落进行调查。随机设置 1m×1m 小样方，小样方数量和每种群落所占据的面积大致成正比，共调查 176 个小样方，记录每个小样方的盖度、株高和个体数量。由于许多物种是克隆植物，以分株的数量作为物种个体数量。物种优势度用重要值进行表征，具体计算方法见文献（Curtis and McIntosh，1951）。

选定不同植物群落的 41 个物种进行比较研究。这些物种代表不同物种来源（木地植物和入侵植物）、生活型（一二年生、多年生）、克隆性（克隆植物、非克隆植物）和不同的科。2014 年 8 月在植物生长旺盛期收集 41 个物种健康植株的新鲜叶片。为了尽可能反映同一物种不同植株化感潜力的变异程度，每个物种的叶片从至少 10 个植株上采集。一些物种叶片太小，则增加采集数量以保证有足够的叶片用于化感潜力分析。叶片采集后立即在 60℃条件下烘干 24h。根据 Meiners（2014）的方法测试叶片提取物的生物活性。由于青菜（*Brassica rapa* var. *chinensis*）种子萌发速度快且种子萌发对化感物质敏感，使用青菜作为受体植物。将 6.25g 烘干叶片剪碎后放置于有 250mL 蒸馏水的烧杯中，并在室温条件下振荡 24h，之后用双层纱布过滤。过滤液用蒸馏水按照 10%的梯度进行稀释，获得的提取液浓度（叶片质量：蒸馏水质量）梯度为：0、0.25、0.5、0.75、1.00、1.25、1.5、1.75、2.00、2.25 和 2.50（%）。在 90mm 培养皿中放置滤纸和 30 粒青菜种子，每个物种每个提取液浓度处理重复 3 个培养皿。每个培养皿中加入 5mL 稀释后的提取液，并在 25℃和 12h/12h（照明/黑暗）光照周期下培养。所有测试 4d 后青菜种子均不再萌发，因此在第 5 天测定每个培养皿中青菜的萌发种子数和胚根长。

测试发现青菜胚根长度比种子萌发率对青菜叶片提取液的响应更为敏感，因此采用不同浓度叶片提取液处理下的青菜胚根长的变化作为量化不同物种化感活性的表征指标，建立青菜胚根长和每个物种提取液的浓度的回归方程，回归系数即每个物种的化感活性强度指标，回归系数越大，说明该物种的化感潜力越强，并计算不同物种化感潜力的平均值、标准误和分布频度。

8.2.2　物种和功能群之间化感潜力的变异

方差分析结果表明，物种之间化感潜力差异显著（$n=41$，标准差为 0.1184）。在所研究的 41 个物种之间，青菜种子胚根长随着提取液浓度变化的曲线斜率为 0.0075~0.4911，平均值为 0.2554。对所有物种而言，表征物种化感潜力的曲线斜率（也称为抑制强度）的分布不遵循正态分布，而是往右偏移（偏度=0.057，图 8-5）。如图 8-6 所示，禾本科植物的化感潜力显著低于菊科植物、豆科植物及其他科植物（$P<0.05$），而后三者间差异不显著。但是禾本科植物的重要值大于其他科植物，并显著大于除菊科植物和豆科植物以外的植物。多年生植物化感潜力要低于一二年生植物（$P<0.05$），但是重要值更大。克隆植物的化感潜力比非克隆植物更低，但重要值更大（$P<0.05$）。和本地植物相比，入侵植物的化感潜力略低，但重要值略大（图 8-6）。

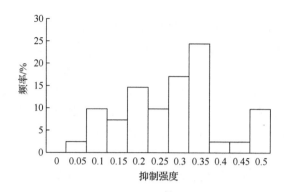

图 8-5　不同物种（*n*=41）对青菜种子胚根长的抑制强度的分布频度

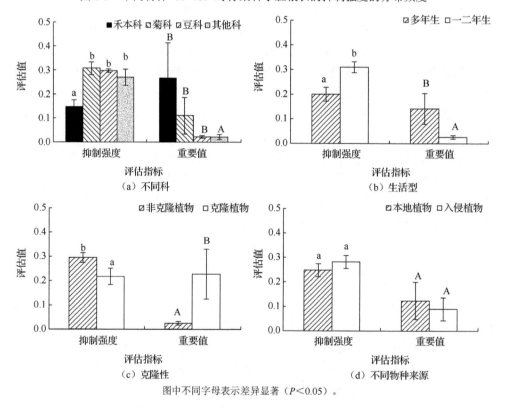

图中不同字母表示差异显著（*P*<0.05）。

图 8-6　不同功能型物种化感潜力和重要值

8.2.3　物种优势度和化感潜力之间的相关性

　　41 个物种之间萌发率没有显著差异，但是不同物种萌发后种子胚根长度有显著差异。除白茅群落外，种子胚根长均和提取液浓度呈负相关关系，因此将胚根长随着物种提取液浓度变化而变化的曲线斜率定义为每个物种提取液的化感潜力。对于 4 种植物群落总体而言，物种的化感潜力和重要值呈显著负相关关系。对于芦苇群落、加拿大一枝黄花单优群落和束尾草群落而言，化感潜力和重要值呈负相关关系，但不显著，而对于白茅群落，物种的化感潜力和重要值呈显著负相关关系（$P<0.05$）（图 8-7）。

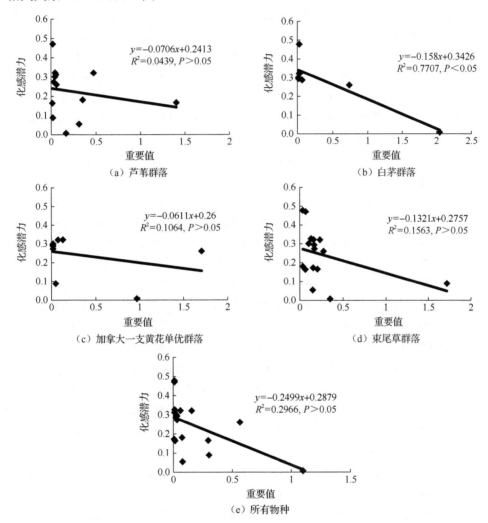

图 8-7　不同植物群落（加拿大一枝黄花单优群落、白茅群落、芦苇群落和束尾草群落）物种重要值和化感潜力回归分析

在杭州湾滨海湿地围垦区植物群落中，不同物种和不同功能群之间化感潜力差异显著。同时，物种的化感潜力和重要值之间呈负相关关系。这些结果说明，促进物种占据群落优势地位的资源分配和提高物种化感潜力的资源分配之间可能

存在取舍关系。

Meiners（2014）研究发现物种的化感潜力与生活史特征、株高和叶片质量等功能特征之间具有相关性。我们的研究也表明不同功能群，如不同科植物、不同生活史物种，以及不同克隆性物种之间化感潜力差异显著。功能群之间化感潜力的变化方向与重要值的变化方向相反。将所有物种放在一起分析，发现物种的化感潜力和重要值呈显著负相关关系，这些研究结果表明化感潜力不是促进物种占据优势的原因。在本研究中，入侵植物并不具有更高的化感潜力，相反，入侵植物加拿大一枝黄花的化感潜力仅为 0.2605，比同属于菊科的本地植物碱蓬（*Tripolium pannonicum*，0.456）和鳢肠（*Eclipta prostrata*，0.415）都低。这些结果表明，入侵植物的化感潜力不一定高于本地植物。Pisula 和 Meiners（2010）、Meiner（2014）也获得同样的结果。Wardle 等（2011）认为当入侵植物进入入侵地后，本地植物和入侵植物相互作用并产生适应性进化，入侵植物的化感活性会随着时间逐渐降低。

多数化感物质都是次生代谢的产物，需要消耗能量进行合成、储存和运输，因此只有在化感物质所带来的收益高于成本时植物才会合成它。植物对资源的竞争能力是决定其分布和优势度的重要因素（Tilman，1988；Grime，2006），因此决定植物竞争能力的性状，如克隆性和多年生性状，会与决定植物化感作用的性状竞争有限的资源。当多年生植物定居下来后，多年生植物可能会通过促进无性繁殖，而不是通过促进化感作用，以抑制其邻体植物，而在生长季节开始后，一年生植物必须具有较强的化感作用以获得生长空间和其他资源。类似地，克隆性会促进克隆分株之间的生理整合和克隆分工，因此克隆植物的无性繁殖可能会比化感作用更有效地获取有限的资源（Jónsdóttir and Watson，1997；Stuefer，1997）。克隆植物会将更多资源投入无性繁殖中，而减少对次生代谢和化感物质合成的投入，因此克隆植物的化感活性要比非克隆植物低。植物生长能力和次生代谢之间的资源分配关系也在其他研究中得到印证（Hakulinen et al.，1995；Ruuhola and Julkunen-Tiitto，2003）。

必须指出，化感作用对植物群落结构建成的影响比较复杂，其发生条件和影响机理有待进一步深入研究。Reigosa 等（1999）认为由于群落物种之间的协同进化作用，化感作用不可能是一个普遍性的现象。一些研究发现，只有在一些特定环境条件下才会出现化感作用（Kaur and Callaway，2014；Reigosa et al.，1999）。植物化感作用的影响更多地出现在生态系统层次，而不是出现在个体层次（Wardle et al.，1998）。另外，化感作用除了直接影响物种之间的交互作用，也可影响其他一些生态过程，如土壤养分的有效性。一些次生代谢物质除了在环境中作为化感物质，同时也是抵御病虫害的重要武器（Field et al.，2006）。

　　本研究所使用的方法具有如下几个局限：①化感物质类型、化感物质产生的数量和受体植物种类都会影响物种之间的化感作用，因此采用青菜作为受体植物可能会存在一定的偏差；②青菜并不是一个在本研究植物群落中自然生长的植物，它和植物群落中自然生长的植物对化感物质的响应可能不同；③实验室内的生物活性分析只能提供物种化感活性的基本信息，而没有考虑化感物质和土壤相互作用的过程（Inderjit and Weston，2000；Inderjit，2005）。因此，只有开展更为深入和接近自然条件的研究，才能得出更为准确的结论。

第9章 杭州湾滨海湿地围垦区加拿大一枝黄花入侵机理研究

加拿大一枝黄花，为菊科一枝黄花属（*Solidago* L.）植物，多年生草本，具发达的根状茎，原产于北美地区，最初作为庭园花卉引入我国上海、南京等地，现已广泛逸生为恶性外来种（董梅等，2006）。加拿大一枝黄花繁殖能力极强，既能利用种子进行有性繁殖，也能通过地下根状茎进行无性克隆。一般情况下，每株植株可产生2万多粒种子，种子具有较高的萌发率，植株根部具有上百个根状茎结构，每个根状茎在第2年可萌发形成独立的个体，如此高的繁殖能力使其在入侵后能够迅速扩散形成单优群落（王玉良等，2009）。此外，加拿大一枝黄花根部还会产生一些化感物质影响周围土著植物生长，对入侵地生物多样性造成一定影响。

目前，加拿大一枝黄花已蔓延至我国多个省市，包括上海、江苏、安徽、浙江、山东、辽宁、陕西、四川、云南、湖北、江西、广东和台湾，其中上海、江苏、安徽和浙江入侵较为严重（陆建忠等，2007）。根据研究预测，加拿大一枝黄花在我国入侵范围会继续扩大，我国中东部及东北部地区为加拿大一枝黄花潜在的入侵区域（陆建忠等，2007；雷军成和徐海根，2010）。尽管对加拿大一枝黄花入侵机理已经展开大量研究，但由于其机制非常复杂，可能存在多个入侵机制同时起作用，准确的入侵机理尚不清楚，需要在前人的基础上展开更多研究。本章从化感作用、植物-土壤反馈作用和植物-微生物相互作用3个角度展开相关研究，为揭示其入侵机理提供更多依据。

9.1 加拿大一枝黄花的化感作用研究

9.1.1 加拿大一枝黄花水提液对玉米生长和光合能力的影响

采用随机区组设计，设置0.00、0.02、0.04、0.06、0.09、0.11、0.13、0.15、0.18、0.20、0.22和0.25（$g \cdot mL^{-1}$）12个加拿大一枝黄花茎的水提液浓度处理玉米品种。以$0.02g \cdot mL^{-1}$浓度和$0.20g \cdot mL^{-1}$浓度分别代表促进生长和抑制玉米生长浓度处理，与水提液浓度$0.00g \cdot mL^{-1}$的对照处理做比较，研究玉米光合特性的变化。

如图9-1和图9-2所示，加拿大一枝黄花水提液对玉米幼苗的生长和生物量

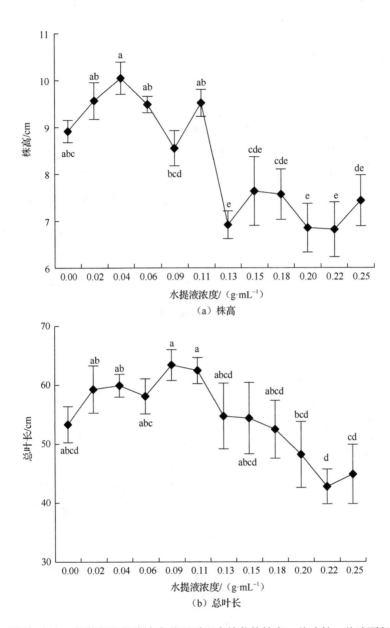

（a）株高

（b）总叶长

图 9-1　不同加拿大一枝黄花水提液浓度处理后玉米幼苗的株高、总叶长、总叶面积和总根长

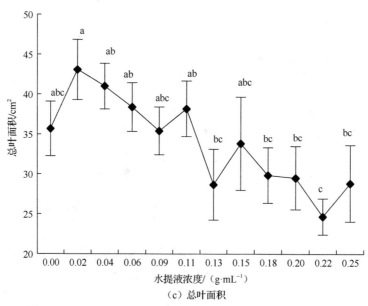

（c）总叶面积

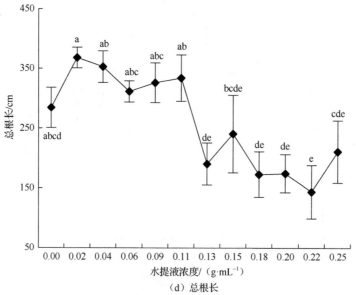

（d）总根长

图中不同字母表示差异显著（$P<0.05$）。

图 9-1（续）

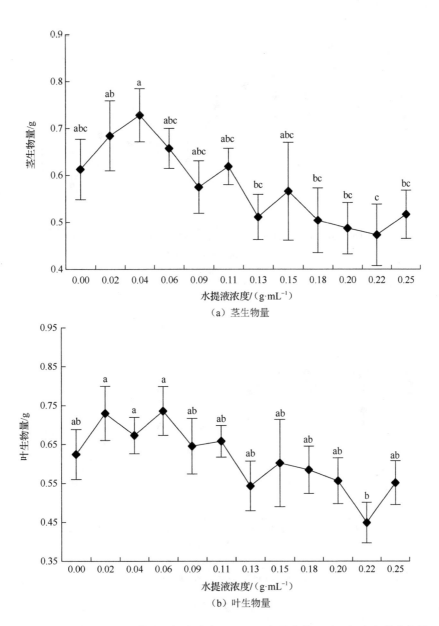

（a）茎生物量

（b）叶生物量

图 9-2　不同加拿大一枝黄花水提液浓度处理下玉米幼苗茎、叶、根和全株生物量

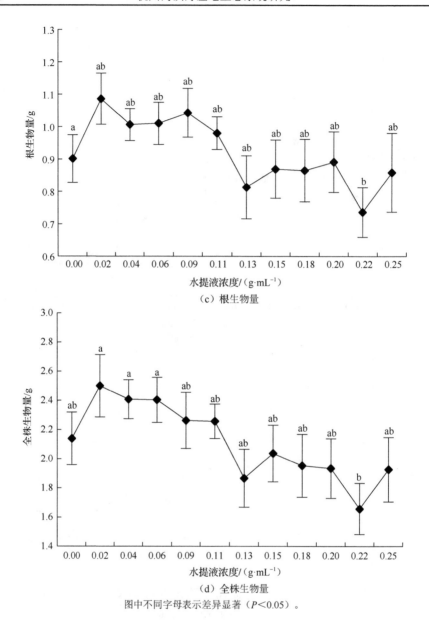

（c）根生物量

（d）全株生物量

图中不同字母表示差异显著（$P<0.05$）。

图 9-2（续）

都有影响，其中对玉米幼苗的株高（$P<0.001$）、总叶长（$P<0.01$）、总叶面积（$P<0.05$）和总根长（$P<0.001$）的影响都达到显著水平，而对玉米各器官生物量和全株生物量的影响没有达到显著水平。不同浓度水提液对玉米幼苗生长的影响不同。总体而言，当水提液浓度为 0.02～0.11g·mL^{-1} 时，对玉米各生长指标起促进作用，即玉米各生长指标高于不添加水提液的对照处理；而当水提液浓度为

$0.13\sim0.25$g·mL^{-1} 时，对玉米各生长指标起抑制作用，即玉米各生长指标低于对照（图 9-1 和图 9-2）。进一步分析发现，水提液对玉米幼苗的总根长和总叶面积的促进或者抑制作用较大，总根长促进率和抑制率最高分别达到 29.4% 和 49.5%；总叶面积促进率最高达到 20.8%，抑制率最高达到 30.8%。

　　水提液处理对叶面积率和比叶面积有显著影响（$P<0.05$），并且叶面积率和比叶面积随着水提液浓度的变化同样表现出"低促高抑"效应，而叶生物量比随着水提液浓度的变化则没有明显的变化规律（图 9-3）。回归分析表明，处理结束时玉米幼苗总生物量同叶面积率和比叶面积之间存在极显著的正相关关系（$P<0.001$）（图 9-4），而与叶生物量比相关关系不显著（图 9-4）。

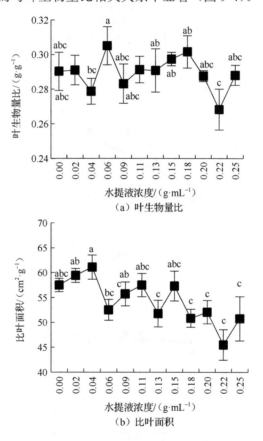

图 9-3 不同加拿大一枝黄花水提液浓度处理下玉米幼苗的叶生物量比、比叶面积和叶面积率

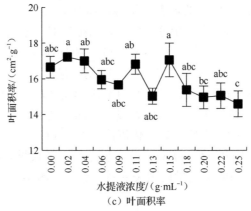

（c）叶面积率

图中不同字母表示差异显著（$P<0.05$）。

图 9-3（续）

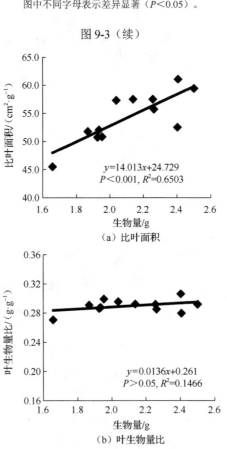

（a）比叶面积

（b）叶生物量比

图 9-4　比叶面积、叶生物量比和叶面积率与玉米幼苗生物量的回归分析

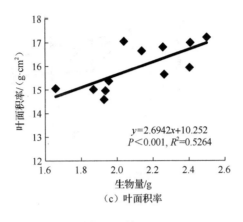

图 9-4（续）

对 0.00g·mL^{-1}、0.02g·mL^{-1} 和 0.20g·mL^{-1} 3 种浓度水提液处理的玉米幼苗的光合-光响应曲线进行分析，不同水提液浓度处理对最大净光合速率（maximum net photosynthetic rate，Pn_{max}）和表观量子效率（apparent quantum efficiency，AQE）没有显著影响，而对暗呼吸速率（dark respiration rate，R_d）有显著影响（$P<0.05$）。Pn_{max} 和 AQE 在开始处理的 1～3d 先上升后下降，但各处理之间没有显著差异（图 9-5）；R_d 则呈下降趋势，0.02g·mL^{-1} 浓度处理的玉米幼苗的 R_d 高于对照处理，且差异显著。

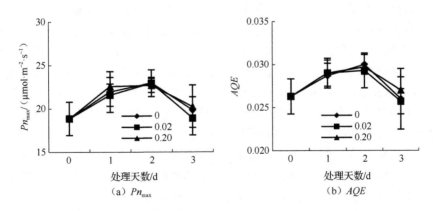

图 9-5　不同浓度水提液处理后 1～3d 玉米幼苗的光合特性

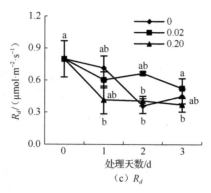

（c）R_d

图中不同字母表示差异显著（$P<0.05$）。

图 9-5（续）

9.1.2　加拿大一枝黄花水提液对玉米化感作用的机理分析

本研究结果表明加拿大一枝黄花水提液对玉米幼苗生长表现出"低促高抑"作用，即在较低的浓度范围内促进其生长，在较高的浓度范围内抑制其生长。这种浓度效应与玉米幼苗对叶和根系生长的资源分配有关，而与植物单位叶面积的光合能力无关。低浓度处理的玉米幼苗叶面积率和比叶面积较高，这表明植物将更多的资源分配给叶，增加了植株总光合面积与总生物量的比例，促进了植株总体同化效率的提高（Poorter，1999）。提高植物单位叶面积的光合能力也能促进植物生长，但本实验不同浓度处理之间的 Pn_{max} 和 AQE 没有显著差异，说明不同浓度处理玉米幼苗叶片对不同强度的光合有效辐射的利用能力接近。植物的单位叶面积光合能力主要与叶片氮含量和 Rubsico 酶（1,5-二磷酸核酮糖羧化酶/加氧酶）的活性有关（Evans，1989），而较高的氮含量和 Rubsico 酶需要消耗更多能量，不利于植物生长。低浓度处理的玉米幼苗并没有减少呼吸消耗，反而比对照植株和高浓度处理植株具有更高的 R_d，这与低浓度草甘膦增加大麦暗呼吸速率的结果一致（Cedergreen and Olesen，2010），可能与低浓度处理下其更强的生长活性有关。与本研究结果不同，一些研究表明化感物质能显著影响植物的光合能力（李羿桥等，2013），说明不同化感物质作用方式不同。

化感物质对植物生长的促进作用可能与细胞，特别是叶肉组织细胞的伸展性改变有关。Niemann 等（1995）发现生长速率较快的单子叶植物中半纤维素、纤维素和木质素等细胞壁成分较少，因而细胞壁更容易扩展。草甘膦对植物生长也具有"低促高抑"效应，可能是因为低浓度草甘膦能抑制莽草酸途径，并进一步抑制木质素的合成，从而使植物细胞壁具有更大的伸展性（Duke et al.，2006）。有研究认为活性氧分子是实现植物细胞伸展的必要因子（Rodríguez et al.，2002），低浓度的化感物质可能激发适量活性氧分子的产生（Prithiviraj et al.，2007），从而促进植物细胞的伸展。本实验结果也表明在低浓度水提液处理条件下，玉米幼苗叶片的比叶面积较大，叶片较薄，可能是木质素等细胞壁成分含量减少，使生长速率提高。

　　加拿大一枝黄花水提液的"低促高抑"效应的生态学意义目前还并不清楚。有研究认为在低浓度有毒物质作用下，植物体所有性状不可能都表现出促进作用，因此，植物体总的适合度不大可能会提高（Forbes，2000），但是"低促高抑"效应至少在植物生活史的某一阶段或者某一适宜性方面具有重要的生态学意义。化感作用是植物物种间相互作用的重要途径（孔垂华和胡飞，2001），土壤环境中化感物质的浓度可能是化感作用的受体植物感知胁迫能力的一种信号（孔垂华和胡飞，2003）。低浓度的化感物质可能意味着化感作用施加者胁迫能力较弱，受体植物对此作出适应性的反应：通过增加对光合叶面积的相对投入提高生长速率，并增强竞争能力；高浓度的化感物质可能表明化感作用施加者胁迫能力较强，因此受体植物会减缓生长速率，降低生长消耗，提高存活率。植物竞争的重要资源之一是光照，而光竞争的表现形式之一是相邻植株之间互相遮阴（Craine and Dybzinski，2013）。与化感物质在低浓度下的作用相似，遮阴处理也能增加植物对地上部光合器官的投入，增加比叶面积（Niinemets，2010），植物对化感物质的响应与对邻株遮阴的响应是否具有相似的机理还需要进一步研究。

9.2　加拿大一枝黄花的植物-土壤反馈作用

9.2.1　土壤来源和竞争对植物生长和营养元素积累的影响

　　实验设置 3 个处理因素，分别是物种（加拿大一枝黄花、白茅）、土壤来源［加拿大一枝黄花单优群落采集的土壤（简称"加黄土"）、白茅群落采集的土（简称"白茅土"）］、竞争方式（无竞争、加拿大一枝黄花和白茅相互竞争）。加拿大一枝黄花和白茅的相对竞争强度，计算方法如下（Grace，1995）：

$$相对竞争强度 = (B_{单栽} - B_{混栽})/B_{单栽} \tag{9-1}$$

式中，$B_{单栽}$ 为加拿大一枝黄花和白茅在没有竞争时的地上部生物量；$B_{混栽}$ 为加拿大一枝黄花和白茅在没有竞争和相互竞争时的地上部生物量。

　　结果表明土壤来源对加拿大一枝黄花和白茅的生长有显著的影响（$P < 0.05$）。加黄土显著地促进加拿大一枝黄花和白茅的生长，增加加拿大一枝黄花和白茅的总叶数和地上部生物量，以及加拿大一枝黄花的株高和白茅的分蘖数。竞争显著地降低白茅的分蘖数、总叶数和地上部生物量，但是仅降低加黄土上生长的加拿大一枝黄花总叶数和地上部生物量，对白茅土上生长的加拿大一枝黄花的相应指

标没有显著抑制作用（图 9-6）。无论是何种土壤处理或者竞争处理，白茅的最大光合速率显著高于加拿大一枝黄花。加黄土生长的加拿大一枝黄花在没有竞争条件下光合速率显著高于其他处理，而白茅土生长的白茅在竞争处理条件下光合速率显著低于其他处理（图 9-7）。

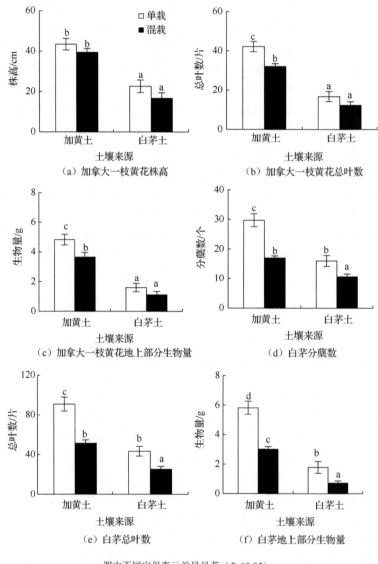

图中不同字母表示差异显著（$P<0.05$）。

图 9-6　单栽或者混栽条件下加拿大一枝黄花和白茅生长指标比较

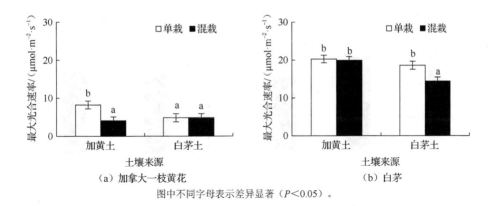

（a）加拿大一枝黄花　　　　　　（b）白茅

图中不同字母表示差异显著（$P<0.05$）。

图 9-7　加拿大一枝黄花和白茅在不同来源土壤
和单栽或者混栽条件下的最大净光合速率

　　白茅的相对竞争强度显著高于加拿大一枝黄花，生长在加黄土的加拿大一枝黄花和白茅的相对竞争强度都略低于生长在白茅土的加拿大一枝黄花和白茅，但差异不显著（图 9-8）。竞争对两个物种的氮、磷和钾含量都有显著影响。竞争显著提高加黄土生长的加拿大一枝黄花的氮、磷和钾含量，但显著降低白茅土生长的加拿大一枝黄花的氮含量，对磷含量和钾含量没有显著影响。竞争对加黄土生长的白茅的氮、磷含量和钾没有显著影响，但显著降低白茅土生长的白茅的氮、磷和钾含量（图 9-9）。竞争没有显著影响加黄土生长的加拿大一枝黄花地上部氮、磷和钾的积累量，但显著降低白茅土生长的加拿大一枝黄花地上部氮、磷和钾的积累量。无论是加黄土还是白茅土生长的白茅，竞争都显著降低地上部氮、磷和钾的积累量（图 9-10）。

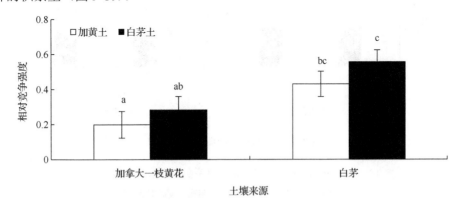

图中不同字母表示差异显著（$P<0.05$）。

图 9-8　加拿大一枝黄花和白茅在不同来源土壤条件下的相对竞争强度

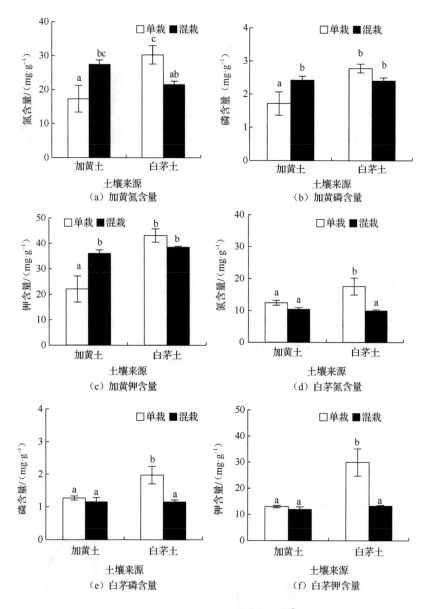

图中不同字母表示差异显著（$P<0.05$）。

图 9-9　加拿大一枝黄花和白茅在不同来源土壤
和单栽或者混栽条件下地上部氮、磷和钾含量

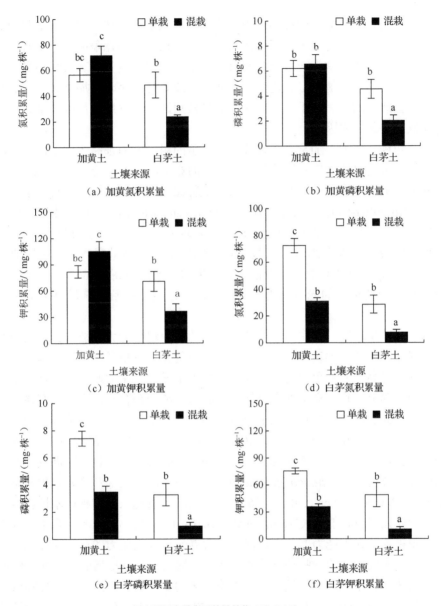

图中不同字母表示差异显著（$P<0.05$）。

图 9-10　加拿大一枝黄花和白茅在不同来源土壤
和单栽或者混栽条件下地上部氮、磷和钾的积累量

9.2.2　加拿大一枝黄花取代伴生植物的机理

加拿大一枝黄花入侵杭州湾滨海湿地生长的本地植物白茅群落，在一些地方

对白茅的生长表现出显著的抑制作用，这可能与加拿大一枝黄花对土壤肥力的促进作用有关。较高的土壤肥力可能提高加拿大一枝黄花的竞争能力。本研究结果表明，加黄土促进加拿大一枝黄花和白茅的生长，但是没有显著改变加拿大一枝黄花或者白茅的竞争能力；无论生长在加黄土或者是白茅土，加拿大一枝黄花对竞争的忍受能力均显著高于白茅。这可能是杭州湾滨海湿地围垦区加拿大一枝黄花能够取代白茅的原因。

在这两种土壤上，加拿大一枝黄花对竞争的耐受能力都高于白茅，这与欧洲入侵的一枝黄花属植物比本地植物具有更高的竞争能力的结论一致（Szymura and Szymura，2016），也与大多数研究中入侵植物比伴生的本地植物更有竞争力的结论一致（Bottollier-Curtet et al.，2013；Golivets and Wallin，2018）。本研究中加拿大一枝黄花和白茅的生物量积累能力相似，因此不能解释其竞争忍耐能力的差异，而我们在野外的确发现加拿大一枝黄花样地地上部生物量要高于白茅样地（Ye et al.，2019）。一些入侵物种光合能力比伴生的本地植物高（Luo et al.，2014），但是加拿大一枝黄花的光合能力显著低于白茅，也不能解释其较高的竞争耐受能力。

本研究结果表明，加拿大一枝黄花较高的竞争耐受能力可能与其较高的营养元素积累能力有关。加黄土生长的加拿大一枝黄花在竞争条件下氮、磷和钾含量比没有竞争时高，而竞争没有显著改变加黄土生长的白茅的氮、磷和钾含量。无论在哪种土壤上生长，竞争都会降低白茅的氮、磷和钾含量。竞争没有显著改变加黄土生长的加拿大一枝黄花地上部氮、磷和钾积累量，但是显著降低加黄土生长的白茅的氮、磷和钾的积累量，这与野外样地实验发现加拿大一枝黄花地上部营养元素积累总量高于白茅的发现一致（Ye et al.，2019），也与欧洲发现的入侵植物巨大一枝黄花（*Solidago gigantean*）具有较高的地上部营养元素积累总量的结论一致（Vanderhoeven et al.，2006）。一些实验也发现入侵物种比本地物种具有更高的营养元素吸收能力（Werner et al.，2010；Luo et al.，2014）。竞争条件下两个物种积累营养元素能力的差异可能与其营养元素吸收能力的可塑性高低有关。不同环境下入侵物种的一些关键功能性状比本地物种具有更高的可塑性（Funk，2008）。竞争条件下加拿大一枝黄花可能将更多的生物量分配到根系并提高营养元素吸收效率。Szymura 和 Szymura（2016）发现欧洲 5 种外来一枝黄花类植物中金顶菊（*Euthamia graminifolia*）的竞争能力最强，其对地下部生物量的分配比例最高，当处于竞争条件下，对地下部生物量的分配比例更高。入侵植物在入侵地由于摆脱了地下取食者的取食作用，可能增加比根长和分枝强度，从而提高营养元素的吸收能力（Luo et al.，2014；Dawson，2015）。另外一种可能是加拿大一枝黄花能够改变根际土壤微生物的群落结构，以促进自身生长，并提高和本地植物物种的竞争能力（Sun and He，2010；Yang et al.，2014）。例如，研究发现加拿大一枝黄花能够改变菌根真菌的群落结构并增强自身营养元素的吸收，从而降低本地植物物种的营养元素吸收能力和生长能力（Yang et al.，2014）。

本实验结果表明，加拿大一枝黄花单优群落土壤促进两个物种的生长，但仅仅略微增加两个物种对竞争的耐受能力，并且两个物种表现相似。在另外一个研究中，加黄土降低加拿大一枝黄花和 5 个本地植物物种的生长，以及加拿大一枝黄花的竞争耐受能力（Dong et al.，2015）。这种实验结果差异可能与所使用的土壤有关。我们使用的土壤来源于野外自然生长的加拿大一枝黄花单优群落的土壤，两种植物至少定居了 5 年，而 Dong 等（2015）使用的土壤是生长 2 年的加拿大一枝黄花盆栽根际土，2 年的生长时间可能还不足以使加拿大一枝黄花对土壤的影响效应充分发挥，并且加拿大一枝黄花凋落物返回土壤的过程可能也被忽略。与我们的实验结果类似，入侵物种金雀儿（*Cytisus scoparius*）增加土壤的肥力，并且这种土壤能同时促进入侵物种自身和本地物种的生长，但是土壤来源对金雀儿的竞争能力的影响取决于土壤采样点和所选择的本地物种的种类（Fogarty and Facelli，1999），说明除了土壤营养水平，其他因素也对竞争能力有重要影响。

一个可能的影响因素是土壤微生物。大量研究表明，入侵植物会同时影响土壤的生物和非生物特性（Ehrenfeld，2010；Souza-Alonso et al.，2015），而这两种特性会对植物-土壤反馈作用产生不同的影响，从而影响入侵植物和本地植物的竞争结果。研究表明，加拿大一枝黄花入侵会显著地影响土壤生物因子和非生物因子，对两者的影响幅度相似，但方向相反，因而最终导致加拿大一枝黄花-土壤反馈作用对群落的影响趋于中性（Dong et al.，2017）。也有研究表明，加拿大一枝黄花土壤微生物没有促进自身生长，但却促进一个本地植物物种的生长。另外，由于加黄土和白茅土的肥力水平差异显著，可能会掩盖土壤生物特性对生长的影响。

入侵物种和本地物种对土壤营养水平的响应已有广泛研究。Meta 分析表明，一些分布广泛的外来种在资源增加条件下生物量增加更多（Dawson et al.，2012）。有研究发现，营养添加可提高入侵物种的竞争能力（Seabloom et al.，2015；Uddin and Robinson，2018）。也有研究发现，营养添加对入侵物种的竞争能力没有影响（Tabassum and Leishman，2016），甚至降低其竞争能力（Luo et al.，2014；Wan et al.，2018）。通过 Meta 分析，Liu 等（2017）发现入侵物种和本地物种对氮添加的响应仅有略微的差异，差异程度可能与入侵物种和本地物种的选择有关（Tabssum and Leishman，2016）。其中一个关键性状是物种个体大小和营养元素需求。Uddin 和 Robinson（2018）发现随着营养水平的提高，入侵芦苇对石南叶白千层（*Melaleuca ericifolia*）的竞争能力显著增强。芦苇个体大小（单株生物量）和竞争耐受能力分别是石南叶白千层的 6 倍和 12 倍。加拿大一枝黄花和白茅生物量大致相似，但竞争能力是白茅的 2 倍。白茅具有比加拿大一枝黄花更高的光合能力，这可能是其营养元素竞争能力较低的部分补偿，同时也能解释其为什么能成为杭州湾滨海湿地围垦区的优势物种。本地物种和入侵物种受氮和磷的限制程度不同（Luo et al.，2014；Wan et al.，2018），因此，氮和磷在入侵物种与本地物种相互竞争中起着不同的作用。增加某种营养元素将促进对该营养元素需求更高或者对该营养元素获取能力更高的物种的竞争能力（Luo et al.，2014；Wan et al.，2018）。例如，Wan 等（2018）发现添加磷元素后本地物种翅果菊对加拿大一枝黄花的竞争能力显著增强，这可能与翅果菊对磷元素的需求较高有关。总之，随着所研究本地物种的不同，营养元素供应增加能提高、降低或者不改变入侵物种的竞争能力。

　　尽管加拿大一枝黄花和白茅之间的相互竞争强度没有受到土壤来源的显著影响，但是加黄土可能会显著改变加拿大一枝黄花和其他一些本地物种之间的竞争，如一些偶见种（Liu et al.，2017）。同时，加黄土较高的肥力水平能显著提高群落的生产力，从而对生态系统的其他功能和物种多样性产生影响（Ehrenfeld，2010）。本研究中的白茅、束尾草和芦苇都是杭州湾滨海湿地围垦区的优势禾本科物种，它们具有相似的生长特性，如都通过根状茎进行克隆生长，营养元素循环特征相似（Ye et al.，2019），它们可能和白茅具有相似的植物-土壤反馈作用。因此，本研究选择白茅作为研究对象具有一定的代表性。

9.3　加拿大一枝黄花根际解钾菌多样性和解钾功能

9.3.1　钾元素水平对加拿大一枝黄花和伴生植物生长的影响

　　2018 年 3～9 月采用沙培和土培的方式在温室进行试验。供试植物为加拿大一枝黄花、白茅和野艾蒿。种子采自 2017 年秋季杭州湾国家湿地公园保育区自然生长的植物。沙培实验和土培实验的栽培基质分别为干净的石英砂和慈溪地区没有供试植物生长的耕作土。钾添加量设置 3 个水平：$0 mol \cdot L^{-1}$（缺钾）、$0.1 \times 10^{-3} mol \cdot L^{-1}$（低钾）和 $6 \times 10^{-3} mol \cdot L^{-1}$（高钾）。每个处理重复 15 次，约 90d 后结束培养。

　　沙培条件下，加拿大一枝黄花的叶片数、分蘖数、总生物量、根生物量比和根冠比均随着钾添加水平的增加而增加，且各处理间差异显著。株高也随着钾添加水平的增加而增加，高钾处理与低钾处理、无钾处理差异显著。叶生物量比和茎生物量比随着钾添加水平的增加而降低。钾处理对野艾蒿株高和总生物量的影响在各处理之间差异显著，随着钾添加水平的增加而增加。野艾蒿的叶片数、根生物量比和根冠比也随着钾添加水平的增加而增加，叶生物量比则随之降低，处理差异显著性与性状有关。钾处理对白茅各性状的影响趋势与加拿大一枝黄花和野艾蒿的相似，随着钾添加水平的增加，分蘖数、总生物量、根生物量比和根冠比增加，而叶生物量比下降，不同处理之间差异显著性随着钾处理水平和性状的不同而不同（表 9-1～表 9-3）。

表 9-1　不同钾处理对加拿大一枝黄花生长和生物量积累的影响

处理	叶片数/个	株高/cm	分蘖数/个	总生物量/g	叶生物量比	茎生物量比	根生物量比	根冠比
无钾	6.263C	1.711bB	0.211cB	1.181cC	0.719aA	0.071aA	0.211cB	0.267cC
低钾	11.650B	1.900bA	1.100bB	9.043bB	0.611bB	0.064aA	0.325bA	0.481bB
高钾	14.684A	2.263aa	3.053aA	14.161aA	0.586bB	0.050aA	0.364aA	0.573aA

注：同列不同小写（大写）字母表示在 0.05（0.01）水平差异显著（极显著）。叶生物量比、茎生物量比和根生物量比分别指叶、茎和根生物量占植株总生物量的比例。

表 9-2　不同钾处理对野艾蒿生长和生物量积累的影响

处理	叶片数/个	株高/cm	分蘖数/个	总生物量/g	叶生物量比	茎生物量比	根生物量比	根冠比
无钾	12.928bB	3.565cB	1.900bB	3.237cC	0.640aA	0.111aA	0.249bB	0.331bB
低钾	12.583bB	6.085bA	1.450bB	10.858bB	0.490bB	0.126aA	0.383aA	0.622aA
高钾	16.200aA	10.263aA	2.263aA	18.744aA	0.478aB	0.122aA	0.399aA	0.665aA

注：同列不同小写（大写）字母表示在 0.05（0.01）水平差异显著（极显著）。

表 9-3　不同钾处理对白茅生长和生物量积累的影响

处理	叶片数/个	分蘖数/个	总生物量/g	叶生物量比	根生物量比	根冠比
无钾	11.400bB	2.650cC	1.300bB	0.759aA	0.241cC	0.317cC
低钾	16.900aA	6.600bB	9.721bA	0.665aA	0.335bB	0.504bB
高钾	15.368aA	8.684aA	11.618aA	0.525bB	0.475aA	0.906aA

注：同列不同小写（大写）分别表示在 0.05（0.01）水平差异显著（极显著）。

　　沙培 90d 后，加拿大一枝黄花、野艾蒿和白茅地上部钾含量均随着钾添加水平的增加而增加。3 种植物钾含量表现为高钾处理均显著高于低钾处理和无钾处理，但后两种处理之间多差异不显著。3 种植物钾吸收能力存在一定的差异，在高钾处理条件下，加拿大一枝黄花地上部钾含量显著高于白茅；在低钾和缺钾处理条件下，加拿大一枝黄花地上部钾含量高于野艾蒿和白茅，但与野艾蒿和白茅差异不显著。不同钾处理条件下，3 种植物地下部钾含量变化趋势与地上部相似，高钾处理地下部钾含量均高于低钾处理和无钾处理，后两个处理之间多差异不显著。在高钾处理条件下，加拿大一枝黄花地下部钾含量显著高于白茅，但低钾和无钾处理条件下，3 种植物钾含量多无显著差异（图 9-11 和图 9-12）。

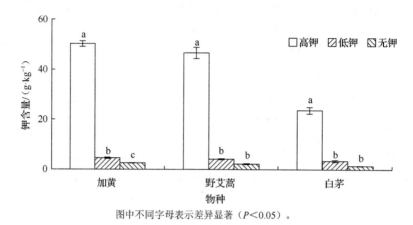

图中不同字母表示差异显著（$P<0.05$）。

图 9-11　不同钾处理对 3 种植物地上部钾含量的影响

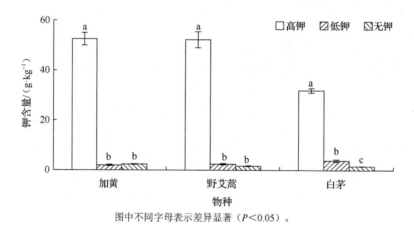

图中不同字母表示差异显著（$P<0.05$）。

图 9-12　不同钾处理对 3 种植物地下部钾含量的影响

　　土培 90d 后，高钾处理的速效钾含量显著高于低钾处理和无钾处理，但低钾处理和无钾处理之间差异不显著。不同钾处理下 3 种植物基质中的速效钾含量较无植物对照均有一定程度的减少。在高钾处理条件下，3 种植物栽培基质中速效钾含量均显著低于无植物对照，野艾蒿基质中速效钾含量显著低于加拿大一枝黄花和白茅，在低钾和无钾处理条件下，3 种植物栽培基质的速效钾含量之间差异不显著，但均显著低于无植物对照（图 9-13）。

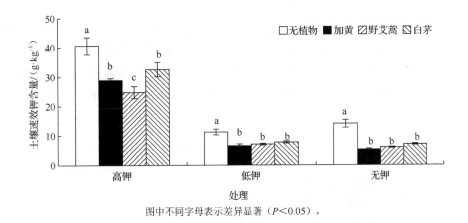

图中不同字母表示差异显著（$P<0.05$）。

图 9-13 不同钾处理下植物根际土壤中速效钾含量

缓效钾测定结果显示，随着钾添加水平的降低，栽培土中缓效钾含量降低。在高钾和低钾处理下，3 种植物栽培土缓效钾含量均显著低于无植物对照。在无钾处理条件下，仅野艾蒿基质中缓效钾含量显著低于无植物对照（图 9-14）。

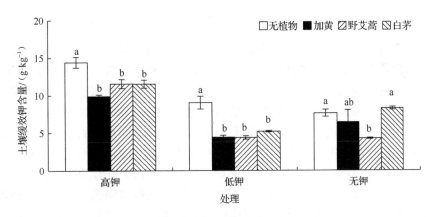

图中不同字母表示差异显著（$P<0.05$）。

图 9-14 不同钾处理下植物根际土壤中缓效钾含量

有效钾测定结果显示，不同钾处理条件下加拿大一枝黄花、野艾蒿栽培基质中有效钾含量均显著低于无植物对照，且在高钾和无钾处理条件下，加拿大一枝黄花栽培基质有效钾含量与野艾蒿差异不显著。高钾处理条件下，野艾蒿栽培基质有效钾含量显著低于白茅和无植物对照，但和加拿大一枝黄花栽培基质无显著差异。低钾和无钾处理条件下，3 种植物基质有效钾含量显著低于无植物对照；白茅栽培基质有效钾含量显著高于野艾蒿和加拿大一枝黄花（图 9-15）。在高钾处理条件下,加拿大一枝黄花、野艾蒿和白茅土壤有效钾含量分别为 31.398、27.985 和 33.500（g·kg^{-1}）,与无植物对照相比,分别减少 24.4%、32.6%和 19.3%;在低钾处理条件下,加拿大一枝黄花、野艾蒿和白茅土壤有效钾含量分别为 16.045、14.753 和 17.987（g·kg^{-1}）,较无植物对照分别减少 21.0%、27.4%和 11.4%。

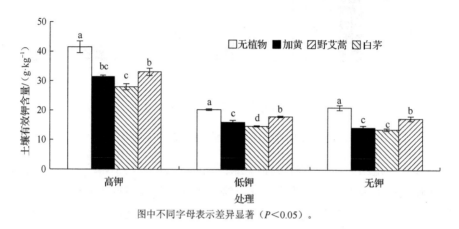

图中不同字母表示差异显著（$P < 0.05$）。

图 9-15　不同钾处理下植物根际土壤中有效钾含量

　　钾在植物生长发育过程中发挥必不可少的作用。钾添加水平的增加不仅能够提高植物光合速率和酶的活化速度、增加植物糖和蛋白质含量、增强植物对氮的吸收,还能够提高作物的产量和抗逆性。本研究发现不同浓度的钾对加拿大一枝黄花各部分生物量积累和钾吸收均造成一定的影响。栽培基质中钾含量越多,加拿大一枝黄花生长速度越快,生物量积累越多,钾添加水平的增加能够显著加快加拿大一枝黄花的生长速率,这与 Savaliya 和 Vala（2015）的研究结果一致。随着钾添加水平的增加,加拿大一枝黄花、野艾蒿和白茅叶片数、株高、分蘖数和总生物量均呈增加趋势,说明钾的添加促进了这几种植物的生长。随着钾添加水平的增加,叶生物量比和茎生物量比降低而根生物量比增加,茎生物量比显著降低,说明钾的添加促进更多资源分配到地下部分。上述结果表明,在不同的钾供应水平下,加拿大一枝黄花会调整其资源分配策略。这种依赖于钾供应水平的资源分配策略对加拿大一枝黄花适应性的意义还有待深入研究。

　　本研究发现,加拿大一枝黄花钾含量随着基质中钾含量的增加而增加,且吸钾能力明显强于本地伴生植物白茅,这与周振荣（2010）的研究结果一致。无钾和低钾处理条件下,加拿大一枝黄花地上和地下部钾含量略高于野艾蒿而显著高于白茅。在高钾处理条件下,其钾含量显著高于白茅,说明加拿大一枝黄花能够更好地利用外界增加的钾资源。

加拿大一枝黄花入侵对土壤钾含量的影响受多种因素影响,在不同入侵程度、生长季节、土壤类型、伴生植物等因素影响下的研究结果不尽相同,甚至相反。在本研究中,加拿大一枝黄花单独栽培于小盆,相当于重度入侵程度,且周围无伴生植物干扰。在此条件下,不同钾处理的加拿大一枝黄花土壤中的速效钾、缓效钾和有效钾含量均显著少于无植物基质,野艾蒿栽培土壤的各项钾含量与加拿大一枝黄花差异不大,白茅土壤中有效钾含量均显著高于加拿大一枝黄花和野艾蒿,说明加拿大一枝黄花和野艾蒿对钾的吸收能力相似,且都高于白茅,这与Collins(2005)和周振荣(2010)等的研究结果相似。加拿大一枝黄花具有较强的钾吸收能力,而土壤中的钾含量却相对较少,这可能使其对周围植物形成排斥作用,减少周围植物对钾的吸收,减弱周围植物的资源竞争能力,从而促进自身的生长发育和成功入侵。

9.3.2　加拿大一枝黄花和伴生植物白茅根际解钾菌多样性和解钾功能

采集加拿大一枝黄花和白茅新鲜的茎和叶,用于测定茎和叶中的钾含量;采集 0～10cm、10～20cm 土层的新鲜土壤样品,用于测定土壤中全钾和速效钾含量;同时采集植物根际土,用于分离植物的根际解钾菌。

如图 9-16 所示,5 个不同样地中加拿大一枝黄花根际解钾菌数量均高于白茅,高出 140.66%～533.33%,平均超出倍数为 3.51 倍,两种植物根际解钾菌数量存在显著差异($P<0.05$)。

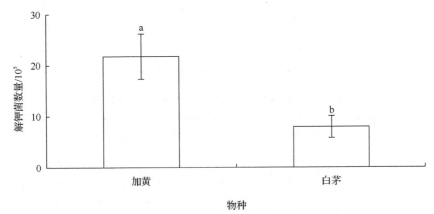

图中不同小写字母表示不同植物的根际解钾菌数量差异显著($P<0.05$)。

图 9-16　不同植物根际解钾菌数量对比

　　对加拿大一枝黄花根际土中初步筛选出的 15 株解钾菌和白茅根际土中初步筛选出的 5 株解钾菌，分别记录菌落形态特征、解钾圈半径（R）及菌落半径（r）（表 9-4 和表 9-5）。加拿大一枝黄花根际解钾菌解钾圈半径与菌落半径比（R/r）均值为 1.396，大于 1.5 的有 6 株；白茅根际解钾菌的 R/r 均值为 1.252，全部小于1.5。白茅和加拿大一枝黄花根际解钾菌的 R/r 值差异显著（$P<0.05$）。

表 9-4　15 株加拿大一枝黄花根际解钾菌菌落特征和解钾能力

菌株编号	菌落形态特征	解钾圈半径/cm	菌落半径/cm	R/r
H5-1	菌斑小且不规则，白色	0.29	0.26	1.14
H1-3	菌斑大，凸起低，色素淡且均匀	1.08	0.93	1.16
H1-4	不规则凸起，透明，较少色素	0.56	0.48	1.17
H6-5	小液滴状，边缘规则，色素呈放射状	0.47	0.45	1.04
H3-8	菌斑小且不规则，色素深呈放射状	0.42	0.25	1.68
H5-10	不规则凸起，菌斑乳白色，边缘黄色沉着	0.66	0.53	1.26
H1-12	不规则液滴状，边缘模糊，中央色素沉着	0.78	0.66	1.18
H2-14	液滴状，凸起高，色素呈圆形	0.84	0.54	1.56
H1-15	菌斑小，边缘不规则，色素呈伞状	0.56	0.38	1.46
H2-16	不规则液滴状，浑浊，中央色素沉着	0.62	0.40	1.55
H2-17	规则小液滴凸起，色素少	0.52	0.32	1.63
H5-18	液滴状，透明，中央色素沉着	0.72	0.52	1.38
H1-19	边缘锯齿形，液滴状，色素呈同心圆状	1.10	0.74	1.49
H2-20	菌斑较大，规则液滴状，色素均匀	1.00	0.64	1.56
H1-21	规则液滴状，凸起高，透明，色素少	0.94	0.56	1.68

表 9-5　5 株白茅根际解钾菌菌落特征和解钾能力

菌株编号	菌落形态特征	解钾圈半径/cm	菌落半径/cm	R/r
B1-6	凸起低，浑浊，中央色素呈同心圆状	0.74	0.55	1.34
B6-7	不规则凸起，浑浊	0.65	0.55	1.18
B2-9	菌斑小且不规则，白色，无凸起	0.92	0.70	1.31
B4-11	规则液滴状，凸起较高，色素淡且均匀	0.50	0.41	1.22
B6-13	液滴状，凸起高，色素均匀沉着	0.56	0.46	1.21

利用细菌 16SrDNA 基因通用引物扩增获得的 DNA 片段长约为 1500 bp，同源性分析结果见表 9-6 和表 9-7。加拿大一枝黄花 15 株根际解钾菌主要分为 5 大类群：变形菌门 -α 亚群（Alphaproteobacteria）、变形菌门 -β 亚群（Betaproteobacteria）、变形菌门 -γ 亚群（Gammaproteobacteria）、拟杆菌门（Bacteroidetes）和放线菌门（Actinobacteria），白茅 5 株根际解钾菌分为 3 大类群：变形菌门 -γ 亚群、拟杆菌门和放线菌门。利用邻接法（neighbor-joining，NJ）法建立系统发育树，发现加拿大一枝黄花 15 株根际解钾菌属于 11 个属，白茅 5 株根际解钾菌均为不同属（图 9-17 和图 9-18）。

表 9-6　分离自加拿大一枝黄花的根际解钾菌同源性分析

菌株编号	登录号	最相近菌株（登录号）	序列相似性
H5-1	MH490984	*Pseudoflavitalea soli* KIS20-3（NR_148655）	96%
H1-3	MH490985	*Mitsuaria* sp. SS48（HQ891978）	99%
H1-4	MH490986	*Rhizobium* sp. KMM 9576（LC126306）	100%
H6-5	MH490987	*Microbacterium* sp. 3B2（MG763154）	99%
H3-8	MH490990	*Streptomyces variabilis* SD22（MH244336）	98%
H5-10	MH490992	*Azotobacter chroococcum* YCYS（JQ692178）	99%
H1-12	MH490994	*Stenotrophomonas panacihumi* 5-III（KP969077）	99%
H2-14	MH490996	*Pseudomonas* sp. EA_S_32（KJ642336）	98%
H1-15	MH490997	*Cupriavidus* sp. FZ96（KF803333）	99%
H2-16	MH490998	*Ensifer adhaerens* WJB133（KU877667）	100%
H2-17	MH490999	*Rhizobium taeanense* PSB 2-6（DQ114473）	99%
H5-18	MH491000	*Pseudoflavitalea soli* KIS20-3（NR_148655）	96%
H1-19	MH491001	*Filimonas endophytica* SR 2-06（KJ572396）	99%
H2-20	MH491002	*Lysobacter niastensis* GH41-7（NR_043868）	99%
H1-21	MH491003	*Siphonobacter aquaeclarae* HPG59（JQ291601）	99%

表 9-7　分离自白茅的根际解钾菌同源性分析

菌株编号	登录号	最相近菌株（登录号）	序列相似性
B1-6	MH490988	*Microbacterium imperiale*（JN585685）	99%
B6-7	MH490989	*Enterobacter* sp. PRd5（KY203970）	99%
B2-9	MH490991	*Alloactinosynnema album* 03-9939（NR_116323）	99%
B4-11	MH490993	*Chryseolinea* sp. SDU1-6（MG662377）	95%
B6-13	MH490995	*Pseudoflavitalea soli* KIS20-3（NR_148655）	96%

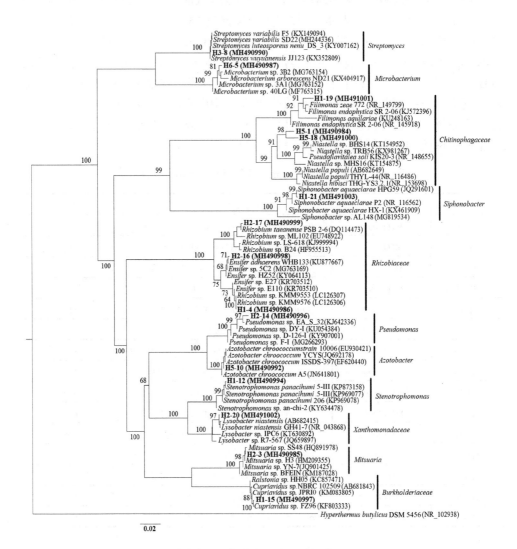

图中数字为 bootstrap 值，即自展值，用于检验进化树分支可信度，数值越大，可信度越高。

图 9-17　加拿大一枝黄花 15 株根际解钾菌的系统发育树

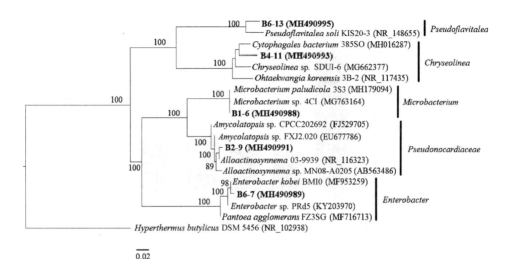

图中数字为 bootstrap 值，即自展值，用于检验进化树分支可信度，数值越大，可信度越高。

图 9-18 白茅 5 株根际解钾菌的系统发育树

加拿大一枝黄花与白茅的根际解钾菌均具有不同程度的解钾作用（图 9-19 和图 9-20）。加拿大一枝黄花根际解钾菌解钾量大于 $5mg·L^{-1}$ 的菌株共有 9 株，其中解钾能力最强的菌株为 H2-20，比对照组增加 192.54%。白茅根际解钾菌处理液中解钾量大于 $5mg·L^{-1}$ 的菌株仅有一株（B1-6），比对照组增加 91.29%。t 检验结果显示，加拿大一枝黄花根际解钾菌解钾量显著多于白茅根际解钾菌（$P<0.05$）（图 9-21）。

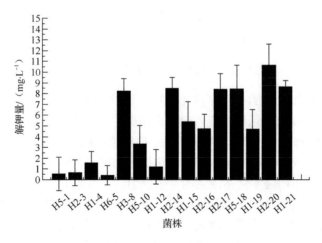

图 9-19 加拿大一枝黄花根际解钾菌解钾量

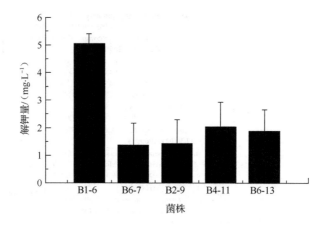

图 9-20　白茅根际解钾菌解钾量

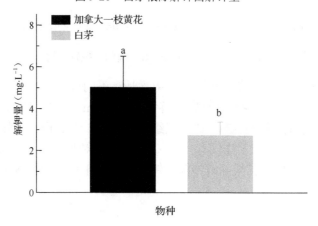

图中不同小写字母表示差异显著（$P<0.05$）。

图 9-21　不同植物根际解钾菌解钾量对比

　　植物与土壤微生物的相互作用在植物入侵过程中起至关重要的作用（Bowen et al.，2017）。入侵植物通过改变入侵地土壤微生物结构和功能，进而改善土壤养分供应，促进植物生长，增强植物抗逆性，促使植物成功入侵（Coats et al.，2014）。例如，紫茎泽兰入侵后改变了入侵地土壤微生物的群落结构，同时提高了入侵地的土壤肥力，进而增强了紫茎泽兰的竞争能力（牛红榜等，2007）。本研究表明，入侵地加拿大一枝黄花的根际解钾菌数量远多于对照，且其中多数根际解钾菌具有高效的解钾能力，这说明加拿大一枝黄花入侵后能够增加根际解钾菌数量和提高解钾效率，使其根际土壤中的钾供应增加，进而提高加拿大一枝黄花体内的钾含量，增强其在入侵地的资源竞争能力。因此，加拿大一枝黄花对根际解钾菌的多样性和解钾活性的影响可能是其富集钾的重要机理之一。

　　植物入侵通常伴随土壤微生物群落结构和功能的改变（Wardle et al.，2004）。本研究发现加拿大一枝黄花根际土壤中解钾菌数量、群落结构和解钾活性均与伴生植物白茅差异较大，这与多数研究结果一致。加拿大一枝黄花入侵能引起入侵地微生物群落结构发生明显改变，具体表现为细菌和放线菌数量有所增加（沈荔花等，2007），入侵初期土壤微生物多样性减少（李国庆，2009），随着入侵时间的延长，土壤微生物多样性和可培养种类均有所增加。紫茎泽兰入侵地土壤微生物能够使其相对竞争优势度增强 16%（梁作盼等，2016）。紫茎泽兰通过促进土壤中解磷菌的生长使土壤中有效磷含量增加，意大利苍耳水提液不仅使土壤中细菌和真菌数量明显增加，同时土壤速效钾、速效氮等营养成分也显著增加（邰凤姣等，2016）。以上研究均证明入侵植物能够通过改变入侵地微生物群落结构和功能，聚集对自身有益的微生物，形成有利于其入侵的土壤微环境，这可能也是其成功入侵的机制之一。

　　本研究发现的加拿大一枝黄花和白茅根际解钾菌的种类与此前报道的研究具有一定的相似性。国际公认的解钾菌菌种仅 3 种：环状芽孢杆菌（*Bacillus circulans*）、胶质芽孢杆菌（*Bacillus mucilaginosus*）、土壤芽孢杆菌（*Bacillus edaphicus*），但近年来鉴定的解钾菌种属越来越丰富。新增的种属有假单胞菌属（*Pseudomonas*）（吴凡等，2010；李新新等，2014）、根瘤菌属（*Rhizobium*）、微杆菌属（*Microbacterium*）、固氮菌属（*Azotobacter*）（李新新等，2014；易浪波等，2012；Zhang et al.，2009c）、中华根瘤菌属（*Sinorhizobium*）、中慢生根瘤菌属（*Mesorhizobium*）、屈挠杆菌属（*Flexibacter*）等（鞠伟，2016；李春钢等，2017）。在加拿大一枝黄花和白茅根际土中分离获得的 20 株解钾菌中，H1-4、B6-7 与吴凡等（2010）的研究结果一致，H6-5、H5-10、H2-14 和 H2-17 与李新新等（2014）的研究结果相同，H3-8 与张妙宜等（2016）筛选出的解钾菌同属，以上菌株均被证明具有一定的解钾能力。此外，本研究发现的解钾能力较强但未被报道的菌株有：H1-15 属于贪铜菌属（*Cupriavidus*）、H5-18 属于假黄杆菌属（*Pseudoflavitalea*）、H2-20 属于溶杆菌属（*Lysobacter*），H1-21 属于 *Siphonobacter*，这一研究结果有助于进一步丰富解钾菌的种属类别。

　　加拿大一枝黄花的入侵改变了根际解钾菌的多样性和土壤钾含量，这可能与其化感作用有关。已有的研究表明入侵植物能够通过根系分泌次生代谢物对土壤微生物群落结构造成一定的影响，加拿大一枝黄花能够通过根系分泌物改变土壤的理化性质，对不同微生物群落产生一定程度的增强或抑制作用（沈荔花等，2007；Zhang et al.，2009a）。本研究发现加拿大一枝黄花根际解钾菌数量和解钾能力与对照植物存在明显差异，这可能是由于加拿大一枝黄花能够通过根系分泌物影响根际解钾菌的数量、种类及分布，进而影响加拿大一枝黄花生境土壤中钾的有效性和植物对钾的吸收，从而显著影响土壤钾的循环和植物的生长和竞争能力。

9.3.3 加拿大一枝黄花凋落物和根系分泌物对解钾菌数量的影响

2017 年 11 月在杭州湾国家湿地公园未被开垦的区域，收集野生环境下自然生长的加拿大一枝黄花、束尾草、白茅和芦苇凋落物，与土壤按照重量比（200∶15）充分混合。试验所用土样为该地区未被供试植物入侵的耕作土。将花盆放置于实验室内常温环境培养 6 个月。收集根系分泌物，培养解钾菌并计数。

如图 9-22 所示，与空白对照相比，加拿大一枝黄花、野艾蒿与白茅不同浓度的根系分泌物对土壤解钾菌均有一定程度的促进作用。在不同浓度下，同种植物根系分泌物对土壤解钾菌的促进作用差异也较为明显。加拿大一枝黄花的根系分泌物在不同浓度条件下均显著增加土壤解钾菌的数量，且解钾菌数量随着根系分泌物浓度的增加而增加，低浓度与中浓度相比差异显著，中浓度与高浓度对比差异不显著。对于野艾蒿和白茅两个物种，每个物种在不同浓度根系分泌物处理下，土壤解钾菌的数量差异显著。在相同浓度下，加拿大一枝黄花根系分泌物处理后土壤解钾菌数量显著高于野艾蒿和白茅。野艾蒿和白茅相比，在不同浓度下两种植物的根系分泌物处理后土壤解钾菌数量无显著差异（图 9-22）。

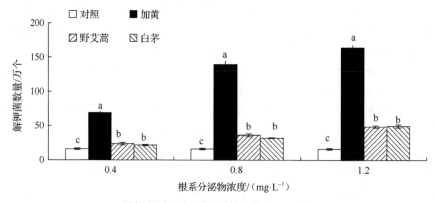

图中不同小写字母表示差异显著（$P < 0.05$）。

图 9-22　不同植物根系分泌物在不同浓度下对解钾菌数量的影响

对凋落物添加和培养 6 个月后，3 种植物凋落物混合土壤中的解钾菌数量与对照相比均有所增加。其中，添加加拿大一枝黄花的凋落物的土壤中解钾菌的数量与对照及其他凋落物处理相比差异显著，分别是对照、添加束尾草、白茅和芦苇的凋落物的土壤中解钾菌数量的 12.39 倍、6.31 倍、5.69 倍和 5.18 倍；白茅凋落物混合土壤中解钾菌数量也显著增加，但束尾草和芦苇凋落物混合土壤中解钾菌数量和对照处理差异不显著（图 9-23）。

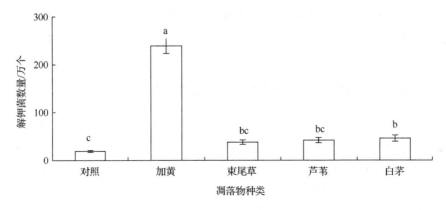

图中不同小写字母表示差异显著（$P<0.05$）。

图 9-23　不同植物凋落物分解对解钾菌数量的影响

　　植物凋落物是植物向土壤输送有机营养物质的重要途径。植物凋落物是生态系统的重要组成部分及物质循环的基础，植物凋落物的分解能够增加土壤肥力、促进土壤恢复，为植物提供更多营养，提高植物的产量和质量，同时还能够保持生态平衡和稳定。植物凋落物为土壤微生物提供主要的营养物质和能量来源，但由于植物类型不同，其凋落物中所含有的营养成分不尽相同，不同植物的凋落物对土壤微生物多样性的影响有所差异。Hättenschwiler 等（2005）认为凋落物的类型和养分含量的不同会对土壤微生物造成不同的影响。本研究发现，加拿大一枝黄花凋落物处理的土壤中解钾菌的数量极显著增多，本地伴生植物的凋落物对解钾菌数量也有一定影响，但远不及加拿大一枝黄花。这说明加拿大一枝黄花凋落物分解过程中可能产生一些化学物质，能够使周围土壤形成有利于土壤解钾菌生存的微环境，或者可能是加拿大一枝黄花凋落物中含有的营养成分较多，能够为土壤解钾菌提供更多的营养物质，从而使土壤解钾菌大量繁殖。

　　根系分泌物在营养元素循环和植物根际生长调控等方面发挥重要的作用，尤其体现在调节土壤微环境、影响植物养分吸收和土壤微生物多样性方面。黄玉茜等（2015）发现根系分泌物浓度的增加能够显著增加土壤微生物数量；周慧杰（2013）发现，浓度较高的根系分泌物对土壤微生物的影响十分显著，能够明显增加土壤中细菌的数量。土壤微生物能够通过改善土壤结构、增加土壤养分含量等作用来促进植物的养分吸收和生长发育。本研究发现，加拿大一枝黄花根系分泌物能显著增加土壤解钾菌数量，且显著高于添加野艾蒿根系分泌物和白茅根系分泌物的两种处理。随着根系分泌物浓度的增加，土壤中解钾菌的数量增加。这说明加拿大一枝黄花根系分泌物中的某些成分能够促使解钾菌进行大量繁殖，从而促进植物根系聚集更多的解钾菌，增强土壤矿物钾的分解，最终促进植物对钾的吸收利用。

9.3.4　根际解钾菌对加拿大一枝黄花和两种伴生植物生长的影响

试验用土为未被供试植物入侵的耕作土。在筛选出的加拿大一枝黄花根际解钾菌中，选取解钾能力低、中、高的菌株各 3 株（编号分别为 H5-1、H2-3、H6-5；H5-10、H2-16、H1-19；H2-14、H2-20、H1-21）进行试验。每种植物设置 9 个不同处理，分别添加 9 种不同的根际解钾菌培养液进行培养，以浇灌纯净水为对照，约 90d 后结束培养。

与对照相比，不同根际解钾菌处理下，加拿大一枝黄花、野艾蒿和白茅的叶片数、分蘖数、生物量和根冠比，以及加拿大一枝黄花和野艾蒿的株高均有一定程度增加，且增加量随着解钾菌解钾能力的增加而增加。总体而言，野艾蒿叶片增加量和株高增加量均显著高于加拿大一枝黄花（图 9-24 和图 9-25），白茅分蘖数增加量显著高于加拿大一枝黄花和野艾蒿（图 9-26），但其生物量增加量则显著低于加拿大一枝黄花和野艾蒿（图 9-27）。

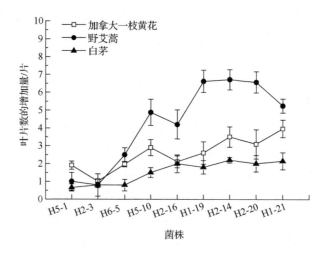

图 9-24　不同解钾菌处理下加拿大一枝黄花和伴生植物叶片增加数

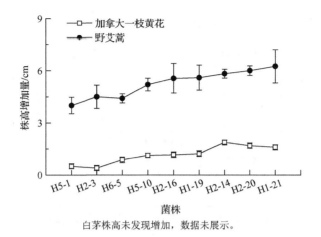

白茅株高未发现增加，数据未展示。

图 9-25　不同解钾菌处理下加拿大一枝黄花和伴生植物株高增加量

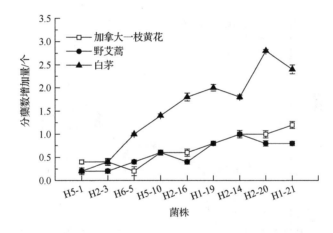

图 9-26　不同解钾菌处理下加拿大一枝黄花和伴生植物分蘖数增加量

如图 9-28 所示，不同解钾菌处理下，加拿大一枝黄花、野艾蒿和白茅的根冠比均有一定程度增加。不同物种根冠比增加量的差异随着解钾菌株的不同而不同，在低解钾能力菌株处理条件下，加拿大一枝黄花根冠比增加量较高，白茅根冠比增加量较低，而在高解钾能力菌株处理后，野艾蒿根冠比增加量较高，加拿大一枝黄花和白茅根冠比增加量较低。

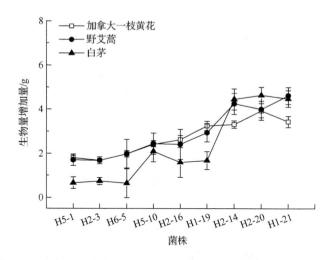

图 9-27　不同解钾菌处理下加拿大一枝黄花和伴生植物生物量增加量

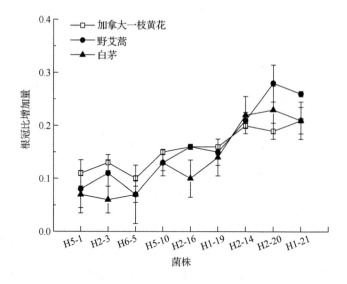

图 9-28　不同解钾菌处理下加拿大一枝黄花和伴生植物根冠比增加量

钾是植物生长必不可少的养分之一，能够直接影响植物体内 60 多种酶的活化，调节植物细胞含水量和气孔的开合，间接影响植物光合作用的进行和产物的运输。解钾菌能够将土壤中植物难以利用的矿物钾分解为可以被植物直接吸收利用的可溶性钾，因而被广泛应用于农业生产中，作为微生物钾肥促进农作物的生长发育。本研究发现根际解钾菌对加拿大一枝黄花、野艾蒿和白茅的生长发育均有一定的促进作用，且菌株的解钾能力越强，对植株的促生效应越明显。加拿大一枝黄花叶片数、株高增加量均大于白茅，但小于野艾蒿；而对于生物量而言，加拿大一枝黄花的增加量和野艾蒿的接近，高于白茅。这说明加拿大一枝黄花和野艾蒿对解钾菌的促生作用响应最明显，尤其表现新叶的增多和茎的生长。根际解钾菌对白茅也有一定的促生作用，主要表现在分蘖数的增多。

总之，钾对 3 种植物生长都有显著影响，增加钾供应能促进这 3 种植物生长。加拿大一枝黄花有较强的钾吸收能力，在基质中钾营养较少的情况下，加拿大一枝黄花仍能维持较高的钾含量。加拿大一枝黄花根际解钾菌数量显著多于白茅，且两种植物的根际解钾菌种属类别均不相同。加拿大一枝黄花根际解钾菌的解钾能力显著高于白茅。加拿大一枝黄花可能是通过根系分泌物和凋落物提高了土壤解钾菌的数量。根际解钾菌对加拿大一枝黄花和本地伴生植物的生长均有一定的促进作用。未来还需要进一步研究钾在加拿大一枝黄花竞争取代本地植物的中的作用和机理。

第 10 章 杭州湾滨海湿地生态系统服务价值评估

杭州湾是中国滨海湿地的南北分界线，杭州湾滨海湿地属于典型的近海与海岸湿地生态系统。杭州湾滨海湿地地处河流与海洋的交会之地，是我国冬季水鸟汇集之所，同时因其位于东亚—澳大利西亚候鸟迁徙路线上，故而具有举足轻重的生态意义（宁潇等，2016）。随着当地经济的蓬勃发展，杭州湾滨海湿地湿地面积减少、污染加剧。对杭州湾滨海湿地的生态系统服务功能进行价值评估，能够使人们更加直观地意识到杭州湾滨海湿地生态功能的重要性，也为杭州湾滨海湿地的保护、开发和合理利用提供参考与依据。

本章基于遥感（remote sensing，RS）与 GIS 等技术手段，研究杭州湾滨海湿地的生态系统服务功能。根据杭州湾滨海湿地生态系统特点，参照 Costanza 等（1998）对生态系统服务功能的划分，依据"千年生态系统评估"（The Millennium Ecosystem Assessment，MEA）项目的分析框架，确定杭州湾滨海湿地具有的生态系统服务功能，针对不同功能类型选取其价值量化的评价指标，确定杭州湾滨海湿地生态系统服务功能价值评价指标体系。通过野外调查和查阅文献，结合杭州湾滨海湿地 10 年定位观测数据，使用不同的生态系统服务功能评估方法，对杭州湾滨海湿地生态系统服务功能进行价值估算。

10.1 杭州湾滨海湿地生态系统服务功能价值评估方法

10.1.1 生态系统服务功能及其指标选取

对杭州湾滨海湿地生态系统所提供的服务功能进行价值估算的第一步是确定杭州湾滨海湿地所具有的生态系统服务功能。在 Costanza 等（1998）提出的生态系统服务功能评价框架的基础上，根据 MEA 提出的湿地生态系统服务功能评估体系，参考我国湿地研究学者的研究成果（崔丽娟，2002；王伟和陆健健，2005），结合杭州湾滨海湿地生态系统特征、结构和生态过程特点，根据不同生态系统服务功能的特点将其分为供给功能、调节功能、支持功能及文化功能 4 大类。在供给功能中，杭州湾滨海湿地生态系统提供的产品主要为食物（农作物、水产品）、原材料（芦苇、木材）及水资源。在调节功能中，水质净化功能体现在湿地生态系统对水体污染物的去除作用；涵养水源功能体现为湿地生态系统调蓄水量作用；固碳功能体现为杭州湾滨海湿地具有多种多样的湿地植物，树木种类丰富，湿地植被覆盖面积大，植物的光合作用吸收大量的 CO_2 并释放 O_2，同时沿海滩涂每年淤积的土壤中也含有大量的碳；气候调节功能主要包括调节气温与增湿作用，湿地植物能够拦截吸收太阳辐射，并通过蒸腾作用消耗太阳热能，在夏天起降温作用，在冬天，郁闭的植物使热量不易散失，起保温的作用，湿地水分蒸散剧烈，对区域空气有一定的增湿效果，继而对区域小气候产生调节作用；湿地植物固碳的同时释放 O_2，并且一些植物是温室气体的一个主要来源，湿地植物释放 CH_4、N_2O 等温室气体，具有负面效应。支持功能包括生物多样性保护功能与土壤保持功能。杭州湾滨海湿地具有丰富的动物种类，包括一些珍稀濒危鸟类，因此具有鸟类保育及栖息地的功能；杭州湾滨海湿地能够沉积土壤，减少泥沙入海，土壤中含有氮、磷、有机碳等多种营养成分，因而具有土壤保持作用。文化功能指娱乐与教育功能，研究区内的杭州湾国家湿地公园地处上海、杭州、宁波、苏州等大都市圈，为周边居民及各地游客提供独具特色的休闲旅游场所；同时，杭州湾滨海湿地具有基础科学研究、教学实习、文化宣传等功能。

10.1.2　湿地生态系统服务功能价值化方法

1. 市场价值法

市场价值法是对有市场价格的生态系统产品和功能进行估价的一种方法，主要用在生态系统物质产品的评价上，如湿地野生动植物产品等。市场价值就是人们普遍概念上的生物资源价值。

2. 影子工程法

影子工程法是指假设当环境破坏后，以人工建造的一个新工程来替代原来生态系统的功能，用建造新工程所需的费用估算生态系统服务功能的价值。

3. 替代成本法

替代成本法是根据现有的可用替代品的成本评价生态资本的经济价值。

4. 旅行费用法

旅行费用法是指旅游者费用支出的总和，包括游客在湿地游览中所支出的交通费、饮食费、门票、住宿费和旅行时间价值等。

5. 碳税法

碳税法是根据光合作用方程式，以干物质生产量来换算湿地植物固定 CO_2 和释放 O_2 的量，再根据国际和我国对 CO_2 排放的收费标准，将生态指标换算成经济指标，得出固定 CO_2 的经济价值。

综上所述，本章所确定的杭州湾滨海湿地生态系统服务功能为物质生产功能、水质净化功能、涵养水源功能、固碳功能、气候调节功能、气体调节功能、生物多样性保护功能、土壤保持功能、娱乐与教育功能。针对不同功能类型选取其价值量化的评价指标与评价方法，并确定杭州湾滨海湿地生态系统服务功能价值评价指标体系（表 10-1）。

表 10-1　杭州湾滨海湿地生态系统服务功能评价指标体系

服务分类	指标类别	评价指标	评价方法
供给服务	物质生产	食物	市场价值法
		原材料	市场价值法
		水资源	市场价值法
调节服务	水质净化	降解污染物	影子工程法
	涵养水源	调蓄水量	影子工程法
	固碳	植物固碳	碳税法
		土壤固碳	碳税法
	气候调节	调节气温	影子工程法
		增湿	影子工程法
	大气调节	释放氧气	替代成本法
		温室气体	市场价值法
支持服务	生物多样性保护	鸟类保育	市场价值法
		栖息地	成果参照法
	土壤保持	保土、保肥	替代成本法
文化服务	娱乐与教育	旅游休闲	旅行费用法
		文教科研	市场价值法

10.1.3　资料收集及数据获取

1. 野外调查及样品测定

野外调查及样品测定主要包括草本植物与木本植物的生物量调查；土壤容重，土壤氮、磷、钾含量，以及土壤含水量的测定；使用 Mornitor 小型自动气象站测定大气温度、空气相对湿度等；采用 ITC-201A 空气负离子测定仪测定林内空气负离子含量日变化。

2. 资料收集与统计整理

采用实际调查与文献资料相结合的方法，数据来源于浙江杭州湾湿地生态系统定位观测研究站常年观测及研究积累的数据、《慈溪市统计年鉴》、参考文献、野外调查及实验室测定数据（表 10-2）。

表 10-2　价值评价数据类型及其来源

数据类型	数据内容	数据来源
遥感数据	土地利用类型及其面积	Landsat 8 OLI 影像
监测数据	植被类型及其生物量；土壤碳、氮、磷、钾、有机质含量；温室气体排放通量；大气温度；空气相对湿度；降水量；土壤温度；土壤含水量；土壤饱和含水量；土壤容重；动植物种类及分布	定位观测、野外调查及实验室测定
调查数据	农作物产量、价格；芦苇、木材、水产品、水资源价格；当地电费标准；当地旅游收入	《慈溪市统计年鉴》、实地调查
其他	污水治理成本、污水处理厂建设成本；水库建设成本、水库库容成本；土壤碳储存价值；工业制氧价格；温室气体排放价格；单位面积生物多样性保护价值	参考文献

3. 研究区湿地土地利用分类

利用第 2 章对 2015 年研究区 Landsat 8 OLI 影像（空间分辨率 15m）的解译结果，获得研究区湿地土地利用空间分布（图 2-3）。依据全国湿地资源调查技术规程，结合实地观测数据，将湿地划分为浅海水域、淤泥质海滩、潮间盐水沼泽、草本沼泽、输水河、水产养殖场、库塘、农田、林地及不透水地表 10 种土地利用类型，土地利用分类及其面积如表 10-3 所示。

表 10-3　杭州湾滨海湿地土地利用分类及其面积

1 级	2 级	3 级	面积/hm^2
自然湿地	近海与海岸湿地	浅海水域	44 785.19
		淤泥质海滩	15 080.96
		潮间盐水沼泽	5 415.01
	沼泽湿地	草本沼泽	6 676.49
人工湿地	输水河		2 924.62
	水产养殖场		10 377.09
	库塘		2 214.00
	农田		29 458.44
其他	林地		1 375.88
	不透水地表		59 062.34
合计			177 370.02

根据杭州湾滨海湿地生态系统的生态类型、生态系统服务价值属性来源及杭州湾滨海湿地土地利用现状，建立生态系统服务与土地利用类型的归属关系（表 10-4）。

表 10-4　杭州湾滨海湿地生态系统服务功能空间分布

服务功能	近海与海岸湿地			沼泽湿地	人工湿地	林地
	浅海水域	淤泥质海滩	潮间盐水沼泽	草本沼泽		
物质生产	√			√	√	√
水质净化		√	√	√	√	√
涵养水源	√	√	√	√	√	√
固碳		√	√	√	√	√
气候调节	√			√	√	√
大气调节				√	√	√
生物多样性保护	√	√	√	√		√
土壤保持		√				
娱乐与教育	√	√	√	√	√	√

10.2　杭州湾滨海湿地生态系统服务功能价值评估结果

10.2.1　供给服务功能价值

物质生产价值评估：

$$V_1 = \sum Q_m \times D_m \times J_m \qquad (10\text{-}1)$$

式中，V_1 为物质产品价值，单位：元·a^{-1}；Q_m 为第 m 类物质生产面积，单位：m^2；D_m 为第 m 类物质单位面积产量，单位：kg·m^{-2}；J_m 为第 m 类物质市场价格，单位：元·kg^{-1}。

根据调查，杭州湾滨海湿地物质生产价值如表 10-5 所示。

表 10-5　杭州湾滨海湿地物质生产价值表

物质产品	总产量/kg	市场价格/（元·kg^{-1}）	总产值/（10^8 元）
水稻	204 588 870	4	8.18
芦苇	249 146 670	0.6	1.49
水产品	243 265 670	9	21.89
木材	1 100 700 000	0.85	9.36
水资源	58 492 350 000	0.0032	1.87
合计			42.79

注：V_1=42.79×10^8 元·a^{-1}。

10.2.2　调节服务功能价值

1. 水质净化价值评估

$$V_2 = Q \times L \tag{10-2}$$

式中，V_2 为湿地的水质净化功能价值，单位：元·a^{-1}；Q 为湿地每年净化的污水量，单位：m^3；L 为单位污水处理成本，单位：元·m^{-3}。

根据 Shao 等（2013）的研究结果，自然滩涂每年可净化水体 196 133.3t·hm^{-2}。根据谭雪等（2015）对我国 227 座污水处理厂的研究结果，L 为 2.73 元·m^{-3}。

$$V_2 = 386.36 \times 10^8 （元·a^{-1}）$$

2. 涵养水源价值评估

$$V_3 = t_1 \sum v_i \times \rho_i \times D_{1i} + t_2 \sum v_i \times \rho_i \times D_{2i} \tag{10-3}$$

式中，V_3 为调蓄水量的价值，单位：元·a^{-1}；t_1 为建设 1m^3 水库投入的平均成本[7.02 元·m^{-3}（国家林业局，2008）]，单位：元·m^{-3}；v_i 为第 i 种土地利用类型的体积，单位：m^3；ρ_i 为第 i 种土地利用类型的土壤容重（表 10-6），单位：kg·m^{-3}；D_{1i} 为第 i 种土地利用类型的含水量，单位：%；D_{2i} 为第 i 种土地利用类型的饱和含水量与含水量之差，单位：%；t_2 代表建设单位蓄水量库容成本（0.67 元·m^{-3}），单位：元·m^{-3}（邵学新等，2011）。

表 10-6　杭州湾滨海湿地不同土地类型土壤含水量及容重

土地类型	土壤含水量/%	土壤饱和含水量/%	土壤容重/（g·cm^{-3}）
草本沼泽	30	33.4	1.426
林地	33.8	36.8	1.354
潮间盐水沼泽	43.3	45.1	1.226
淤泥质海滩	40.5	42.1	1.278

注：$V_3 = 75.08 \times 10^8$ 元·a^{-1}。

3. 固碳价值评估

$$V_{cf} = Y_C (0.273 \times 1.63 N \times S_1 + S_2 \times h \times \rho \times C_c) \tag{10-4}$$

$$V_4 = W Y_C \times \left\{ i \times (1+i)^t \left/ \left[(1+i)^i - 1 \right] \right. \right\} \tag{10-5}$$

式中，V_{cf} 为湿地固碳价值，单位：元·a^{-1}；Y_C 为碳税率，单位：元·kg^{-1}；N 为单位面积植物净生产量，单位：kg·hm^{-2}；S_1 为有植被覆盖的湿地面积，单位：hm^2；S_2 为滩涂面积，单位：hm^2；h 为滩涂每年淤积泥土厚度，单位：m；ρ 为滩涂土壤容重，单位：kg·m^{-3}；C_c 为湿地土壤碳含量，单位：%；V_{cfp} 为土壤碳储存价值，单位：元；W 为土壤碳储存总量，单位：t；V_4 为土壤碳储存价值的年金现值，单位：元·a^{-1}；i 为社会贴现率，单位：%；t 为年限，单位：a。

经测定，杭州湾滨海湿地林地年生物量增加 40 297kg·hm^{-2}，芦苇、互花米草和海三棱藨草的平均生物量为 24 417kg·hm^{-2}（邵学新等，2013），滩涂每年淤积泥土厚度为 0.04m，滩涂土壤碳含量为 0.298%，Y_C 取 282.7 元·t^{-1}（IPCC，2007b）。杭州湾滨海湿地土壤平均碳含量为 5.1g·kg^{-1}（张文敏等，2014）。社会贴现率取 3.5%（庞丙亮等，2014），由于人类扰动较为频繁，设定年限为 10 年。

$$V_4=145.38×10^8 元·a^{-1}$$

4. 气候调节价值评估

1）调节气温

$$V_c = \frac{c \times \rho}{0.36} C \times S \cdot H \left(Q_d \times D_d + Q_i \times D_i \right) \tag{10-6}$$

式中，V_c 为湿地调节气温的价值，单位：元·a^{-1}；c 为空气的比热容 1030J·（kg·℃）$^{-1}$；ρ 为空气的密度 1.29kg·m^{-3}；C 为当地电费标准（0.538），单位：元·（kW·h）$^{-1}$；S 为湿地降温总面积，单位：hm^2；H 为湿地调节气温的平均高度，单位：m；Q_d 为湿地夏季每天的平均降温数值（2.58），单位：℃；D_d 为湿地夏季的降温天数（70），单位：d；Q_i 为湿地冬季每天的平均升温数值（2.47），单位：℃；D_i 为湿地冬季的升温天数（60），单位：d。

$$V_c=61.56×10^8 元·a^{-1}$$

2）增湿

$$V_h = Q \times t \times C \tag{10-7}$$

式中，V_h 为湿地增湿的价值，单位：元·a^{-1}；Q 为湿地蒸发的水量，单位：m^3；t 为将单位体积水汽转化为蒸汽的耗电量；C 为当地电费标准（0.538），单位：元·（kW·h）$^{-1}$。任国玉和郭军（2006）的研究表明，长江流域年平均蒸发量为 1413.6mm。

$$V_h=474.60×10^8 元·a^{-1}$$

气候调节价值 $V_5=536.16×10^8 元·a^{-1}$。

5. 大气调节价值评估

1）释放氧气价值

$$Q_{O_2} = 1.19N \times S \tag{10-8}$$

$$V_{or} = Q_{O_2} \times Y \tag{10-9}$$

式中，Q_{O_2} 为年释放氧气总量，单位：kg·a^{-1}；N 为单位面积植物每年净生产量，单位：kg·a^{-1}；S 为有植被覆盖的湿地面积，单位：hm^2；V_{or} 为湿地释氧价值，单位：元·a^{-1}；Y 为氧气价值（以我国工业制氧的现价 0.4 元·kg^{-1} 作为单位价值），单位：元·kg^{-1}。

$$V_{or}=36.08\times10^8\text{ 元}\cdot a^{-1}$$

2）温室气体排放价值

$$V_g = P_1\sum F_{1i}\times S_i\times T_i + P_2\sum F_{2i}\times S_i\times T_i \qquad (10\text{-}10)$$

式中，V_g 为湿地温室气体排放价值，单位：元·a^{-1}；S_i 为湿地中第 i 种水生植物面积，单位：hm^2；F_{1i}、F_{2i} 分别为湿地中第 i 种水生植物 CH_4、N_2O 的平均排放通量，单位：$kg\cdot m^{-2}\cdot h^{-1}$；$T_i$ 为湿地中第 i 种水生植物 CH_4 排放的时间，单位：h；P_1 为 CH_4 的单位价格，单位：元·kg^{-1}；P_2 为 N_2O 的单位价格，单位：元·kg^{-1}。

杭州湾滨海湿地主要温室气体排放植物为芦苇、海三棱藨草、互花米草，还有部分裸滩湿地，其温室气体排放通量为：$F_{11}=0.582\times10^6kg\cdot m^{-2}\cdot h^{-1}$，$F_{12}=0.096\times10^6kg\cdot m^{-2}\cdot h^{-1}$，$F_{13}=1.085\times10^6kg\cdot m^{-2}\cdot h^{-1}$，$F_{14}=-0.042\times10^6kg\cdot m^{-2}\cdot h^{-1}$，$F_{21}=0.015\times10^6kg\cdot m^{-2}\cdot h^{-1}$，$F_{22}=0.005\times10^6kg\cdot m^{-2}\cdot h^{-1}$，$F_{23}=0.009kg\cdot m^{-2}\cdot h^{-1}$，$F_{24}=0.007kg\cdot m^{-2}\cdot h^{-1}$（王蒙等，2014）。$CH_4$ 和 N_2O 的排放价格分别为 0.72 元·kg^{-1} 和 19.33 元·kg^{-1}（郑伟等，2012）。

$$V_g=-5314.7\text{ 元}\cdot a^{-1}$$

大气调节价值为

$$V_6=V_{or}-V_g \qquad (10\text{-}11)$$

经计算可得

$$V_6=36.08\times10^8\text{ 元}\cdot a^{-1}$$

10.2.3　支持服务功能价值

1. 生物多样性价值评估

1）鸟类保育价值

$$V_{AC} = \sum_{i=1}^{n} J_i\times Q_i \qquad (10\text{-}12)$$

式中，V_{AC} 为鸟类保育价值，单位：元·a^{-1}；J_i 为第 i 级野生保护鸟类的市场价格，单位：元；Q_i 为第 i 级野生保护鸟类的数量（$i=1$ 表示国家一级保护鸟类，$i=2$ 表示国家二级保护鸟类）（表 10-7）。根据龙娟（2011）等的研究结果，国家一级保护鸟类的市场价格为 135 072.50 元/只；国家二级保护鸟类的市场价格为 17 409.44 元/只。

表 10-7　杭州湾滨海湿地栖息的濒危鸟类情况

物种	保护等级	最大数量
角䴙䴘（Podiceps auritus auritus）	二级	2
卷羽鹈鹕（Pelecanus crispus）	二级	30
白琵鹭指名亚种（Platalea leucorodia leucorodia）	二级	23

续表

物种	保护等级	最大数量
黑脸琵鹭 (*Platalea minor*)	二级	5
小天鹅 (*Cygnus columbianus*)	二级	143
东方白鹳 (*Ciconia boyciana*)	一级	5
中华秋沙鸭 (*Mergus squamatus*)	一级	3
小杓鹬 (*Numenius minutus*)	二级	153
遗鸥 (*Larus relictus*)	一级	37
白额雁 (*Anser albifrons*)	二级	60
鸳鸯 (*Aix galericulata*)	二级	11

注：$V_{AC}=0.14\times10^8$ 元·a^{-1}。

2）栖息地价值

$$V_h=S\times I \tag{10-13}$$

式中，V_h 为湿地栖息地价值，单位：元·a^{-1}；S 为湿地面积，单位：hm^2；I 代表生物多样性保护单位价值（严承高等，2000），单位：元·a^{-1}·hm^{-2}。

利用谢高地等（2001）的研究结果，湿地生态系统生物多样性保护单位价值为 2212.2 元·a^{-1}·hm^{-2}。

$$V_h=3.92\times10^8 \text{ 元·}a^{-1}$$

生物多样性价值为（严承高等，2000）

$$V_7=V_{AC}+V_h \tag{10-14}$$

经计算可得

$$V_7=4.06\times10^8 \text{ 元·}a^{-1}$$

2. 土壤保持价值评估

$$V_8=Q(NC_1/R_1+PC_1/R_2+MC_2) \tag{10-15}$$

式中，V_8 为湿地土壤保持价值，单位：元·a^{-1}；Q 为土壤保持量，单位：t·a^{-1}；N 为土壤平均全氮含量（表 10-8），单位：%；P 为土壤平均全磷含量，单位：%；M 为土壤有机质含量，单位：%；R_1 为磷酸二铵化肥含氮量，单位：%；R_2 为磷酸二铵化肥含磷量，单位：%；C_1 为磷酸二铵化肥价格，单位：元·kg^{-1}；C_2 为有机质价格，单位：元·kg^{-1}。

据监测，杭州湾南岸湿地每年土壤保持量为 7 709 388.03t，土壤养分含量如表 10-8 所示，R_1 为 14%，R_2 为 15.01%，C_1 为 2.4 元·kg^{-1}，C_2 为 0.32 元·kg^{-1}（国家林业局，2008）。

表 10-8　杭州湾滨海湿地不同土地利用类型土壤养分含量　　　（单位：%）

土地类型	土壤全氮含量	土壤全磷含量	土壤有机质含量
林地	0.0368	0.0604	0.7303
芦苇地	0.0293	0.0567	0.6667
滩涂	0.0367	0.0533	0.5167

注：$V_8 = 1.27 \times 10^8$ 元·a^{-1}。

10.2.4　文化服务功能价值

1. 旅游休闲价值评估

$$V_t = F_1 + F_2 + F_3 \tag{10-16}$$

式中，V_t 为旅游总价值，单位：元·a^{-1}；F_1 为旅游直接收入（门票、宾馆收入、旅游商品收入和停车费收入），单位：元·a^{-1}；F_2 为旅行费用（交通费用和食宿费用），单位：元·a^{-1}；F_3 为旅游时间价值（每小时工资标准×旅行总小时数×40%）。

据调查，2015 年杭州湾国家湿地公园接待游客 164 320 人次，收入 751.27 万元，旅行费用平均为 200 元，旅游时间平均为 1d，公园接待游客平均日收入为 300 元。

$$V_t = 0.61 \times 10^8 \text{ 元·} a^{-1}$$

2. 文教科研价值评估

$$V_K = Y_1 + Y_2 + Y_3 \tag{10-17}$$

$$Y_1 = Q \times R \tag{10-18}$$

式中，Y_1 为每年投入的科研费用价值，单位：元·a^{-1}；Y_2 为教学实习价值，单位：元·a^{-1}；Y_3 为图书出版物价值，单位：元·a^{-1}；Q 为当年发表的与本湿地相关的论文数量；R 为每篇论文的投入成本，单位：元。

在中国知网上检索主题"杭州湾湿地"，2015 年共有文章为 18 篇，在 Science Direct 上以"Hangzhou bay wetland"为检索词进行检索，2015 年英文文章为 3 篇，由此可得 Q 为 21；每篇文章的投入成本取 35.76×10^4 元，我国的科研项目完成期一般为 3 年，由此可得 R 为 11.92×10^4 元，Y_1 为 2.50×10^6 元；研究区内设有宣教服务区，为游客展示湿地教育图片、湿地动植物标本，以及湿地的污水处理过程，Y_2（宣教区 2015 年收入）价值为 0.39×10^6 元；众多学者对杭州湾滨海湿地进行大量研究，著有《杭州湾湿地环境与生物多样性》《浙江省环杭州湾产业带湿地动态、保护与优化利用研究》《盐碱地造林绿化技术：杭州湾沿岸盐碱地绿化实践》《慈溪市沿海防护林生态效益监测与评价研究》等，根据图书价格及年发行量可得 Y_3 为 0.17×10^6 元。

$$V_k = 0.03 \times 10^8 \text{ 元·} a^{-1}$$

娱乐教育价值为

$$V_9 = V_t + V_K \tag{10-19}$$

经计算可得

$$V_9=0.64\times10^8\text{元·a}^{-1}$$

10.2.5　杭州湾滨海湿地生态系统服务功能总价值

表 10-9 显示杭州湾滨海湿地不同生态系统服务功能及湿地类型所对应的价值。基于评价方法与数据来源，个别生态系统服务功能存在评价结果比实际价值偏低的可能性，表 10-9 中空白部分表示无此价值或现有的研究方法无法对其价值进行计算。2015 年杭州湾滨海湿地生态系统服务功能的总价值为 1227.84×10⁸ 元，单位面积价值为 69.22×10⁴ 元·hm⁻²·a⁻¹。

表 10-9　杭州湾滨海湿地生态系统服务功能价值　　（单位：10^8 元·a⁻¹）

服务功能	近海与海岸湿地			沼泽湿地	人工湿地	林地	价值
	浅海水域	淤泥质海滩	潮间盐水沼泽	草本沼泽			
物质生产	17.77			1.49	14.18	9.36	42.80
水质净化		172.97	62.11	76.57	58.94	15.78	386.37
涵养水源	62.88	2.75	1.01	1.01	7.21	0.22	75.08
固碳		35.36	12.68	15.83	78.22	3.29	145.38
气候调节	425.75			43.59	48.85	17.97	536.16
大气调节				0.78	35.04	0.26	36.08
生物多样性保护	2.48	0.83	0.30	0.37		0.08	4.06
土壤保持		1.27					1.27
娱乐与教育	0.24	0.08	0.03	0.04	0.24	0.01	0.64
价值	509.12	213.26	76.13	139.68	242.68	46.97	1227.84

杭州湾滨海湿地生态系统服务功能中，气候调节功能价值最高，为 536.16×10⁸ 元·a⁻¹，占总价值的 43.67%；水质净化功能价值次之，为 386.36×10⁸ 元·a⁻¹，占总价值的 31.47%；固碳功能价值位于第三，为 145.38×10⁸ 元·a⁻¹，占总价值的 11.84%；涵养水源功能价值位于第四，为 75.08×10⁸ 元·a⁻¹，占总价值的 6.11%。其余湿地生态系统服务功能对总价值的贡献率由大到小依次为物质生产功能（3.49%）、大气调节功能（2.94%）、生物多样性保护功能（0.33%）、土壤保持功能（0.10%）、娱乐与教育功能（0.05%）。

研究区不同的土地利用类型中，浅海水域所提供的生态系统服务功能价值最高，为 509.12×10⁸ 元·a⁻¹，占总价值的 41.46%，气候调节和涵养水源功能对其贡献相对较高（分别为 425.75×10⁸ 元·a⁻¹ 和 62.88×10⁸ 元·a⁻¹）；人工湿地所提供的生态系统服务功能价值次之，为 242.68×10⁸ 元·a⁻¹，占总价值的 19.76%，其主要生态系统服务功能为固碳功能（78.22×10⁸ 元·a⁻¹）；淤泥质海滩所提供的生态系统服务功能价值位于第三，为 213.26×10⁸ 元·a⁻¹，占总价值的 17.37%，其主要生态系统服务功能为水质净化（172.97×10⁸ 元·a⁻¹）。其余土地利用类型对总价值的贡献率由大到小依次为草本沼泽（11.38%）、潮间盐水沼泽（6.20%）、林地（3.83%）。不同土地利用类型单位面积生态系统服务功能价值由大到小依次为：林地（341.38×10^4 元·hm^{-2}·a^{-1}）、草本沼泽（209.22×10^4 元·hm^{-2}·a^{-1}）、淤泥质海滩（141.41×10^4 元·hm^{-2}·a^{-1}）、潮间盐水沼泽（140.58×10^4 元·hm^{-2}·a^{-1}）、浅海水域（113.68×10^4 元·hm^{-2}·a^{-1}）、人工湿地（53.96×10^4 元·hm^{-2}·a^{-1}）。

10.3　杭州湾滨海湿地生态系统服务价值分析

10.3.1　典型滨海湿地生态系统服务价值比较

将本研究区同其他湿地的研究结果进行对比（表 10-10），表中同时列出 5 个不同湿地价值排名前 5 位的生态系统服务功能类型。不同滨海湿地生态系统服务功能价值评估结果产生差异的原因有：①不同湿地所处的地理位置不同，当地对湿地的各项服务功能需求强度有区别，有些偏重湿地的供给服务功能，有些偏重湿地的调节或支持功能；②研究者评估不同服务类型时选取的指标和方法有所不同，例如，研究者在对莱州湾滨海湿地服务价值进行评估时，将固碳释氧功能归入大气调节服务功能中，而本研究则将固碳作为一个单独的服务功能进行评价。

表 10-10　不同滨海湿地生态系统服务功能价值对比

湿地名称	服务类型	单位面积价值/（元·hm^{-2}·a^{-1}）	所占比例/%
崇明东滩（吉丽娜和温艳萍，2013）	总价值	97 148	100
	1 物质生产	33 517	34.5
	2 旅游休闲	23 306	24.0
	3 降解污染	21 549	22.2
	4 气候调节	12 637	13.0
	5 生物多样性	2 211	2.3
闽江河口（傅娇艳，2012）	总价值	15 871	100
	1 净化水质	8 443	53.2
	2 科研教育	3 127	19.7
	3 生物多样性	2 206	13.9
	4 物质生产	1 508	9.5
	5 大气调节	571	3.6
莱州湾滨海湿地（张绪良等，2008）	总价值	30 310	100
	1 物质生产	14 246	47.0
	2 涵养水源	10 548	34.8
	3 大气调节	2 304	7.6
	4 科研教育	2 213	7.3
	5 生物多样性	970	3.2

湿地名称	服务类型	单位面积价值/（元·hm⁻²·a⁻¹）	所占比例/%
厦门湿地（陈鹏，2006）	总价值	136 326	100
	1 污染净化	66 800	49.0
	2 旅游休闲	30 810	22.6
	3 物质生产	16 904	12.4
	4 消浪护岸	15 950	11.7
	5 文化科研	2 590	1.9
杭州湾滨海湿地	总价值	692 200	100
	1 气候调节	302 283	43.67
	2 水质净化	217 835	31.47
	3 固碳	13 149	1.90
	4 涵养水源	42 293	6.11
	5 物质生产	24 158	3.49

10.3.2　杭州湾滨海湿地主导生态系统服务功能价值分析

杭州湾滨海湿地主导生态系统服务功能为气候调节功能、水质净化功能及固碳功能，三者价值量之和占总价值量的 86.98%。

1. 气候调节功能

气候调节功能价值占总价值的 43.67%。杭州湾滨海湿地的不同土地利用类型中，浅海水域对气候调节功能价值的贡献率最大，为 79.41%，其次为人工湿地 9.11%，草本沼泽 8.13%，林地最小，为 3.35%。林地单位面积价值最高，为 $130.61×10^4$ 元·hm⁻²·a⁻¹，其次为浅海水域 $95.04×10^4$ 元·hm⁻²·a⁻¹，再次为草本沼泽 $65.29×10^4$ 元·hm⁻²·a⁻¹，人工湿地最低，为 $31.48×10^4$ 元·hm⁻²·a⁻¹。江波等（2011）对海河流域湿地生态系统服务功能价值研究表明，其气候调节功能占总价值的 52.97%；崔丽娟等（2016）对扎龙湿地生态系统服务功能价值研究表明，其气候调节功能占总价值的 61.8%。

2. 水质净化功能

水质净化功能价值占总价值的 31.47%。杭州湾滨海湿地不同土地利用类型对水质净化功能价值的贡献率由高到低为淤泥质海滩 44.77%、草本沼泽 19.82%、潮间盐水沼泽 16.07%、人工湿地 15.25%、林地 0.41%。湿地能够净化水质，减轻陆源污染，改善近海水环境，从而维护近海生态系统健康。苏少川等（2012）对闽东滨海湿地生态系统服务功能价值研究表明，其污染净化功能价值占总价值的 29.72%。吉丽娜和温艳萍（2013）对崇明东滩湿地生态系统服务功能价值研究表明，其降解污染价值占总价值的 22.18%。

3. 固碳功能

固碳功能价值占总价值的 11.84%。杭州湾滨海湿地的固碳功能主要从植物固碳和土壤固碳两方面进行价值评价。杭州湾滨海湿地不同土地利用类型对固碳功能价值贡献率最高的为人工湿地（53.8%），其次为淤泥质海滩（24.32%），草本沼泽和潮间盐水沼泽分别为 10.89%和 8.72%，林地最小（2.26%）。湿地具有相当高的固碳能力，碳的储存有利于气候稳定，从而为人类的生存提供保护和支持。

10.3.3　围垦对杭州湾滨海湿地生态系统服务功能的影响

近年来，人口增长速度与滨海地区城市化进程的加快，促进了沿海基础设施建设与滨海产业的发展，致使沿海用地紧张，驱动了以围垦方式缓解区域发展需求。本研究区域是杭州湾滩涂淤涨最快和围垦利用最突出的区域。滩涂围垦与开发历史由来已久。冯利华和鲍毅新（2006）对慈溪市海岸变迁与滩涂围垦的研究表明，距今 2500 年前，慈溪市逐渐形成南丘北海、中部为滨海平原的地貌分布格局；慈溪市滩涂类属淤涨型，1949 年前海岸线年均增长 25m，1949 年后年均增长 50～100m。自改革开放以来，杭州湾南岸区域已围垦土地约 133km²，经过 10 次不同规模的围垦活动后，围垦面积占城市面积的 3/5 以上（吴明，2004）。围垦活动在带来巨大经济价值的同时，也造成滨海湿地生态结构与功能受损，以及生态系统功能的持续退化，进而引发滨海湿地生物多样性快速丧失、渔业资源衰竭、近海赤潮频发等恶果，严重削弱了沿海区域可持续发展的自然资源基础。

根据杭州湾湿地生态系统定位观测研究站的观测表明，本研究区域海岸线平均每年增长 0.415km，土地面积平均每年增加 2936hm²。根据本章湿地生态系统服务功能价值评估结果（表 10-11），以损失近海与海岸湿地，将其转变为人工湿地来计算，虽然供给服务功能价值有所增加，但调节服务价值与支持服务价值均明显减少，每年损失的湿地生态系统服务价值约 20 亿元。这说明湿地生态系统服务功能价值评估的重要性和进行可持续发展的迫切性。

表 10-11　两种湿地类型单位面积生态系统服务功能价值对比　（单位：元·hm⁻²·a⁻¹）

服务价值	近海与海岸湿地	人工湿地	价值差值
供给服务	27 221	31 529	-4 038
调节服务	1 187 954	507 536	680 418
支持服务	7 475	0	7 475
文化服务	536	534	2
总服务价值	1 223 186	539 599	683 587

第 11 章　杭州湾滨海湿地生态安全评价

受人类活动干扰，滨海湿地日益突出的生态问题已经对区域可持续发展构成严重威胁，明确滨海湿地的生态安全状态及变化趋势至关重要。从 20 世纪末开始，湿地生态安全评估逐渐成为湿地研究的热点，研究方法主要包括数学模型、生态模型和景观空间模型等（李楠等，2019），并基于不同模型构建不同的评估体系，但少有研究将生态服务价值作为响应因素，纳入评价指标体系中。另外，没有湿地生态安全演变及预警研究，无法反映湿地生态安全的动态性和演变机理。因此，本章将生态服务价值作为评价指标纳入生态安全评价指标体系，计算时间序列生态安全值，分析杭州湾生态安全的动态变化特征及未来趋势。

11.1　生态安全评价指标体系的构建

11.1.1　概念模型

经济合作与发展组织（Organization for Economic Co-operation and Development，OECD）首次提出将基于压力-状态-响应（press state response，PSR）的概念模型用于研究环境问题，得到广泛认可和使用。欧洲环境署在此基础上，提出 DPSIR（driver pressure state impact response）概念模型，将指标体系分为驱动力、压力、状态、影响和响应 5 个方面，既描述系统的复杂性，又体现系统与外界的相互作用（图 11-1）。DPSIR 概念模型为湿地生态安全评价提供了研究思路：从社会、经济、人口等角度出发，确定影响湿地生态安全的驱动力，进而确定系统驱动力导致的直接压力，压力迫使湿地改变某些状态，间接对湿地生态系统服务功能产生影响，促使外界对湿地生态安全采取必要的响应措施。

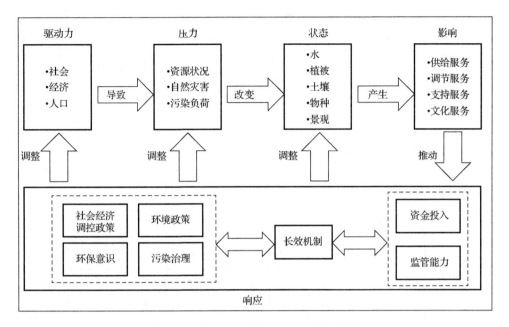

图 11-1　生态安全评估 DPSIR 概念模型

11.1.2　评价指标的选择

本研究以 DPSIR 概念模型为基础，结合杭州湾滨海湿地生态系统特点，参考已有相关研究，并考虑数据的可获取性，选取 46 个相关指标，构建杭州湾滨海湿地生态安全评价指标体系，如表 11-1 所示。驱动力是指人类社会的经济发展对湿地生态系统结构及功能存在现实或者潜在的威胁。针对杭州湾滨海湿地面临的湿地面积萎缩等生态问题，从社会、经济、人口 3 个方面共选取 8 个驱动力指标。压力是在驱动力作用下，人类活动对湿地的反作用力，表现在资源环境状况、污染负荷和自然灾害方面，共选取 8 个指标。状态直接反映湿地生态健康状况，来源于对现有湿地水资源、植被、土壤、物种、景观的分析及描述，共选取 10 个指标。影响是指湿地目前所处的状态对其生态系统服务功能价值的影响，共选取 12 个指标。响应能够反映当地政府及社会为了维护湿地，改善湿地生态系统状态而进行的资金投入、污染治理、监管能力，共选取 8 个指标。

表 11-1 杭州湾滨海湿地生态安全评价体系

目标层	准则层	因素层	指标层	单位	意义
杭州湾滨海湿地生态安全	驱动力	社会	城市化水平	%	反映城市扩张压力
			区域开发指数	%	反映社会发展压力,以不透水地表占土地总面积比例来表示
		经济	人均 GDP	元	反映经济发展水平
			GDP 增长率	%	反映经济发展水平
			第三产业比重	%	反映第三产业结构对湿地生态安全的影响
			渔业产值比重	%	反映渔业生产对滨海湿地生态安全的影响
		人口	人口密度	人·km^{-2}	反映人口对生态安全的威胁
			人口增长率	%	反映人口增长对生态安全的威胁
	压力	资源环境状况	人均水资源量	m^3	反映居民用水需求对湿地造成的压力
			人均用水量	m^3	反映居民用水需求对湿地造成的压力
			人均耕地面积	m^2	反映居民耕地需求对湿地造成的压力
		污染负荷	生活污水排放量	万 t	反映区域内生活污水带来的负荷
			工业废水排放量	万 t	反映区域内工业废水带来的负荷
			工业废气排放量	亿 m^3	反映区域内工业废气带来的负荷
			工业固废产生量	万 t	反映区域内工业固废带来的负荷
		自然灾害	酸雨频率	%	反映湿地面临自然灾害(酸雨)的压力
	状态	水资源	地表水资源量	亿 m^3	反映湿地储存水资源的状态
			水域面积比重	%	反映湿地水域面积
			地表水功能达标率	%	反映湿地水质的状态
		植被	植被覆盖度	%	反映区域内植被覆盖情况
			入侵植被覆盖度	%	反映区域内外来植被的入侵状况
		土壤	有机质含量	g·kg^{-1}	反映土壤健康状态
		物种	保护鸟类种类	种	反映湿地保护鸟类情况
		景观	景观多样性指数		反映湿地景观元素的多样性
			均匀度指数		反映湿地景观中各斑块面积分布的不均匀程度
			斑块个数		反映景观的空间格局的异质性
	影响	供给服务	物质生产	亿元	反映湿地提供水产品等的价值
			供水	亿元	反映湿地可提供可再生的淡水资源的价值
		调节服务	水质净化	亿元	反映湿地吸附污染物、净化水质的价值
			涵养水源	亿元	反映湿地涵养水源的价值

续表

目标层	准则层	因素层	指标层	单位	意义
杭州湾滨海湿地生态安全	影响	调节服务	气候调节	亿元	反映湿地调节局部地区的温度、湿度和降水的价值
			固碳	亿元	反映湿地通过植被及土壤吸收固定碳的价值
			大气调节	亿元	反映湿地植被吸收 CO_2 释放 O_2 调节大气组分的价值
		支持服务	促淤造陆	亿元	反映湿地植被促使泥沙沉积堆积的价值
			生物多样性保护	亿元	反映湿地保持其生物多样性的价值
			土壤保持	亿元	反映湿地减少土壤侵蚀和减少土壤肥力流失的价值
		文化服务	旅游休闲	亿元	反映湿地作为旅游、休闲场所的价值
			文教科研	亿元	反映湿地在文化教育方面提供的价值
	响应	资金投入	环保投入占 GDP 比重	%	反映环境保护重视程度
		污染治理	工业固废综合利用率	%	反映环境治理水平
			污水集中处理率	%	反映环境治理水平
			垃圾无害化处理率	%	反映环境治理水平
			空气质量达标率	%	反映环境治理水平
		政府监管	湿地管理水平		反映湿地管理队伍的整体水平
			长效机制构建		反映湿地监管能力
			湿地保护率	%	反映人类的湿地保护意识及湿地政策的科学性

11.1.3 评价等级的划分

参考相关文献，结合杭州湾滨海湿地实际情况，以等间距的方式确定生态安全等级，划分为安全、比较安全、预警、脆弱、极度脆弱 5 个等级，如表 11-2 所示。

表 11-2 杭州湾滨海湿地生态安全的分级标准

等级	生态安全值 C_i	状态
极度脆弱	(0～0.2]	湿地已经受到严重的人为干扰，大部分生态压力超出其承载能力，湿地生态系统结构被破坏，生态系统服务功能已经严重退化，生态系统服务价值几乎丧失
脆弱	(0.2～0.4]	湿地已经受到高强度的人为干扰，部分生态压力超出其承载能力，湿地生态系统结构部分破坏，生态系统服务功能部分退化，生态系统服务价值明显降低

续表

等级	生态安全值 C_i	状态
预警	(0.4~0.6]	湿地正在受到人为干扰，个别生态压力已超出生态系统的承载能力，湿地生态系统结构发生一定程度的变化，生态系统服务功能尚能发挥，生态系统服务价值出现一定程度降低
比较安全	(0.6~0.8]	湿地较少受到人类干扰，生态压力未超出生态系统自身的承载能力，湿地生态系统部分结构发生轻微变化，生态系统服务功能发挥基本稳定，生态系统服务价值保持良好
安全	(0.8~1.0]	湿地未受到或受到极小的人为干扰，基本没有生态压力，生态系统结构稳定，生态系统服务功能发挥良好，生态系统服务价值保持良好

11.2 生态安全评价及预警

根据遥感影像提取 2000~2015 年的各类土地覆盖类型面积，以及相关景观格局指数。社会经济统计数据来源于 2000~2015 年《慈溪市国民经济和社会发展统计公报》《宁波统计年鉴》《宁波市环境状况公报》《宁波市水资源公报》《中国环境统计年鉴》和慈溪市总体规划等社会统计数据，此外还参考了相关文献数据。基于以上数据获得 2000~2015 年各指标数据，如表 11-3 所示。

表 11-3 杭州湾滨海湿地 2000~2015 年生态安全评价指标数据

准则层	因素层	指标层	单位	指标特征	数据 2000 年	数据 2005 年	数据 2010 年	数据 2015 年	数据来源
驱动力	社会	城市化水平	%	-	14.28	59.5	64.5	68	慈溪市域总体规划
		区域开发指数	%	-	14.87	19.88	24.25	29.95	遥感数据计算
	经济	人均GDP	元	-	16 221.36	36 971.08	73 064.00	110 327.00	《宁波统计年鉴》
		GDP增长率	%	-	14.69	15	15.6	7.4	《宁波统计年鉴》
		第三产业比重	%	+	0.31	0.33	0.35	0.38	计算得出
		渔业产值比重	%	-	1.18	1.29	0.92	0.92	计算得出
	人口	人口密度	人·km⁻²	-	876	880	764	770	计算得出
		人口增长率	%	-	3.28	1.82	0.76	0.53	《宁波统计年鉴》
压力	资源环境状况	人均水资源量	m³	-	674.65	578.09	684.41	1 147.63	计算得出
		人均用水量	m³	-	193.89	241.28	236.8	283.8	计算得出
		人均耕地面积	m²	-	949.94	794.9	764.46	727.95	计算得出
	污染负荷	生活污水排放量	万t	-	1 016	1 137	2 660.52	7 084.52	《宁波统计年鉴》
		工业废水排放量	万t	-	1 045.1	1 361	1 728	1 081.27	《宁波统计年鉴》
		工业废气排放量	亿m³	-	30.39	83.29	135.76	194.9	《宁波统计年鉴》
		工业固废产生量	万t	-	16.15	27.41	29.61	21.36	《宁波统计年鉴》
	自然灾害	酸雨频率	%	-	72	93.5	94.7	46.6	《宁波环境状况公报》

续表

准则层	因素层	指标层	单位	指标特征	数据 2000 年	数据 2005 年	数据 2010 年	数据 2015 年	数据来源
状态	水资源	地表水资源量	亿 m^3	+	6.56	5.19	6.75	11.53	《宁波市水资源公报》
		水域面积比重	%	+	9.54	12.16	11.88	12.86	遥感数据计算
		地表水功能达标率	%	+	0	0	0	20	《宁波环境质量公报》
	植被	植被覆盖度	%	+	62.83	61.81	49.97	49.13	遥感数据计算
		入侵植被覆盖度	%	−	0.17	0.48	0.95	0.73	遥感数据计算
	土壤	有机质含量	g·kg^{-1}	+	16.44	14.85	14.43	14.24	杭州湾生态站
	物种	保护鸟类种类	种	+	169	169	163	220	杭州湾生态站
	景观	景观多样性指数		+	40 843	408 380	41 508	33 783	Fragstats 计算得出
		均匀度指数		+	1.79	1.79	1.9	1.92	Fragstats 计算得出
		斑块个数		−	0.68	0.7	0.74	0.75	Fragstats 计算得出
影响	供给服务	物质生产	亿元	+	4.5	3.78	3.02	3.07	参考第 10 章内容
		供水	亿元	+	25.29	13.32	8.8	6.19	参考第 10 章内容
	调节服务	水质净化	亿元	+	92.76	34.18	55.19	47.43	参考第 10 章内容
		涵养水源	亿元	+	4.99	20.33	24.49	37.47	参考第 10 章内容
		气候调节	亿元	+	182.9	102.6	61.65	46.71	参考第 10 章内容
		固碳	亿元	+	11.76	4.21	2.99	1.99	参考第 10 章内容
		大气调节	亿元	+	6.92	3.15	1.69	0.84	参考第 10 章内容
	支持服务	促淤造陆	亿元	+	24.49	26.93	19.37	22.26	参考第 10 章内容
		生物多样性保护	亿元	+	0.67	0.31	0.23	0.17	参考第 10 章内容
		土壤保持	亿元	+	89.39	45.12	67.93	38.84	参考第 10 章内容
	文化服务	旅游休闲	亿元	+	1.85	7.32	14.15	19.33	参考第 10 章内容
		文教科研	亿元	+	0	0	0.01	0.01	参考第 10 章内容
响应	资金投入	环保投入占 GDP 比重	%	+	1.32	1.19	1.2	1.03	《宁波环境状况公报》
	污染治理	工业固废物综合利用率	%	+	100	100	99.87	99.84	《宁波统计年鉴》
		污水集中处理率	%	+	25.22	30.86	76	87	《宁波统计年鉴》
		垃圾无害化处理率	%	+	97.66	98.04	98.7	100	《宁波统计年鉴》
		空气质量达标率	%	+	90.41	90.41	94.52	68.49	计算得出
	监管能力	湿地管理水平		+	1	2	3	5	专家确定，定性转定量
		长效机制构建		+	1	2	6	8	专家确定，定性转定量
		湿地保护率	%	+	0	0	0.96	10.51	杭州湾生态站

11.2.1　评价指标标准化处理

由于评价指标的计量单位不统一，需要对指标进行标准化处理（马银戍和许艺凡，2018）。由于正向指标数值越高越好，负向指标数值越低越好，使用不同算法对正、负向指标数值进行标准化处理。处理过程如式（11-1）和式（11-2）：

正向指标：

$$y_{ij} = \frac{x_{ij} - x_{j,\min}}{x_{j,\max} - x_{j,\min}} \tag{11-1}$$

负向指标：

$$y_{ij} = \frac{x_{j,\max} - x_{ij}}{x_{j,\max} - x_{j,\min}} \tag{11-2}$$

式中，x_{ij}（i=1,2,3,···,m；j=1,2,3,···,n）表示第 i 年第 j 个评价指标；y_{ij}（i=1,2,3,···,m；j=1,2,3,···,n）表示第 i 年第 j 个评价指标标准化后的值；m 和 n 表示年份数和评价指标总数；$x_{j,\max}$ 和 $x_{j,\min}$ 分别表示第 j 个指标的最大值和最小值。

11.2.2　熵权法确定权重

熵权法以已有的客观数据为基础计算权重，减少人为主观判断在赋权过程中的影响。具体步骤如式（11-3）～式（11-6）。

第 j 项评价指标第 i 年占该指标的比重：

$$p_{ij} = \frac{y_{ij}}{\sum_{j=1}^{n} y_{ij}} \tag{11-3}$$

计算第 j 项评价指标的熵值：

$$e_j = -\frac{1}{\ln(n)} \sum_{j=1}^{n} p_{ij} \ln(p_{ij}), 0 \leqslant e_j \leqslant 1 \tag{11-4}$$

计算第 j 项评价指标的差异性系数：

$$d_j = 1 - e_j \tag{11-5}$$

计算第 j 项评价指标的权重：

$$w_j = \frac{d_j}{\sum_{j=1}^{n} d_j} (j = 1, 2, 3, \cdots, n) \tag{11-6}$$

各评价指标标准化后数值及权重如表 11-4 所示。

表 11-4　杭州湾滨海湿地生态安全评价指标的权重

指标层	权重	指标层	权重
城市化水平	0.0212	景观多样性指数	0.1148
区域开发指数	0.0059	均匀度指数	0.0001
人均 GDP	0.0356	斑块个数	0.0001
GDP 增长率	0.0068	物质生产	0.0026
第三产业比重	0.0005	供水	0.0261
渔业产值比重	0.0022	水质净化	0.0127
人口密度	0.0004	涵养水源	0.0305
人口增长率	0.0423	气候调节	0.0255
人均水资源量	0.0071	固碳	0.0445
人均用水量	0.0017	大气调节	0.0486
人均耕地面积	0.0010	促淤造陆	0.0014
生活污水排放量	0.0575	生物多样性保护	0.0264
工业废水排放量	0.0040	土壤保持	0.0101
工业废气排放量	0.0308	旅游休闲	0.0416
工业固废产生量	0.0048	文教科研	0.0443
酸雨频率	0.0065	环保投入占 GDP 比重	0.0007
地表水资源量	0.0089	工业固废综合利用率	0.0000
水域面积比重	0.0011	污水集中处理率	0.0238
地表水功能达标率	0.0000	垃圾无害化处理率	0.0000
植被覆盖度	0.0012	空气质量达标率	0.0014
入侵植被覆盖度	0.0259	湿地管理水平	0.0272
有机质含量	0.0003	长效机制构建	0.0458
保护鸟类种类	0.0015	湿地保护率	0.2047

11.2.3　基于 TOPSIS 模型评价生态安全

TOPSIS（technique for order preference by similarity to ideal solution）为逼近理想解法，是通过构造多指标的正负理想解，确定待评价对象与正、负理想解的距离，从而判断评价结果，适用于多目标决策分析（徐娅等，2016）。该方法直观可靠，对样本数量和指标个数没有要求，已经应用于环境、医疗、政策等领域。指标权重能够反映指标本质的属性，是 TOPSIS 模型中重要参数，也是评价过程中最重要的一环。使用熵权法根据指标值矩阵确定指标权重，避免 TOPSIS 模型主观赋权导致的不客观性，可以提高评价结果的客观性和科学性。基于熵权法改进 TOPSIS 模型进行生态安全状况评估，具体步骤如下。

根据熵权法计算得到各指标权重，建立 TOPSIS 模型评估生态安全，具体步骤如式（11-7）～式（11-12）：

建立加权指标矩阵：

$$V = |V_{ij}| = w_j \times y_{ij} \qquad (11\text{-}7)$$

确定指标的正、负理想解：

$$V_j^+ = \{V_{i,\max} \mid j = 1,2,\cdots,n\} \qquad (11\text{-}8)$$

$$V_j^- = \{V_{ij,\min} \mid j = 1,2,\cdots,n\} \qquad (11\text{-}9)$$

式中，V_j^+ 表示正理想解；V_j^- 表示负理想解。

确定第 i 年各指标与理想值之间的距离：

$$D_i^+ = \sqrt{\sum_{j=1}^{n}\left(V_{ij} - V_j^+\right)^2} \qquad (11\text{-}10)$$

$$D_i^- = \sqrt{\sum_{j=1}^{n}\left(V_{ij} - V_j^-\right)^2} \qquad (11\text{-}11)$$

式中，D_i^+ 表示第 i 年各个指标到正理想解的距离，值越小表示生态越安全；D_i^- 表示第 i 年各个指标到负理想解的距离，值越小表示生态越不安全。对式中距离进行标准化处理。

计算第 i 年与理想解的贴近度：

$$C_i = \frac{D_i^-}{D_i^+ + D_i^-} \qquad (11\text{-}12)$$

式中，C_i 表示贴近度，即生态安全值，介于 0 和 1 之间，值越大表示湿地越安全，值越小表示湿地越脆弱。

11.2.4　生态安全趋势预测

采用灰色预测模型对杭州湾滨海湿地生态安全状况进行预测。灰色模型预测是通过鉴别系统因素之间发展趋势的相异程度，即进行关联分析，并对原始数据进行生成处理来寻找系统变动的规律，生成有较强规律性的数据序列，然后建立相应的微分方程模型，从而预测事物未来发展趋势的状况。

灰色预测模型 GM(1,1)预测的具体步骤如下：

定义原始数据序列为 $x^{(0)}=\{x^{(0)}(1),x^{(0)}(2),\cdots,x^{(0)}(m)\}$，其一次累加序列为 $x^{(1)}=\{x^{(1)}(1),x^{(1)}(2),\cdots,x^{(1)}(m)\}$。

定义 $x^{(1)}$ 的导数为

$$d(k) = x^{(0)}(k) = x^{(1)}(k) - x^{(1)}(k-1) \qquad (11\text{-}13)$$

令 $z^{(1)}(k)$ 为数列 $x^{(1)}$ 的邻值生成数列，即

$$z^{(1)}(k) = ax^{(1)}(k) + (1-a)x^{(1)} \qquad (11\text{-}14)$$

于是定义 GM(1,1)的微分方程为

$$d(k) + az^{(1)}(k) = b \text{ 或 } x^{(0)}(k) + az^{(1)}(k) = b \qquad (11\text{-}15)$$

令 $k=1,2,3,\cdots,m$，代入上式，求得参数 a 和 b，得到 GM(1,1)的微分方程为

$$\frac{\mathrm{d}x^{(1)}(t)}{\mathrm{d}t} + ax^{(1)}(t) = b \qquad (11\text{-}16)$$

解为

$$x^{(1)}(t) = \left(x^{(0)}(1) - \frac{b}{a}\right)\mathrm{e}^{-a(t-1)} + \frac{b}{a} \qquad (11\text{-}17)$$

从而得到预测值：

$$x^{(1)}(t+1) = \left(x^{(0)}(1) - \frac{b}{a}\right)\mathrm{e}^{-at} + \frac{b}{a} \qquad (11\text{-}18)$$

为验证 GM(1,1)模型预测的可靠性，对模型进行后验差检验，当误差大于 0.9 时，模型为优。

11.3　杭州湾滨海湿地生态安全评价结果与分析

11.3.1　生态安全评价结果与分析

基于社会统计数据及遥感数据，获得 2000～2015 年各指标数据，以熵权法计算指标权重，根据公式计算得到 2000 年、2005 年、2010 年和 2015 年杭州湾滨海湿地生态安全值分别为 0.413、0.382、0.287 和 0.582，生态安全等级分别处于预警、脆弱、脆弱和预警，呈先下降后上升趋势（图 11-2）。

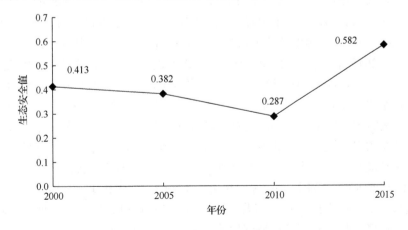

图 11-2　2000～2015 年杭州湾滨海湿地生态安全状态

2000～2005 年，杭州湾滨海湿地生态安全水平降低，从预警状态恶化到脆弱

状态，与多方面因素有关。根据慈溪市域总体规划数据可知，2005 年城市化水平为 59.5%，是 2000 年的 4.17 倍，说明在此期间，城市急剧扩张对湿地生态安全造成压力。2003 年杭州湾跨海大桥立项开工，启动区域开发建设，大量滨海湿地（滩涂、淡水草本沼泽等）被占用。这 5 年经济快速发展，人均 GDP 由 16 229.75 元增长到 37 065.00 元，经济发展的同时过度利用湿地资源，影响湿地安全。生活污水、工业废水、工业废气的排放量和工业固废产生量在此期间明显增加，加重了滨海湿地的污染负荷。另外，地表水资源量降低，入侵植被（互花米草）面积增加，景观破碎度增加，也在一定程度降低了湿地生态安全。湿地生态安全降低直接影响物质生产、供水、水质净化、固碳、大气调节、土壤保持等生态服务功能。湿地生态安全已经达到脆弱等级，却没有引起足够重视、湿地管理水平较低，并未构建长效管理机制。

　　2005～2010 年，杭州湾滨海湿地生态安全等级为脆弱，生态安全值进一步降低到 0.287。2005 年 6 月国务院批准设立浙江慈溪出口加工区，2009 年宁波市政府做出《关于加快开发建设宁波杭州湾新区的决定》（甬党〔2009〕18 号），在此 5 年间，慈溪市生产总值增长保持在 15% 以上，2010 年人均 GDP 是 2005 年的 2 倍，生活污水排放量排放量是 2005 年的 2.34 倍，工业废气排放量是 2005 年的 1.63 倍，植被覆盖度降低 20%，入侵植被覆盖度增加 1 倍。这说明该区域在政策的主导下，经济保持高速发展，区域开发建设加剧，湿地生态安全被严重破坏，湿地面积不断减少，湿地气候调节、固碳、大气调节和促淤造陆生态系统服务功能的价值降低。虽然湿地生态安全状态有所恶化，但已经引起相关部门的重视，建立杭州湾自然保护区。自 2006 年以来，对 333.3hm^2 围垦地进行全封闭管理，植被恢复良好，鸟类数量增加。另外，宁波市政府为保护湿地，于 2008 年 8 月决定成立湿地保护与利用规划工作领导小组，编制了《宁波市湿地保护与利用规划（2009—2020 年）》，为湿地及其生态系统的保护、管理和合理利用提供了科学依据。

　　2010～2015 年，杭州湾滨海湿地生态安全得到提升，由脆弱等级恢复到预警状态。在此阶段，GDP 增长速率变缓，人均 GDP 和城市化水平有所增加，2015 年生活污水排放量是 2010 年的 2.6 倍，工业污水排放量降低 38%，酸雨频率降低 51%，水域面积有所增加，湿地促淤造陆及旅游科研生态系统服务价值增加。湿地生态安全得到广泛关注和重视。为了加强湿地保护，改善湿地生态状况，维护湿地生态功能和生物多样性，促进湿地资源可持续利用，浙江省于 2012 年正式实施《浙江省湿地保护条例》。虽然 2010 年环保投入占 GDP 比重轻微降低，但是投入金额却是 2010 年 1.29 倍。随着湿地污染负荷的降低，从中央到地方对湿地保护的重视程度增加，杭州湾滨海湿地的生态安全值正在提高。

11.3.2 准则层生态安全状况

2000～2015 年杭州湾滨海湿地生态安全准则层状态如图 11-3 所示。驱动力准则层在 2000～2015 年贴近度波动较小，在 0.5 至 0.6 之间浮动，安全评级一直属于"预警"状态。湿地生态安全与社会、经济、人口 3 个方面的驱动力密不可分。由于经济持续快速发展，城市化水平提高，使湿地生态系统面临的问题增加。驱动力处于预警状态，这在一定程度抑制了湿地整体生态安全。

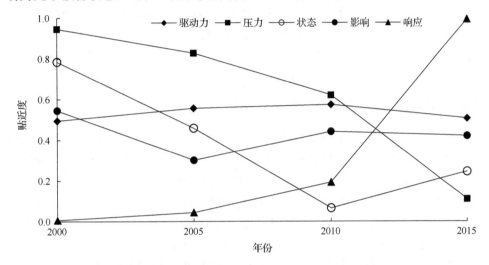

图 11-3　2000～2015 年杭州湾滨海湿地生态安全准则层状态

压力准则层在 2000～2015 年的安全评级从"安全"恶化到"极度脆弱"，贴近度由 0.946 急速下降到 0.110，说明杭州湾滨海湿地面临的压力越来越大。统计数据显示，2000～2015 年人均用水量、生活污水排放量、工业废水排放量、工业废气排放量、工业固废产生量均有所上升，其中生活污水排放量和工业废气排放量分别增加了 5.9 倍和 6.4 倍。压力处于"极度脆弱"状态与污染负荷密不可分，也进一步说明加强污染排放管控与治理力度，对杭州湾滨海湿地生态安全压力的缓解有重要的意义。

状态准则层在 2000～2010 年贴近度大幅度降低，2010 年后小幅度上升，安全评级从"比较安全"恶化到"极度脆弱"，轻微好转后处于"脆弱"状态，整体形势不容乐观。这说明杭州湾滨海湿地水资源、植被、景观等状态安全性较低。统计数据显示，研究区地表水功能达标率极低，植被覆盖度逐年降低，景观格局破碎。今后，保护好湿地水资源、植被、土壤、物种和景观等现有资源的状态，对维护湿地生态安全至关重要。

影响准则层在 2000～2015 年贴近度呈波动状态，安全评级由"预警"状态下降到"脆弱"状态后,又恢复到"预警"状态。这说明湿地生态安全服务受到湿地资源状态的影响,供水、水质净化和水源涵养服务功能的价值随着水资源状态的恶化而降低,气候调节、固碳和大气调节服务功能的价值受到植被资源状态的影响。与此同时,旅游休闲和文教科研服务功能的价值随着影响准则层状态的提升而增加。因此,有必要加强湿地资源保护,提高生态安全响应,以推进生态安全影响准则层下各个生态系统服务功能状态根本好转。

响应准则层在2000~2015年贴近度迅速上升,安全状态由"极度脆弱"上升到"安全"。在建立湿地保护制度的任务下,当地加大环境保护的资金投入,加强污染治理能力,污水集中处理率和垃圾无害化处理率稳步提高,还构建了长效保护机制,湿地保护率大大增加,湿地管理水平逐步提高。生态安全响应准则层状态的提高有效地带动了滨海湿地整体生态安全状况的提升。

11.3.3　杭州湾滨海湿地生态安全趋势预测

通过灰色预测模型 GM(1,1)对杭州湾滨海湿地生态安全趋势进行预测,求得 $a=-0.281$, $b=0.145$,灰色预测模型为 $x(t+1)=5.5645e^{0.2805t}-5.1515$,检验模型的 P 为 0.998,说明模型精度优。由该模型预测得到 2020 年杭州湾滨海湿地生态安全值为 0.697。按照目前杭州湾滨海湿地的发展态势,今后 5 年内,随着生态文明理念进一步深入人心,污染负荷逐渐降低,湿地保护力度增加,杭州湾滨海湿地的生态安全状况进一步好转,提升到"比较安全"的状态。

目前湿地生态安全评价体系较为成熟,多以 PSR 和 DPSIR 概念模型选取社会经济因子构建评价体系,但不同湿地类型的生态系统形成机制复杂多变,涉及多学科多领域,评价体系相似但使用的具体指标不同。基于 DPSIR 概念模型构建杭州湾滨海湿地生态安全评价指标体系,从驱动力、压力、状态、影响及响应 5 个方面选取指标的同时,针对研究区现状,将互花米草入侵问题及鸟类保护现状等问题考虑在内,计算生态安全值使用熵权法改进的 TOPSIS 方法,保证了计算过程的客观性。

基于 DPSIR 概念模型,从驱动力、压力、状态、影响和响应 5 个方面了解杭州湾滨海湿地生态安全变化机制。在社会经济的驱动下,土地需求日益增加,越来越多的湿地被开发利用,直接丧失了原有的生态系统服务功能。随着人口增加及人均用水需求量增加,当地水资源及动植物资源的需求量增加,加重了湿地生态系统的压力,使湿地生态系统的不稳定性增加,来自社会经济及人口的驱动力在短时间内不会缓解。经济发展造成污水排放量增加,湿地承载的污水负荷增加,远超湿地水体自净能力,湿地土壤和植被受到一定程度的损害。随着工业的发展,废气排放负荷加剧,影响湿地大气调节服务功能,甚至形成酸雨,影响湿地水质及植被生长。污染负荷加剧,破坏了湿地生态健康,在一定程度上降低了湿地生态系统的安全性。但随着污染治理能力的提高，污水处理率提高，废气排放量降低，污染负荷逐步降低，湿地生态安全将缓慢恢复。湿地公园也是湿地定位观测站，在接纳游客的同时，应对湿地进行监测，了解湿地水质及资源现状，宣传湿地保护。近年来政府对湿地保护的资金投入加大，污染治理能力提高，对湿地监管及保护加强，使湿地生态安全逐步恢复。

根据熵权法确定指标权重后发现，湿地保护率、景观多样性指数、生活污水排放量、大气调节、长效机制构建、固碳、文教科研、人口增长率、旅游休闲、人均 GDP、工业废气排放量和涵养水源等指标的权重较大，是影响杭州湾滨海湿地生态安全状态的主要因素。根据指标权重分析，若要提高杭州湾滨海湿地安全状态，需要在以下几个方面努力：①在经济迅速发展的同时，提高本区域经济发展的质量，加大环保投入，以经济带动滨海湿地生态安全的提升；②减少滨海湿地污染负荷，尤其是生活污水、工业废水废气等排放量，减轻污染负荷对滨海湿地造成的生态安全压力；③重视滨海湿地生态保护，加强湿地污染治理能力，提高湿地管理水平，构建长效机制，提高湿地保护率。

参 考 文 献

蔡倩倩, 郭志华, 胡启鹏, 等, 2013. 若尔盖高寒嵩草草甸湿地不同水分条件下土壤有机碳的垂直分布[J]. 林业科学, 49（3）: 9-16.

曹铭昌, 刘高焕, 单凯, 等, 2010. 基于多尺度的丹顶鹤生境适宜性评价: 以黄河三角洲自然保护区为例[J]. 生物多样性, 18（3）: 283-291.

陈槐, 周舜, 吴宁, 等, 2006. 湿地甲烷的产生、氧化及排放通量研究进展[J]. 应用与环境生物学报, 12（5）: 726-733.

陈鹏, 2006. 厦门湿地生态系统服务功能价值评估[J]. 湿地科学, 4（2）: 101-107.

陈友媛, 孙萍, 陈广琳, 等, 2015. 滨海区芦苇和香蒲耐盐碱性及除氮磷效果对比研究[J]. 环境科学, 36（4）: 1489-1496.

程乾, 刘波, 李婷, 等, 2015. 基于高分1号杭州湾河口悬浮泥沙浓度遥感反演模型构建及应用[J]. 海洋环境科学, 34（4）: 558-563.

程宪伟, 梁银秀, 祝惠, 等, 2017. 六种植物对盐胁迫的响应及脱盐潜力水培实验研究[J]. 湿地科学, 15（4）: 635-640.

崔保山, 赵欣胜, 杨志峰, 等, 2006. 黄河三角洲芦苇种群特征对水深环境梯度的响应[J]. 生态学报, 26（5）: 1533-1541.

崔丽娟, 2002. 扎龙湿地价值货币化评价[J]. 自然资源学报, 17（4）: 451-456.

崔丽娟, 庞丙亮, 李伟, 等, 2016. 扎龙湿地生态系统服务价值评价[J]. 生态学报, 36（3）: 828-836.

丁维新, 蔡祖聪, 2002a. 土壤有机质和外源有机物对甲烷产生的影响[J]. 生态学报, 22（10）: 1672-1679.

丁维新, 蔡祖聪, 2002b. 沼泽甲烷排放及其主要影响因素[J]. 地理科学, 22（5）: 619-625.

丁维新, 蔡祖聪, 2003. 植物在CH_4产生、氧化和排放中的作用[J]. 应用生态学报, 14（8）: 1379-1384.

董斌, 吴迪, 宋国贤, 等, 2010. 上海崇明东滩震旦鸦雀冬季种群栖息地的生境选择[J]. 生态学报, 30（16）: 4351-4358.

董梅, 陆建忠, 张文驹, 等, 2006. 加拿大一枝黄花: 一种正在迅速扩张的外来入侵植物[J]. 植物分类学报, 44（1）: 74-87.

董鸣, 等, 2011. 克隆植物生态学[M]. 北京: 科学出版社.

段晓男, 王效科, 陈琳, 等, 2007. 乌梁素海湖泊湿地植物区甲烷排放规律[J]. 环境科学, 28（3）: 455-459.

段晓男, 王效科, 欧阳志云, 2005. 维管植物对自然湿地甲烷排放的影响[J]. 生态学报, 25（12）: 3375-3382.

樊江文, 钟华平, 杜占池, 等, 2004. 草地植物竞争的研究[J]. 草业学报, 13（3）: 1-8.

冯华军, 冯小晏, 薛飞, 等, 2011. 浙江省典型地区生活污水水质调查研究[J]. 科技通报, 27（3）: 436-440.

冯利华, 鲍毅新, 2006. 慈溪市海岸变迁与滩涂围垦[J]. 地理与地理信息科学, 22（6）: 75-78.

傅娇艳, 2012. 闽江河口湿地自然保护区生态系统服务价值评价[J]. 湿地科学与管理, 8（4）: 17-19.

高建华, 杨桂山, 欧维新, 2005. 苏北潮滩湿地不同生态带有机质来源辨析与定量估算[J]. 环境科学, 26（6）: 53-58.

高建华, 杨桂山, 欧维新, 2007. 互花米草引种对苏北潮滩湿地SOC、TN和TP分布的影响[J]. 地理研究, 26（4）: 799-808.

葛振鸣, 王天厚, 施文彧, 等, 2006. 长江口杭州湾鸻形目鸟类群落季节变化和生境选择[J]. 生态学报, 26（1）: 40-47.

管博, 栗云召, 夏江宝, 等, 2014. 黄河三角洲不同水位梯度下芦苇植被生态特征及其与环境因子相关关系[J]. 生态学杂志, 22 (10): 2633-2639.

郭长城, 胡洪营, 李锋民, 等, 2009. 湿地植物香蒲体内氮、磷含量的季节变化及适宜收割期[J]. 生态环境学报, 18 (3): 1020-1025.

国家环境保护总局水和废水监测分析方法编委会, 2009. 水和废水监测分析方法[M]. 4版. 北京: 中国环境科学出版社.

国家林业局, 2008. 森林生态系统服务功能评估规范[M]. 北京: 中国标准出版社.

国家林业局, 2015. 中国湿地资源: 浙江卷[M]. 北京: 中国林业出版社.

国家林业局, 等, 2000. 中国湿地保护行动计划[M]. 北京: 中国林业出版社.

郝庆菊, 王跃思, 宋长春, 等, 2007. 垦殖对沼泽湿地CH$_4$和N$_2$O排放的影响[J]. 生态学报, 27 (8): 3417-3426.

何浩, 潘耀忠, 朱文泉, 等, 2005. 中国陆地生态系统服务价值测量[J]. 应用生态学报, 16 (6): 1122-1127.

胡启武, 吴琴, 刘影, 等, 2009. 湿地碳循环研究综述[J]. 生态环境学报, 18 (6): 2381-2386.

胡启武, 朱丽丽, 幸瑞新, 等, 2011. 鄱阳湖苔草湿地甲烷释放特征[J]. 生态学报, 31 (17): 4851-4857.

黄璞祎, 于洪贤, 柴龙会, 等, 2011. 扎龙芦苇湿地生长季的甲烷排放通量[J]. 应用生态学报, 22 (5): 1219-1224.

黄玉茜, 韩晓日, 杨劲峰, 等, 2015. 花生根系分泌物对土壤微生物学特性及群落功能多样性的影响[J]. 沈阳农业大学学报, 46 (1): 48-54.

霍莉莉, 邹元春, 郭佳伟, 等, 2013. 垦殖对湿地土壤有机碳垂直分布及可溶性有机碳截留的影响[J]. 环境科学, 34 (1): 283-287.

吉莉娜, 温艳萍, 2013. 崇明东滩湿地生态系统服务功能价值评估[J]. 中国农学通报, 29 (5): 160-166.

贾兴焕, 张衡, 蒋科毅, 等, 2010. 杭州湾滩涂湿地鱼类种类组成和多样性季节变化[J]. 应用生态学报, 21 (12): 3248-3254.

贾宇平, 苏志珠, 段建南, 2004. 黄土高原沟壑区小流域土壤有机碳空间变异[J]. 水土保持学报, 18 (1): 31-34.

江彬彬, 张霄宇, 杜泳, 等, 2015. 基于GOCI的近岸高浓度悬浮泥沙遥感反演: 以杭州湾及邻近海域为例[J]. 浙江大学学报 (理学版), 42 (2): 213-220.

江波, 欧阳志云, 苗鸿, 等, 2011. 海河流域湿地生态系统服务功能价值评价[J]. 生态学报, 31 (8): 2236-2244.

姜欢欢, 孙志高, 王玲玲, 等, 2012. 黄河口潮滩湿地土壤甲烷产生潜力及其对有机物和氮输入响应的初步研究[J]. 湿地科学, 10 (4): 451-458.

蒋科毅, 吴明, 邵学新, 等, 2013. 杭州湾及钱塘江河口南岸滨海湿地鸟类群落多样性及其对滩涂围垦的响应[J]. 生物多样性, 21 (2): 214-223.

鞠伟, 2016. 杨树根际高效解钾细菌的分离筛选与鉴定[D]. 南京: 南京林业大学.

孔垂华, 胡飞, 2001. 植物化感 (相生相克) 作用及其应用[M]. 北京: 中国农业出版社.

孔垂华, 胡飞, 2003. 植物化学通讯研究进展[J]. 植物生态学报, 27 (4): 561-566.

孔范龙, 郗敏, 吕宪国, 等, 2013. 三江平原环型湿地土壤溶解性有机碳的时空变化特征[J]. 土壤学报, 50 (4): 847-852.

雷军成, 徐海根, 2010. 基于MaxEnt的加拿大一枝黄花在中国的潜在分布区预测[J]. 生态与农村环境学报, 26 (2): 137-141.

雷咏雯, 危常州, 李俊华, 等, 2004. 不同尺度下土壤养分空间变异特征的研究[J]. 土壤, 36 (4): 376-381.

李春钢, 钟艳, 李夏夏, 等, 2017. 一种新型解钾菌的筛选及鉴定[J]. 贵州大学学报 (自然科学版), 34 (4): 132-135.

李东来, 魏宏伟, 孙兴海, 等, 2015. 震旦鸦雀在镶嵌型芦苇收割生境中的巢址选择[J]. 生态学报, 35 (15): 5009-5017.

李峰, 谢永宏, 覃盈盈, 2009. 盐胁迫条件下湿地植物的适应策略[J]. 生态学杂志, 28 (2): 314-321.

李国庆, 2009. 入侵植物加拿大一枝黄花对根际土壤微生物群落多样性的影响研究[D]. 福州: 福建农林大学.

李红, 杨允菲, 卢欣石, 2004. 松嫩平原野大麦种群可塑性生长及密度调节[J]. 草地学报, 12 (2): 87-90, 119.

李楠, 李龙伟, 陆灯盛, 等, 2019. 杭州湾滨海湿地生态安全动态变化及趋势预测[J]. 南京林业大学学报（自然科学版）, 43 (3): 107-115.

李晓文, 马田田, 梁晨, 等, 2015. 围填海活动对中国滨海湿地影响的定量评估[J]. 湿地科学, 13 (6): 653-659.

李新新, 高新新, 陈星, 等, 2014. 一株高效解钾菌的筛选、鉴定及发酵条件的优化[J]. 土壤学报, 51 (2): 381-388.

李羿桥, 李西, 胡庭兴, 2013. 巨桉凋落叶分解对假俭草生长与光合特性的影响[J]. 草业学报, 22 (3): 169-176.

李银鹏, 季劲钧, 2001. 全球陆地生态系统与大气之间碳交换的模拟研究[J]. 地理学报, 56 (4): 379-389.

李玉凤, 刘红玉, 2014. 湿地分类和湿地景观分类研究进展[J]. 湿地科学, 12 (1): 104-110.

梁作盼, 李立青, 万方浩, 等, 2016. 土壤微生物对紫茎泽兰生长与竞争的反馈: 不同灭菌方法的比较[J]. 中国生态农业学报, 24 (9): 1223-1230.

刘波, 程乾, 曾焕建, 等, 2016. 基于GOCI数据的杭州湾跨海大桥两侧水域悬浮泥沙浓度空间分异规律研究[J]. 杭州师范大学学报（自然科学版）, 15 (1): 102-107.

刘厚田, 1995. 湿地的定义和类型划分[J]. 生态学杂志, 14 (4): 73-77.

刘鹏, 黄晓凤, 顾署生, 等, 2012. 江西官山自然保护区四种雉类的生境选择差异[J]. 动物学研究, 33 (2): 170-176.

刘钰, 李秀珍, 闫中正, 等, 2013. 长江口九段沙盐沼湿地芦苇和互花米草生物量及碳储量[J]. 应用生态学报, 24 (8): 2129-2134.

龙娟, 宫兆宁, 赵文吉, 等, 2011. 北京市湿地珍稀鸟类特征与价值评估[J]. 资源科学, 33 (7): 1278-1283.

陆宏, 厉仁安, 2006. 慈溪市土壤系统分类研究[J]. 土壤, 38 (4): 499-502.

陆建忠, 裘伟, 陈家宽, 等, 2005. 入侵种加拿大一枝黄花对土壤特性的影响[J]. 生物多样性, 13 (4): 347-356.

陆建忠, 翁恩生, 吴晓雯, 等, 2007. 加拿大一枝黄花在中国的潜在入侵区预测 [J]. 植物分类学报, 45 (5): 670-674.

陆健健, 1996. 中国滨海湿地的分类[J]. 环境导报 (1): 1-2.

陆健健, 何文珊, 童春富, 2006. 湿地生态学[M]. 北京: 高等教育出版社.

路鹏, 彭佩钦, 宋变兰, 等, 2005. 洞庭湖平原区土壤全磷含量地统计学和GIS分析[J]. 中国农业科学, 38 (6): 1204-1212.

吕咏, 殷世雨, JOHN HOWES, 等, 2011. 浙江慈溪杭州湾湿地中心水鸟资源调查[J]. 野生动物学报, 32 (6): 312-315.

马少杰, 李正才, 王斌, 等, 2012. 不同经营类型毛竹林土壤活性有机碳的差异[J]. 生态学报, 32 (8): 2603-2611.

马银戌, 许艺凡, 2018. 基于熵值法的休闲农业发展潜力指标体系构建与赋权: 以河北省为例[J]. 统计与管理 (9): 93-96.

梅雪英, 张修峰, 2007. 崇明东滩湿地自然植被演替过程中储碳及固碳功能变化[J]. 应用生态学报, 18 (4): 933-936.

宁潇, 邵学新, 胡咪咪, 等, 2016. 杭州湾国家湿地公园湿地生态系统服务价值评估[J]. 湿地科学, 14 (5): 677-686.

牛红榜, 刘万学, 万方浩, 2007. 紫茎泽兰（*Ageratina adenophora*）入侵对土壤微生物群落和理化性质的影响[J]. 生态学报, 27 (7): 3051-3060.

庞丙亮, 崔丽娟, 马牧源, 等, 2014. 扎龙湿地生态系统固碳服务价值评价[J]. 生态学杂志, 33 (8): 2078-2083.

齐玉春, 董云社, 耿元波, 等, 2003. 我国草地生态系统碳循环研究进展[J]. 地理科学进展, 22 (4): 342-352.

钱国桢, 崔志兴, 王天厚, 1985. 长江口杭州湾北部的鸻形目鸟类群落[J]. 动物学报, 31 (1): 96-97.

任国玉, 郭军, 2006. 中国水面蒸发量的变化[J]. 自然资源学报, 21 (1): 31-44.

沙晨燕, 2011. 美国俄亥俄州人工河滨湿地甲烷排放[J]. 生态学杂志, 30 (11): 2456-2464.

邵学新, 李文华, 吴明, 等, 2013. 杭州湾潮滩湿地3种优势植物碳氮磷储量特征研究[J]. 环境科学, 34 (9): 3451-3457.

邵学新, 梁新强, 吴明, 等, 2014. 杭州湾潮滩湿地植物不同分解过程及其磷素动态[J]. 环境科学, 35 (9): 3381-3388.

邵学新，杨文英，吴明，等，2011. 杭州湾滨海湿地土壤有机碳含量及其分布格局[J]. 应用生态学报，22（3）：
　　658-664.

沈荔花，郭琼霞，林文雄，等，2007. 加拿大一枝黄花对土壤微生物区系的影响研究[J]. 中国农学通报，23（4）：
　　323-326.

石福臣，李瑞利，王绍强，等，2007. 三江平原典型湿地土壤剖面有机碳及全氮分布与积累特征[J]. 应用生态学
　　报，18（7）：1425-1431.

苏少川，何东进，王韧，等，2012. 闽东滨海湿地生态系统服务功能价值评估[J]. 湿地科学与管理，8（3）：14-18.

索安宁，赵冬至，张丰收，2010. 我国北方河口湿地植被储碳、固碳功能研究：以辽河三角洲盘锦地区为例[J]. 海
　　洋学研究，28（3）：67-71.

邰凤姣，朱珣之，韩彩霞，等，2016. 外来入侵植物意大利苍耳对土壤微生物群落、土壤酶活性和土壤养分的影
　　响[J]. 生态科学，35（4）：71-78.

谭雪，石磊，陈卓琨，等，2015. 基于全国227个样本的城镇污水处理厂治理全成本分析[J]. 给水排水，51（5）：
　　30-34.

唐光木，徐万里，盛建东，等，2010. 新疆绿洲农田不同开垦年限土壤有机碳及不同粒径土壤颗粒有机碳变化[J]. 土
　　壤学报，47（2）：279-285.

唐国勇，李昆，孙永玉，等，2010. 干热河谷不同利用方式下土壤活性有机碳含量及其分配特征[J]. 环境科学，
　　31（5）：1365-1371.

唐剑，鲁长虎，袁安全，2007. 洪泽湖东部湿地自然保护区雁鸭类种类组成、数量及生境分布[J]. 动物学杂志，
　　42（1）：94-101.

仝川，曾从盛，王维奇，等，2009. 闽江河口芦苇潮汐湿地甲烷通量及主要影响因子[J]. 环境科学学报，29（1）：
　　207-216.

万忠梅，2013. 水位对小叶章湿地CO_2、CH_4排放及土壤微生物活性的影响[J]. 生态环境学报，22（3）：465-468.

汪青，刘敏，侯立军，等，2010. 崇明东滩湿地CO_2、CH_4和N_2O排放的时空差异[J]. 地理研究，29（5）：935-946.

汪青雄，杨超，肖红，2013. 红碱淖东方大苇莺繁殖生态[J]. 四川动物，32（4）：543-546.

王宝霞，曾从盛，陈丹，等，2010. 互花米草入侵对闽江河口芦苇湿地土壤有机碳的影响[J]. 中国水土保持科学，
　　8（2）：114-118.

王丹丹，岳书平，林芬芳，等，2012. 东北地区旱地土壤全氮空间变异性对幅度拓展的响应[J]. 土壤学报，49（4）：
　　625-635.

王刚，杨文斌，王国祥，等，2013. 互花米草海向入侵对土壤有机碳组分、来源和分布的影响[J]. 生态学报，33
　　（8）：2474-2483.

王国兵，赵小龙，王明慧，等，2013. 苏北沿海土地利用变化对土壤易氧化碳含量的影响[J]. 应用生态学报，24
　　（4）：921-926.

王蒙，吴明，邵学新，等，2014. 杭州湾滨海湿地CH_4排放通量的研究[J]. 土壤，46（6）：1003-1009.

王伟，陆健健，2005. 三垟湿地生态系统服务功能及其价值[J]. 生态学报，25（3）：404-407.

王玉良，高瑞如，余玖银，2009. 外来植物加拿大一枝黄花（Solidago canadensis）入侵的结构基础[J]. 生态学报，
　　29（1）：108-119.

王正权，1999. 地统计学及其在生态学中的应用[M]. 北京：科学出版社.

巫振富，赵彦锋，齐力，等，2013. 复杂景观区土壤有机质预测模型的尺度效应[J]. 土壤学报，50（2）：296-305.

吴凡，刘训理，张楠，等，2010. 桑树根际硅酸盐细菌的分离鉴定及解钾能力测定[J]. 蚕业科学，36（2）：323-329.

吴明，2004. 杭州湾滨海湿地现状与保护对策[J]. 林业资源管理，（6）：44-47.

吴明，蒋科毅，邵学新，2011. 杭州湾湿地环境与生物多样性[M]. 北京：中国林业出版社.

吴明，邵学新，胡锋，等，2008. 围垦对杭州湾南岸滨海湿地土壤养分分布的影响[J]. 土壤，40（5）：5.

吴庆明，邹红菲，金洪阳，等，2013. 丹顶鹤春迁期觅食栖息地多尺度选择：以双台河口保护区为例[J]. 生态学报，33（20）：6470-6477.

吴诗宝，刘廼发，李有余，等，2005. 中国穿山甲的食性与觅食行为初步观察[J]. 应用与环境生物学报，11（3）：337-341.

吴淑杭，徐亚同，姜震方，等，2006. 梦清园人工湿地芦苇的氮磷和生物量动态及其适宜收割期的研究[J]. 农业环境科学学报，25（6）：1594-1597.

吴统贵，吴明，萧江华，2008. 杭州湾滩涂湿地植被群落演替与物种多样性动态[J]. 生态学杂志，27（8）：1284-1289.

吴秀坤，李永梅，李朝丽，等，2013. 纳版河流域土地利用方式对土壤总有机碳以及活性有机碳的影响[J]. 生态环境学报，22（1）：6-11.

吴逸群，刘廼发，2010. 甘肃南部蓝马鸡的巢址选择[J]. 生态学杂志，29（7）：1393-1397.

向成华，栾军伟，骆宗诗，等，2010. 川西沿海拔梯度典型植被类型土壤活性有机碳分布[J]. 生态学报，30（4）：1025-1034.

谢高地，鲁春霞，成升魁，2001. 全球生态系统服务价值评估研究进展[J]. 资源科学，23（6）：5-9.

谢锦升，杨玉盛，杨智杰，等，2008. 退化红壤植被恢复后土壤轻组有机质的季节动态[J]. 应用生态学报，19（3）：557-563.

熊李虎，2011. 鸟类及其群落对崇西湿地生态恢复和生境重建的响应[D]. 上海：华东师范大学.

熊李虎，吴翔，高伟，等，2007. 芦苇收割对震旦鸦雀觅食活动的影响[J]. 动物学杂志，42（6）：41-47.

徐华，蔡祖聪，八木一行，2008. 水稻土CH₄产生潜力及其影响因素[J]. 土壤学报，45（1）：98-104.

徐基良，张晓辉，张正旺，等，2006. 白冠长尾雉越冬期栖息地选择的多尺度分析[J]. 生态学报，26（7），2061-2067.

徐娅，陈红华，余爱华，等，2016. 基于TOPSIS法的土壤重金属污染评价分析[J]. 南京林业大学学报（自然科学版），40（6）：199-202.

严承高，张明祥，王建春，2000. 湿地生物多样性价值评价指标及方法研究[J]. 林业资源管理（1）：41-46.

杨长明，欧阳竹，董玉红，2005. 不同施肥模式对潮土有机碳组分及团聚体稳定性的影响[J]. 生态学杂志，24（8）：887-892.

杨桂生，宋长春，王丽，等，2010. 水位梯度对小叶章湿地土壤微生物活性的影响[J]. 环境科学，31（2）：444-449.

杨维康，钟文勤，高行宜，2000. 鸟类栖息地选择研究进展[J]. 干旱区研究，17（3）：71-78.

杨向明，李新平，1996. 棕头鸦雀的生态观察[J]. 四川动物（2）：73-75.

叶小齐，吴明，邵学新，等，2014. 不同土著草本群落对加拿大一枝黄花早期阶段入侵的抑制能力研究[J]. 生态与农村环境学报，30（5）：608-613.

易浪波，彭清忠，何齐庄，等，2012. 高效钾长石分解菌株的筛选、鉴定及解钾活性研究[J]. 中国微生态学杂志，24（9）：773-776.

原宝东，黄杰，闫永峰，2016. 红耳鹎冬季食性及取食空间生态位初步研究[J]. 野生动物学报，37（4）：337-341.

约翰·马敬能，卡伦·菲利普斯，何芬奇，2000. 中国鸟类野外手册[M]. 卢和芬，译. 长沙：湖南教育出版社.

张斌，袁琳，裴恩乐，等，2011. 长江口滩涂围垦后水鸟群落结构的变化：以南汇东滩为例[J]. 生态学报，31（16）：4599-4608.

张国钢，张正旺，郑光美，等，2003. 山西五鹿山褐马鸡不同季节的空间分布与栖息地选择研究[J]. 生物多样性，11（4）：303-308.

张玲，彭党聪，常蝶，2017. 温度对聚磷菌活性及基质竞争的影响[J]. 环境科学，38（6）：2429-2434.

张妙宜，陈宇丰，周登博，等，2016. 蓖麻根际土壤解钾菌的筛选鉴定及发酵条件的优化[J]. 热带作物学报，37（12）：2268-2275.

张仕吉，项文化，孙伟军，等，2013. 湘中丘陵区不同土地利用方式对土壤有机碳和微生物量碳的影响[J]. 水土保持学报，27（2）：222-227.

张文敏，姜小三，吴明，等，2014. 杭州湾南岸土壤有机碳空间异质性研究[J]. 土壤学报，51（5）：1087-1095.

张绪良，叶思源，印萍，等，2008 莱州湾南岸滨海湿地的生态系统服务价值及变化[J]. 生态学杂志，27（12）：2195-2202.

赵魁义，1999. 中国沼泽志[M]. 北京：科学出版社.

浙江省林业局，2002. 浙江林业自然资源（湿地卷）[M]. 北京：中国农业科学技术出版社.

郑光美，2017. 中国鸟类分类与分布名录[M]. 3版. 北京：科学出版社.

郑伟，石洪华，徐宗军，等，2012. 滨海湿地生态系统服务及其价值评估：以胶州湾为例[J]. 生态经济（1）：175-178.

仲启铖，王江涛，周剑虹，等，2014. 水位调控对崇明东滩围垦区滩涂湿地芦苇和白茅光合、形态及生长的影响[J]. 应用生态学报，25（2）：408-418.

周宏力，王磊，李玉春，2011. 红花尔基自然保护区黑琴鸡越冬末期生境选择[J]. 生态学杂志，30（4）：730-733.

周慧杰，2013. 棉花根系分泌物对棉田土壤微生物的影响[J]. 安徽农业科学，41（36）：13880-13882.

周振荣，2010. 外来入侵植物加拿大一枝黄花对根际土壤微环境的影响研究[D]. 南京：南京农业大学.

左平，宋长春，钦佩，2005. 从第七届国际湿地会议看全球湿地研究热点及进展[J]. 湿地科学，3（1）：66-73.

ÁLVAREZ-ROGEL J, JIMÉNEZ-CÁRCELES F J, EGEA-NICOLÁS C, 2007. Phosphorus retention in a coastal salt marsh in SE Spain[J]. Science of the Total Environment, 378(1-2): 71-74.

AMBUS P, CHRISTENSEN S, 1995. Spatial and seasonal nitrous oxide and methane fluxes in Danish forest, grassland, and agroecosystems[J]. Journal of Environmental Quality, 24(5): 993-1001.

BAGGS E M, BLUM H, 2004. CH_4 oxidation and emissions of CH_4 and N_2O from Lolium perenne swards under elevated atmospheric CO_2[J]. Soil Biology & Biochemistry, 36(4): 713-723.

BAO J L, GAO S, GE J X, 2019. Dynamic land use and its policy in response to environmental and social-economic changes in China: A case study of the Jiangsu coast(1750-2015)[J]. Land Use Policy, 82: 169-180.

BERGMAN I I, KLARQVIST M, NILSSON M, 2000. Seasonal variation in rates of methane production from peat of various botanical origins: effects of temperature and substrate quality[J]. FEMS Microbiology Ecology, 33(3): 181-189.

BLAIR G J, LEFROY R D, BLISLE L, 1995. Soil carbon fractions based on their degree of oxidation and the development of a carbon management index for agricultural systems[J]. Australian Journal of Agricultural Research, 46(7): 1459-1466.

BOTTOLLIER-CURTET M, TABACCHI A P, TABACCHI, E, 2013. Competition between young exotic invasive and native dominant plant species: implications for invasions within riparian areas[J]. Journal of Vegetation Science, 24(6): 1033-1042.

BOWEN J, KEARNS P, JAEERTT E, 2017. Lineage overwhelms environmental conditions in determining rhizosphere bacterial community structure in a cosmopolitan invasive plant[J]. Nature Communications, 8(1): 433.

BRIX H, SORRELL B K, LORENZEN B, 2001. Are *Phragmites*-dominated wetlands a net source or net sink of greenhouse gases?[J]. Aquatic Botany, 69(2-4): 313-324.

CEDERGREEN N, OLESEN C F, 2010. Can glyphosate stimulate photosynthesis?[J]. Pesticide Biochemistry and Physiology, 96(3): 140-148.

CHENG X L, LUO Y Q, CHEN J Q, et al., 2006. Short-term C4 plant *Spartina alterniflora* invasions change the soil carbon in C_3 plant-dominated tidal wetlands on a growing estuarine Island[J]. Soil Biology & Biochemistry, 38(12): 3380-3386.

CHMURA G L, ANISFELD S C, CAHOON D R, et al., 2003. Global carbon sequestration in tidal, saline wetland soils[J]. Global Biogeochemical Cycles, 17(4): 1-12.

CHUNG C H, ZHUO R Z, XU G W, 2004. Creation of *Spartina* plantations for reclaiming Dongtai, China, tidal flats and offshore sands[J]. Ecological Engineering, 23(3): 135-150.

COATS V, PELLETREAU K, RUMPHO M, 2014. Amplicon pyrosequencing reveals the soil microbial diversity associated with invasive Japanese barberry (*Berberis thunbergii* DC.)[J]. Molecular Ecology, 23(6): 1318-1332.

Committee on Characterization of Wetlands, 1995. Wetlands: characteristics and boundaries[M]. Washington, D C: National Academy Press.

COSTANZA R, D'ARGE R, DE GROOT R, et al., 1998. The value of the world's ecosystem services and natural capital[J]. Ecological Economics, 25: 3-15.

COWARDIN L M, CARTER V, GOLET F C, et al., 1979. Classification of wet-lands and deepwater habitats in the United States[R]. Washington DC: US Department of the Interior Fish and Wildlife Service.

CRAINE J M, DYBZINSKi R, 2013. Mechanisms of plant competition for nutrients, water and light[J]. Functional Ecology, 27(4): 833-840.

CURTIS J T, MCINTOSH R P, 1951. An upland forest continuum in the prairie-forest border region of Wisconsin[J]. Ecology, 32(3): 476-496.

CYRANOSKI D, 2009. Putting China's wetlands on the map[J]. Nature, 458(7235): 134.

DASSELAAR A, OENEMAA O, 1999. Methane production and carbon mineralization of size and density fractions of peat soils[J]. Soil Biology & Biochemistry, 31(6): 877-886.

DAWSON W, 2015. Release from belowground enemies and shifts in root traits as interrelated drivers of alien plant invasion success: a hypothesis[J]. Ecology & Evolution, 5(20): 4505-4516.

DAWSON W, ROHR R P, VAN KLEUNEN M, et al., 2012. Alien plant species with a wider global distribution are better able to capitalize on increased resource availability[J]. New Phytologist, 194(3): 859-867.

DELAUNE R D, JUGSUJINDA A, WEST J L, et al., 2005. A screening of the capacity of Louisiana freshwater wetlands to process nitrate in diverted Mississippi River water[J]. Ecological Engineering, 25(4): 315-321.

DINER A R, KARGI F, 1999. Salt inhibition of nitrification and denitrification in saline wastewater[J]. Environmental Technology Letters, 20(11): 1147-1153.

DING W X, CAI Z C, WANG D X, 2004. Preliminary budget of methane emissions from natural wetlands in China[J]. Atmospheric Environment, 38(5): 751-759.

DONG L J, SUN Z K, GAO Y, et al., 2015. Two-year interactions between invasive *Solidago canadensis* and soil decrease its subsequent growth and competitive ability[J]. Journal of Plant Ecology, 8(6): 617-622.

DONG L J, YANG J X, YU H W, et al., 2017. Dissecting *Solidago canadensis* - soil feedback in its real invasion[J]. Ecology & Evolution, 7(5): 2307-2315.

DUAN X N, WANG X K, MU Y J, et al., 2005. Seasonal and diurnal variations in methane emissions from Wuliangsu Lake in arid regions of China[J]. Atmospheric Environment, 39(25): 4479-4487.

DUARTE C M, MIDDELBURG J J, CARACO N, 2005. Major role of marine vegetation on the oceanic carbon cycle[J]. Biogeosciences, 2(1): 1-8.

DUDA J J, FREEMAN D C, EMLEN J M, et al., 2003. Differences in native soil ecology associated with invasion of the exotic annual chenopod, *Halogeton glomeratus*[J]. Biology and Fertility of Soils, 38(2): 72-77.

DUKE S O, CEDERGREEN N, VELINI E D, et al., 2006. Hormesis: is it an important factor in herbicide use and allelopathy? [J].Outlooks on Pest Management, 17(1): 29-33.

EHRENFELD J G, 2003. Effects of exotic plant invasions on soil nutrient cycling processes[J]. Ecosystems, 6(6): 503-523.

EHRENFELD J G, 2010. Ecosystem consequences of biological invasions[J]. Annual Review of Ecology Evolution and Systematics, 41(1): 59-80.

EHRENFELD J G, KOURTEV P, HUANG W Z, 2001.Changes in soil functions following invasions of exotic understory plants in deciduous forests[J]. Ecological Applications, 11(5): 1287-1300.

EVANS J R, 1989. Photosynthesis and nitrogen relationships in leaves of C_3 plants[J]. Oecologia, 78(1): 9-19.

FANG X, XUE Z J, LI B C, et al., 2012. Soil organic carbon distribution in relation to land use and its storage in a small watershed of the Loess Plateau, China[J]. Catena, 88(1): 6-13.

FAULWETTER J L, GAGNON V, SUNDBERG C, et al., 2009. Microbial processes influencing performance of treatment wetlands: a review[J]. Ecological engineering, 35(6): 987-1004.

FIELD B, JORDÁN F, OSBOURN A, 2006. First encounters: deployment of defence-related natural products by plants[J]. New Phytologist, 172(2): 193-207.

FOGARTY G, FACELLI J M, 1999. Growth and competition of *Cytisus scoparius*, an invasive shrub, and Australian native shrubs[J]. Plant Ecology, 144(1): 27-35.

FOODY G M, 2002. Status of land cover classification accuracy assessment[J]. Remote Sensing of Environment, 80(1): 185-201.

FORBES V E, 2000. Is hormesis an evolutionary expectation? [J]. Functional Ecology, 14(1): 12-24.

FUNK D E, PULLMAN E, PETERSON K, et al., 1994. Influence of water table on carbon dioxide,carbon monoxide and methane flux from taiga bog microcosms[J].Global Biogeochemical Cycles, 8(3): 271-2781

FUNK J L, 2008. Differences in plasticity between invasive and native plants from a low resource environment[J]. Journal of Ecology, 96(6):1162-1173.

GAO F, YANG Z H, LI C, et al., 2012. Treatment characteiristics of saline domestic wastewater by constructed wetland[J]. Environmental Science, 33(11): 3820-3825.

GOLIVETS M, WALLIN K F, 2018. Neighbour tolerance, not suppression, provides competitive advantage to non-native plants[J]. Ecoloy Letters, 21(5): 745-759.

GONZÁLEZ-ALCARAZ M N, EGEA C, MARÍA-CERVANTES A, et al., 2011. Effects of eutrophic water flooding on nitrate concentrations in mine wastes[J]. Ecological Engineering, 37(5): 693-702.

GOOVAERTS P, 2001. Geostatistical modelling of uncertainty in soil science[J]. Geoderma, 103(1-2): 3-26.

GRACE J B, 1995. On the measurement of plant competition intensity[J]. Ecology, 76(1): 305-308.

GRIME J P, 2006. Plant strategies, vegetation processes, and ecosystem properties[M]. 2nd ed. New York: Wiley.

HAKULINEN J, JULKUNEN-TIITTO R, TAHVANAINEN J, 1995. Does nitrogen fertilization have an impact on the trade-off between willow growth and defensive secondary metabolism?[J]. Trees, 9(4): 235-240.

HÄTTENSCHWILER S, TIUNOV A V, SCHEU S, 2005. Biodiversity and litter decomposition in terrestrial ecosystems[J]. Annual Review of Ecology Evolution and Systematics, 36: 191-218.

HOLMGREM M, SCHEFFE M, HUSTON M A, 1997. The interplay of facilitation of and competition in plant communities[J]. Ecology, 78(7): 1966-1975.

HUA N, TAN K, CHEN Y, et al., 2015. Key research issues concerning the conservation of migratory shorebirds in the Yellow Sea region[J]. Bird Conservation International, 25(1): 38-52.

INDERJIT, 2005. Soil microorganisms: An important determinant of allelopathic activity[J]. Plant and Soil, 274(1-2): 227-236.

INDERJIT, WESTON L A, 2000. Are laboratory bioassays for allelopathy suitable for prediction of field responses?[J]. Journal of Chemical Ecology, 26(9): 2111-2118.

IPCC, 2007a. Climate Change 2007: The physical science basis. Contribution of working group 1 to the fourth assessment report of the IPCC[M]. Cambridge: Cambridge University Press.

IPCC, 2007b. Climate Change 2007: Impacts, adaptation and vulnerability: working group contribution to the fourth assessment report of the IPCC[M]. Cambridge: Cambridge University Press.

JÓNSDÓTTIR I S, WATSON, M A, 1997. Extensive physiological integration: an adaptive trait in resource-poor environments[M]//DE KROON H, VAN GROENENDAEL J M. The ecology and evolution of clonal plants. Kerkwerve: Backhuys Publishers.

KÄKI T, OJALA A, KANKAALA P, 2001. Diel variation in methane emissions from stands of *Phragmites australis* (Cav.) Trin. ex Steud. and *Typha latifolia* L. in a boreal lake[J]. Aquatic Botany, 71(4): 259-271.

KAUR R, CALLAWAY R M, 2014. Soils and the conditional allelopathic effects of a tropical invader[J]. Soil Biology & Biochemistry, 78: 316-325.

KAUTH R J, THOMAS G, 1976. The tasselled cap-a graphic description of the spectral-temporal development of agricultural crops as seen by Landsat [C]. Symposium o machine processing of remotely sensed data. West Lafayette: Purdue University.

KETTUNEN A, KAITALA V, LEHTINEN A, et al., 1999. Methane production and oxidation potentials in relation to water table fluctuations in two boreal mires[J]. Soil Biology & Biochemistry, 31(12): 1741-1749.

KIM J, VERMA S B, BILLESBACH D P, et al., 2012. Diel variation in methane emission from a midlatitude prairie wetland: significance of convective throughflow in *Phragmites australis*[J]. Journal of Geophysical Research Atmospheres, 103(D21): 28029-28039.

KOHL J G, HENZE R, KÜHL H, 2000. Evaluation of the ventilation resistance to convective gas-flow in the rhizomes of natural reed beds of *Phragmites australis* (Cav.) Trin. ex Steud.[J]. Aquatic Botany, 54(2-3): 199-210.

LI B, LIAO C Z, ZHANG X D, et al., 2009. *Spartina alterniflora* invasions in the Yangtze River estuary, China: An overview of current status and ecosystem effects[J]. Ecological Engineering, 35(4): 511-520.

LI H, YANG S L, 2009. Trapping effect of tidal marsh vegetation on suspended sediment, Yangtze Delta[J]. Journal of Coastal Research, 25(4): 915-924.

LI N, LI L W, LU D S, et al., 2019. Detection of coastal wetland change in China: a case study in Hangzhou Bay[J]. Wetlands Ecology and Management, 27(1): 103-124.

LI N, LI L, ZHANG Y, et al., 2020. Monitoring of the invasion of *Spartina alterniflora* from 1985 to 2015 in Zhejiang Province, China[J]. BMC Ecology, 20(1): 7.

LIAO C, PENG R H, LUO Y Q, et al., 2008. Altered ecosystem carbon and nitrogen cycles by plant invasion: a meta-analysis[J]. New Phytologist, 177(3): 706-714.

LIU Y, PENG C Y, BING T, et al., 2009. Determination effect of influent salinity and inhibition time on partial nitrification in a sequencing batch reactor treating saline sewage[J]. Desalination, 246(1-3): 556-566.

LIU Y J, ODUOR A M O, ZHANG Z, et al., 2017. Do invasive alien plants benefit more from global environmental change than native plants?[J]. Global Change Biology, 23(8): 3363-3370.

LORTIE C J, BROOKER R W, CHOLER P, et al., 2004. Rethinking plant community theory[J]. Oikos, 107(2): 433-438.

LU D S, LI G Y, MORAN E, 2014. Current situation and needs of change detection techniques[J]. International Journal of Image and Data Fusion, 5(1): 13-38.

LUO Y J, GUO W H, YUAN Y F, et al., 2014. Increased nitrogen deposition alleviated the competitive effects of the introduced invasive plant *Robinia pseudoacaciaon* the native tree *Quercus acutissima*[J]. Plant Soil, 385(1-2): 63-75.

MA Z J, LI B, ZHAO B, et al., 2004. Are artificial wetlands good alternatives to natural wetlands for waterbirds: a case study on Chongming Island, China[J]. Biodiversity and Conservation, 13(2): 333-350.

MA Z J, MELVILLE D S, LIU J G, et al., 2014. Rethinking China's new great wall[J]. Science, 346(6212): 912-914.

MALTBY E, IMMIRZI P, 1993. Carbon dynamics in peatlands and other wetland soils regional and global perspectives[J]. Chemosphere, 27(6): 999-1023.

MARRA P P, HOLBERTON R L, 1998. Corticosterone levels as indicators of habitat quality: effects of habitat segregation in a migratory bird during thenon-breeding season[J]. Oecologia, 116(1-2): 284-292.

MAUCHAMP A, MÉSLEARD F, 2001. Salt tolerance in *Phragmites australis* populations from coastal Mediterranean marshes[J]. Aquatic Botany, 70(1): 39-52.

MCCULLAGH P, NELDER J A, 1989. Generalized linear models[J]. European Journal of Operational Research, 16: 285-292.

MCFEETERS S K, 1996. The use of the Normalized Difference Water Index (NDWI) in the delineation of open water features[J]. International Journal of Remote Sensing, 17(7): 1425-1432.

MEINERS S J, 2014. Functional correlates of allelopathic potential in a successional plant community[J]. Plant Ecology, 215(6): 661-672.

MESSAGE S, TAYLOR D, 2006. Shorebirds of North America, Europe, and Asia: a guide to field identification[M]. New Jersey: Princeton University Press.

MINODA T, KIMURA M, WADA E, 1996. Photosynthates as dominant source of CH_4 and CO_2 in soil water and CH_4 emitted to the atmosphere from paddy fields[J]. Journal of Geophysical Research: Atmospheres, 101(D15): 21091-21097.

MITSCH W J, DAY J W, GILLIAM J W, et al., 2001. Reducing nitrogen loading to the gulf of Mexico from the Mississippi River Basin: Strategies to counter a persistent ecological problem ecotechnology: the use of natural ecosystems to solve environmental problems-should be a part of efforts to shrink the zone of hypoxia in the Gulf of Mexico[J]. BioScience, 51: 373-388.

MITSCH W J, GOSSELINK J G, 1986. Wetlands[M]. New York: John Wiley and Sons Inc.

NAGELKERKE N J D, 1991. A note on a general definition of the coefficient of determination[J]. Biometrika, 78(3): 691-692.

NAIDOO G, KIFT J, 2006. Responses of the saltmarsh rush *Juncus kraussii* to salinity and waterlogging[J]. Aquatic Botany, 84(3): 217-225.

NAT F J V D, MIDDELBURG J J, 2000. Methane emission from tidal freshwater marshes[J]. Biogeochemistry, 49(2): 103-121.

NEVES J P, FERREIRA L F, SIMÕES M P, et al., 2007. Primary production and nutrient content in two salt marsh species, *Atriplex portulacoides* L. and *Limoniastrummonopetalum* L., in Southern Portugal[J]. Estuaries and Coasts, 30(3): 459-468.

NIEMANN G J, PUREVEEN J B M, EIJKEL G B, et al., 1995. Differential chemical allocation and plant adaptation: a Py-MS study of 24 species differing in relative growth rate[J]. Plant and Soil, 175(2): 275-289.

NIINEMETS Ü, 2010. A review of light interception in plant stands from leaf to canopy in different plant functional types and in species with varying shade tolerance[J]. Ecological Research, 25(4): 693-714.

NUDDS R L, BRYANT D M, 2000. The energetic cost of short flights in birds[J]. Journal of Experimental Biology, 203(10): 1561-1572.

O'CONNOR R J, 1985. Avian ecology: habitat selection in birds [J]. Science, 230: 517-540.

OUYANG Y, LUO S M, CUI L H, 2011. Estimation of nitrogen dynamics in a vertical-flow constructed wetland[J]. Ecological Engineering, 37(3): 453-459.

PADOA-SCHIOPPA E, BAIETTO M, MASSA R I, et al., 2006. Bird communities as bioindicators: the focal species concept in agricultural landscapes[J]. Ecological Indicators, 6(1):83-93.

PANSWAD T, ANAN C, 1999. Impact of high chloride wastewater on an anaerobic/anoxic/aerobic process with and without inoculation of chloride acclimated seeds[J]. Water Research, 33(5): 1165-1172.

PICARD C R, FRASER L H, STEER D, 2005. The interacting effects of temperature and plant community type on nutrient removal in wetland microcosms[J]. Bioresource Technology, 96(9): 1039-1047.

PISULA N L, MEINERS S J, 2010. Allelopathic effects of goldenrod species on turnover in successional communities[J]. The American Midland Naturalist, 163(1): 161-172.

POORTER L, 1999. Growth responses of 15 rain-forest tree species to a light gradient: the relative importance of morphological and physiological traits[J]. Functional Ecology, 13(3): 396-410.

PRITHIVIRAJ B, PERRY L G, BADRI D V, et al., 2007. Chemical facilitation and induced pathogen resistance mediated by a root-secreted phytotoxin[J]. New Phytologist, 173(4): 852-860.

QUAN W M, HAN J D, SHEN A L, et al., 2007. Uptake and distribution of N, P and heavy metals in three dominant salt marsh macrophytes from Yangtze River estuary, China[J]. Marine Environmental Research, 64(1): 21-37.

REDDY K R, CONNOR G A O, GALE P M, 1998. Phosphorus sorption capacities of wetland soils and stream sediments impacted by dairy effluent[J]. Journal of Environmental Quality, 27(2): 438-447.

REDDY K R, KADLEC R H, FLAIG E, et al., 1999. Phosphorus retention in streams and wetlands: a review[J]. Critical reviews in environmental science and technology, 29(1): 83-146.

REHFISCH M M, GREENWOOD J J D, 1996. A guide to the provision of refuges for waders: an analysis of 30 years of ringing data from the Wash, England[J]. Journal of Applied Ecology, 33(4): 673-687.

REIGOSA M J, SÁNCHEZ-MOREIRAS A, GONZÁLEZ L, 1999. Ecophysiological approach in allelopathy[J]. Critical Reviews in Plant Sciences, 18(15): 577-608.

ROUSE J J W, HAAS R, SCHELI J, et al., 1974. Monitoring vegetation systems in the Great Plains with ERTS[J]. Nasa Special Publication, 351: 309.

RUUHOLA T, JULKUNEN-TIITTO R, 2003. Trade-off between synthesis of salicylates and growth of micropropagated *Salix pentandra*[J]. Journal of Chemical Ecology, 29(7): 1565-1588.

SANCHEZ J M, SANLEON D G, IZCO J, 2001. Primary colonisation of mudflat estuaries by *Spartina maritima* (Curtis) Fernald in Northwest Spain: vegetation structure and sediment accretion[J]. Aquatic Botany, 69(1): 15-25.

SCHIMEL J P, GULLEDGE J, 1998. Microbial community structure and global trace gases[J]. Global Change Biology, 4(7): 745-758.

SCHULZ M, KOZERSKI H, PLUNTKE T, et al., 2003. The influence of macrophytes on sedimentation and nutrient retention in the lower River Spree (Germany)[J]. Water Research, 37(3): 569-578.

SCHULZE K, BORKEN W, MATZNER E, 2011. Dynamics of dissolved organic ^{14}C in throughfall and soil solution of a Norway spruce forest[J]. Biogeochemistry, 106(3): 461-473.

SEABLOOM E, BORER E, BUCKLEY Y, et al., 2015. Plant species' origin predicts dominance and response to nutrient enrichment and herbivores in global grasslands[J]. Nature Communication, 6: 7710.

SHANG Q Y, YANG X X, GAO C M, et al., 2011. Net annual global warming potential and greenhouse gas intensity in Chinese double rice cropping systems: a 3-year field measurement in long-term fertilizer experiments[J]. Global Change Biology, 17(6): 2196-2210.

SHAO X X, LIANG X Q, WU M, et al., 2014. Influences of sediment properties and macrophytes on phosphorous speciation in the intertidal marsh[J]. Environmental Science and Pollution Research, 21(17): 10432-10441.

SHAO X X, SHENG X C, WU M, et al., 2017. Methane production potential and emission at different water levels in the restored reed wetland of Hangzhou Bay[J]. Plos One, 12(10): e185709.

SHAO X X, WU M, GU B H, et al., 2013. Nutrient retention in plant biomass and sediments from the salt marsh in Hangzhou Bay estuary, China[J]. Environmental Science and Pollution Research, 20(9): 6382-6391.

SHAO X X, YANG W Y, LIANG W, et al., 2016. Soil respiration dynamics in typical tidal flat wetlands of Hangzhou

Bay, China[J]. Geochemical Journal, 50(2): 187-195.

SHAO X X, ZHAO L L, SHENG X C, et al., 2020. Effects of influent salinity on water purification and greenhouse gas emissions in lab-scale constructed wetlands[J]. Environmental Science and Pollution Research, 27(17): 21487-21496.

SHAW S P, FREDINE C G, 1956. Wetlands of the United States: Their extent and their value for waterfowl and other wildlife[R]. Washington D.C: U.S.Department of Interior Fish and Wildlife Service.

SINGH S N, 2001. Exploring correlation between redox potential and other edaphic factors in field and laboratory conditions in relation to methane efflux[J]. Environment International, 27(4): 265-274.

SOLOMON D, LEHMANN J, KINYANGI J, et al., 2007. Long-term impacts of anthropogenic perturbations on dynamics and speciation of organic carbon in tropical forest and subtropical grassland ecosystems[J]. Global Change Biology, 13(2): 511-530.

SOUSA A I, LILLEBØ A I, CAÇADOR I, et al., 2008. Contribution of *Spartina maritima* to the reduction of eutrophication in estuarine systems[J]. Environmental Pollution, 156(3): 628-635.

SOUSA A I, LILLEBØ A I, RISGAARD-PETERSEN N, et al., 2012. Denitrification: an ecosystem service provided by salt marshes[J]. Marine Ecology Progress Series, 448: 79-92.

SOUZA-ALONSO P, GUISANDE-COLLAZO A, GONZÁLEZ L, 2015. Gradualism in *Acacia dealbata* Link invasion: impact on soil chemistry and microbial community over a chronological sequence[J]. Soil Biology & Biochemistry, 80: 315-323.

STUEFER J E, 1997. Division of labour in clonal plants? On the response of stoloniferous herb to environmental heterogeneity[M]. The Netherlands: Utrecht University Press.

SUN W, ZHAO H L, WANG F, et al., 2017. Effect of salinity on nitrogen and phosphorus removal pathways in a hydroponic micro-ecosystem planted with *Lythrum salicaria* L.[J]. Ecological Engineering, 105: 205-210.

SUN Z K, HE W M, 2010. Evidence for enhanced mutualism hypothesis: *Solidago canadensis* plants from regular soils perform better[J]. PLos One, 5(11): e15418.

SWETS J, 1988. Measuring the accuracy of diagnostic systems[J]. Science, 240(4857): 1285-1293.

SZYMURA M, SZYMURA, T H, 2016. Interactions between alien goldenrods (*Solidago* and *Euthamia* species) and comparison with native species in Central Europe[J]. Flora, 218: 51-61.

TABASSUM S, LEISHMAN M, 2016. Trait values and not invasive status determine competitive outcomes between native and invasive species under varying soil nutrient availability[J]. Austral Ecology, 41(8): 875-885.

TANNER C C, 2001. Growth and nutrient dynamics of soft-stem bulrush in constructed wetlands treating nutrient-rich wastewaters[J]. Wetlands Ecology and Management, 9(1): 49-73.

THOMPSON C M, MCGARIGAL K, 2002. The influence of research scale on bald eagle habitat selection along the lower Hudson River, New York (USA)[J]. Landscape Ecology, 17(6): 569-586.

TIAN H Q, CHEN G S, ZHANG C, et al., 2010. Pattern and variation of C: N: P ratios in China's soils: a synthesis of observational data[J]. Biogeochemistry, 98(S1-S3): 139-151.

TILMAN D, 1988. Plant strategies and the dynamics and structure of plant communities[M]. Princeton: Princeton University Press.

TRUU M, JUHANSON J, TRUU J, 2009. Microbial biomass, activity and community composition in constructed wetlands[J]. Science of the Total Environment, 407(13): 3958-3971.

UDDIN M N, ROBINSON R W, 2018. Can nutrient enrichment influence the invasion of *Phragmites australis*?[J]. Science of the Total Environment, 613-614: 1449-1459.

VANDERHOEVEN S, DASSONVILLE N, CHAPUIS-LARDY L, et al., 2006. Impact of the invasive alien plant *Solidago gigantea* on primary productivity, plant nutrient content and soil mineral nutrient concentrations[J]. Plant

Soil, 286(1): 259-268.

WAN L Y, QI S S, ZOU C B, et al., 2018. Phosphorus addition reduces the competitive ability of the invasive weed *Solidago canadensis* under high nitrogen conditions[J]. Flora, 240: 68-75.

WANG Y, FU B, LÜ Y, et al., 2010. Local-scale spatial variability of soil organic carbon and its stock in the hilly area of the Loess Plateau, China[J]. Quaternary Research, 73(1): 70-76.

WANG Z P, DELAUNE R D, PATRICK W H, et al., 1993. Soil redox and pH effects on methane production in a flooded rice soil[J]. Soil Science Society of America Journal, 57(2): 382-385.

WARDLE D A, BARDGETT R D, KLIRONOMOS J N, et al., 2004. Ecological linkages between aboveground and belowground biota[J]. Science, 304(5677):1629-1633.

WARDLE D A, KARBAN R, CALLAWAY R M, 2011. The ecosystem and evolutionary contexts of allelopathy[J]. Trends in Ecology and Evolution, 26(12): 655-662.

WARDLE D A, NILSSON M C, GALLET C, et al., 1998. An ecosystem-level perspective of allelopathy[J]. Biological Reviews, 73(3): 305-319.

WEIDENHAMER J D, CALLAWAY R M, 2010. Direct and indirect effects of invasive plants on soil chemistry and ecosystem function[J]. Journal of Chemical Ecology, 36(1): 59-69.

WERNER C, ZUMKIER U, BEYSCHLAG W, et al., 2010. High competitiveness of a resource demanding invasive acacia under low resource supply[J]. Plant Ecology, 206(1): 83-96.

XIE Z B, ZHU J G, LIU G, et al., 2007. Soil organic carbon stocks in China and changes from 1980s to 2000s[J]. Global Change Biology, 13(9): 1989-2007.

YANG H Y, CHEN B, MA Z J, et al., 2013. Economic design in a long-distance migrating molluscivore: how fast-fuelling red knots in Bohai Bay, China, getaway with small gizzards[J]. Journal of Experimental Biology, 216(19): 3627-3636.

YANG R Y, ZHOU G, ZAN S T, et al., 2014. Arbuscular mycorrhizal fungi facilitate the invasion of *Solidago canadensis* L. in southeastern China[J]. Acta Oecologica, 61: 71-77.

YE X Q, YAN Y N, WU M, et al., 2019. High capacity of nutrient accumulation by invasive *Solidago canadensis* in a coastal grassland[J]. Frontiers in Plant Science, 10: 575.

ZENG R S, 2014. Allelopathy-the solution is indirect[J]. Journal of Chemical Ecology, 40(6): 515-516.

ZHA Y, GAO J, NI S, 2003. Use of normalized difference built-up index in automatically mapping urban areas from TM imagery[J]. International Journal of Remote Sensing, 24(3): 583-594.

ZHANG C B, WANG J, QIAN B Y, et al., 2009a. Effects of the invader *Solidago canadensis* on soil properties[J]. Applied Soil Ecology, 43(2-3): 163-169.

ZHANG D Q, GERSBERG R M, KEAT T S, 2009b. Constructed wetlands in China[J]. Ecological Engineering, 35(10): 1367-1378.

ZHANG S S, JIN Y L, TANG J J, et al., 2009c. The invasive plant *Solidago canadensis* L. suppresses local soil pathogens through allelopathy[J]. Applied Soil Ecology, 41(2): 215-222.

ZHANG Y, DING W, LUO J, et al., 2010. Changes in soil organic carbon dynamics in an Eastern Chinese coastal wetland following invasion by a C_4 plant *Spartina alterniflora*[J]. Soil Biology & Biochemistry, 42(10): 1712-1720.

ZHOU J, WU Y, KANG Q, et al., 2007. Spatial variations of carbon, nitrogen, phosphorous and sulfur in the salt marsh sediments of the Yangtze Estuary in China[J]. Estuarine, Coastal and Shelf Science, 71(1-2): 47-59.

附　　图

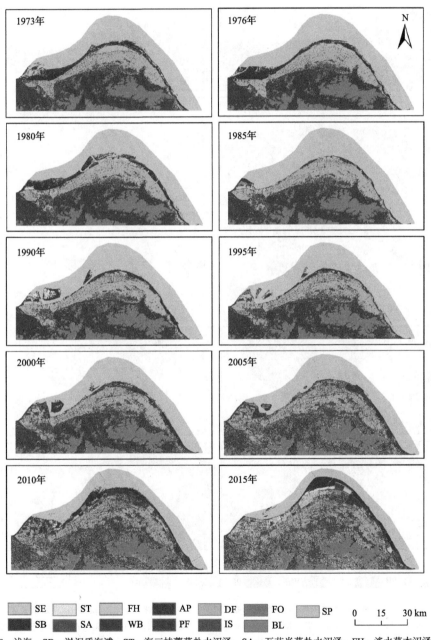

SE：浅海；SB：淤泥质海滩；ST：海三棱藨草盐水沼泽；SA：互花米草盐水沼泽；FH：淡水草本沼泽；
WB：水体；AP：水产养殖塘；PF：水田；DF：旱田；IS：不透水地表；FO：森林；SP：盐田；BL：裸地。

附图 1　1973～2015 年土地覆盖分类结果

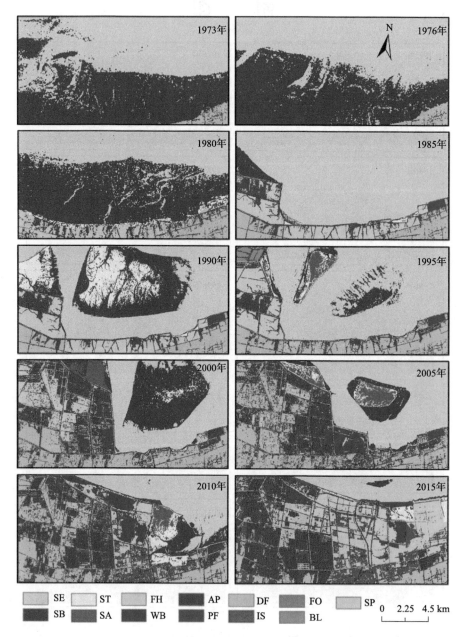

SE：浅海；SB：淤泥质海滩；ST：海三棱藨草盐水沼泽；SA：互花米草盐水沼泽；FH：淡水草本沼泽；
WB：水体；AP：水产养殖塘；PF：水田；DF：旱田；IS：不透水地表；FO：森林；SP：盐田；BL：裸地。

附图2　典型区a土地覆盖类型在1973～2015年的动态变化

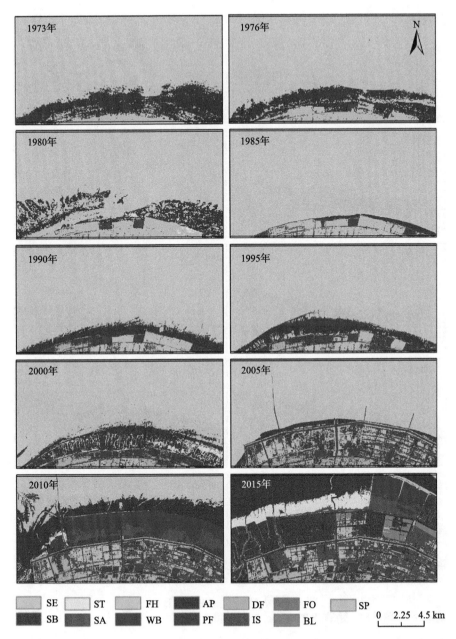

SE：浅海；SB：淤泥质海滩；ST：海三棱藨草盐水沼泽；SA：互花米草盐水沼泽；FH：淡水草本沼泽；
WB：水体；AP：水产养殖塘；PF：水田；DF：旱田；IS：不透水地表；FO：森林；SP：盐田；BL：裸地。

附图 3　典型区 b 土地覆盖类型在 1973～2015 年的动态变化

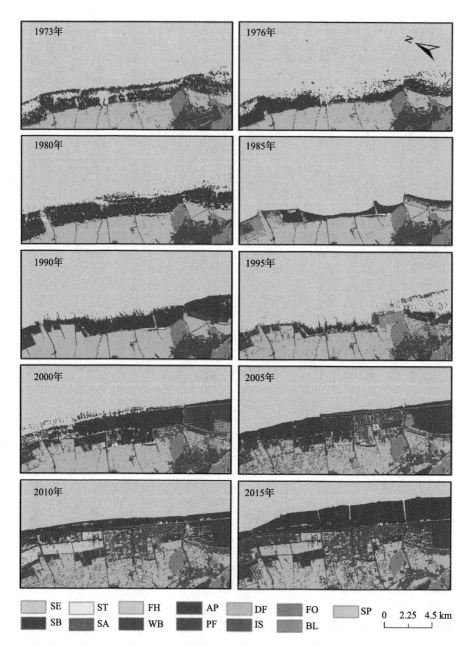

SE：浅海；SB：淤泥质海滩；ST：海三棱藨草盐水沼泽；SA：互花米草盐水沼泽；FH：淡水草本沼泽；
WB：水体；AP：水产养殖塘；PF：水田；DF：旱田；IS：不透水地表；FO：森林；SP：盐田；BL：裸地。

附图 4　典型区 c 土地覆盖类型在 1973～2015 年的动态变化

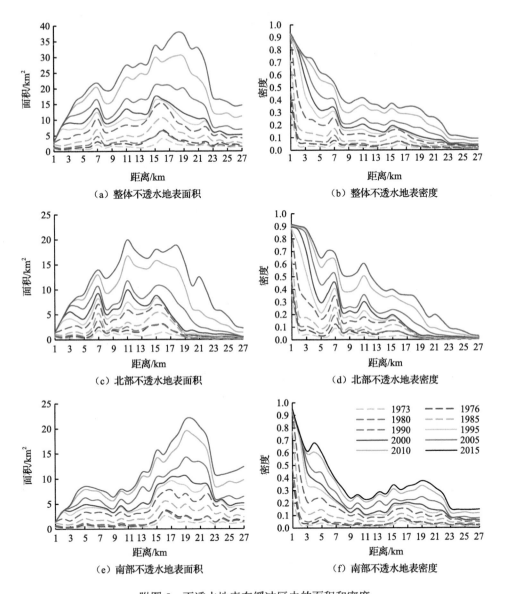

（a）整体不透水地表面积　　　　　　（b）整体不透水地表密度

（c）北部不透水地表面积　　　　　　（d）北部不透水地表密度

（e）南部不透水地表面积　　　　　　（f）南部不透水地表密度

附图5　不透水地表在缓冲区内的面积和密度